新思维 · 新视点 · 新力量

设 计 丛 书

产品设计材料

要素量化 · 感知体验 · 关系模型构建

张萌 / 著

化学工业出版社

· 北 京 ·

内容简介

本书从提升产品用户体验的角度出发，着重于探索产品设计中材料物理量与感知体验的关系。全书综合心理物理学、认知心理学及设计学等多学科理论知识，对材料感知体验的内部层级进行系统架构，并使用混合研究方法对材料物理量及其感知体验的具体关联规律进行解析，最终生成解释两者关系的理论模型。同时，本书还基于该理论模型搭建面向产品设计的产品材料推介平台。

本书可供工业设计领域研究者、产品设计师、用户体验设计师参阅，也可作为设计类专业（用户体验设计、工业设计、产品设计、建筑学、环境设计、服装设计、包装设计、广告设计等）师生的参考书籍。

图书在版编目（CIP）数据

产品设计材料 ：要素量化·感知体验·关系模型构建 / 张萌著. -- 北京 ：化学工业出版社，2025. 9.（新思维·新视点·新力量设计丛书）. -- ISBN 978-7-122-48649-3

Ⅰ. TB472

中国国家版本馆 CIP 数据核字第 2025V6Q925 号

责任编辑：张　阳　李彦玲　　　　文字编辑：王晓露　杨振美
责任校对：李雨晴　　　　　　　　装帧设计：王晓宇

出版发行：化学工业出版社（北京市东城区青年湖南街13号　邮政编码100011）
印　　装：大厂回族自治县聚鑫印刷有限责任公司
710mm×1000mm　1/16　印张$14\frac{1}{2}$　字数249千字　　2025年12月北京第1版第1次印刷

购书咨询：010-64518888　　　　售后服务：010-64518899
网　　址：http://www.cip.com.cn
凡购买本书，如有缺损质量问题，本社销售中心负责调换。

定　　价：88.00元

前言

材料作为产品设计的重要组成部分，影响着产品的整体功能及体验。缺乏材料专业知识储备的产品设计人员，通常难以仅通过材料功能属性筛选出准确契合产品设计目标的材料。首先，设计师虽然擅长通过隐喻的方式具化材料体验，但他们往往无法明确体验具体是由何种材料功能属性所引起的。这导致产品设计人员不得不依赖于以多样性及模糊性为特征的主观体验筛选适配材料。其次，优秀的产品设计要求所选材料能同时满足产品的功能及其感知体验需求，但当前仍缺乏能够同时满足以上需求的材料筛选方法。基于对国内外产品设计视域下与材料选择相关内容的总结，笔者认为当前缺乏一种使所选材料能同时满足产品材料功能属性及感知体验双重需求的面向产品设计的材料筛选方法，而主要原因在于材料物理量与感知体验两类知识间关系不明，使得材料知识在提取过程中受阻，从而降低了产品设计中的材料筛选效率，最终影响用户产品满意度及产品在市场中的竞争力。

针对该研究问题，本书以心理物理学为导向，探讨了产品设计中表征材料功能属性的材料物理量与感知体验间的关联性，并基于相关性分析结果构建了揭示两者具体关系的材料知识映射模型。产品设计人员可基于该理论模型的相关性内容明确材料感知体验差异是如何由材料物理量所引起的，同时可利用已有材料物理量对感知体验进行合理预测，以通过科学方法提高产品设计中材料的筛选效率。另外，为深化理论模型的应用价值，本书还基于材料知识映射模型构建了面向产品设计的产品材料推介平台，并通过面向学龄前儿童社交机器人表面材料选择的产品设计案例，对基于材料知识映射模型的产品材料推介平台在提高产品选材环节中效率的可行性加以验证。本书的各章节具体内容如下。

第 1 章，绪论。主要介绍本著作的撰写背景、具体目标、意义以及探索路径。

第 2 章，产品设计中材料物理量与感知体验关系研究的理论基础。主要通过文献分析法，构建了材料感知体验三层级框架，并对相关理论及研究内容进行总结。

第 3 章，产品设计中材料物理量与感知体验关系的研究方法。基于过往研究内容提出符合本书研究目标及研究条件的具体研究框架，即依次通过“产品设计中材料物理量量值表征方法”“产品设计中材料感知体验量化研究方法”及“产品设计中材料物理量与感知体验关系模型的构建方法”三个主要部分阐述本书的研究路径和方法。

第 4 章，产品设计中材料物理量的量值表征。首先确定了实验中需要使用的被试产品材料样本及目标产品材料物理量；其次，详细描述了如何通过“科学仪器测量”“材料知识数据库”及“基于材料物理量推导的关系”三种途径分别获取研究中被试产品材料样本的产品视觉与肤觉材料物理量量值。

第 5 章，产品设计中材料感知体验量化研究。由于材料感知体验包含材料感官体验、材料知觉体验及材料情感体验三个层级，该章节依次探讨了如何筛选并提取材料感官体验要素、材料知觉体验要素及材料情感体验要素。此外，通过混合性研究方法分别获取受试者对被试产品材料样本在材料感知体验三层级中对应要素的具体量化数据。

第 6 章，产品设计中材料物理量与感知体验关系模型的构建与应用。通过相关性分析法对已获取的材料物理量量值及材料感知体验数据进行分析，以获得各要素的相关性系数，以此构建材料知识映射模型。

第 7 章，总结与展望。总结了本书的研究内容、创新点及局限性，并提出对相关方向的未来展望。

行文至此，在此对本书撰写期间所有给予支持和帮助的人表达最诚挚和深切的感谢。感谢同济大学设计创意学院袁晓芳教授，武汉理工大学艺术与设计学院潘长学教授、方兴教授、吕杰锋教授、杨先艺教授、吴瑜教授，以及硅酸盐建筑材料国家重点实验室李能教授自本书选题构想到撰写完成整个过程中所提供的宝贵意见和建议。另外，本书的出版还要感谢化学工业出版社编辑们的大力帮助与支持。

此外，本书在编撰过程中，始终坚持学术的严谨性，力求内容表达清晰明了，旨在为读者提供兼具可读性与专业性的文本支持。我们怀着对设计学科的敬畏之心和谦虚态度，始终以包容的视角审视该领域的发展态势。设计学科作为一门以实践为导向、应用为驱动的学科，始终处于不断地发展变化之中。特别是关于材料选择与感知体验的探讨，更是伴随着复杂性和多样性的挑战。因此，本书并非要提供所谓研究中的“标准答案”，而是期望通过深入的研究和广泛的讨论，激发更多的思考，并为实际应用开拓新的可能性。衷心希望本书能够为相关研究和实践提供一定的参考。此外，本书虽经过反复打磨与完善，但仍可能存在诸多不足，对此深感歉意，希望得到读者们的宽容与理解。真诚期待大家的批评与建议，以共同促进这一领域的持续发展与优化。

著者

2025 年 1 月

目录

第5章

产品设计中材料感知体验的量化研究

第6章

产品设计中材料物理量与感知体验关系模型的构建与应用

第1章

绪论

1.1 社会、市场及功能开发对材料的需求

1.1.1 社会发展对材料的需求

人类的一切造物活动都与发现材料、开发材料及使用材料息息相关。纵观社会发展历史，人们对材料的认识和利用能力不仅在一定程度上影响着人类的生活质量，还决定着社会的生产形态。从旧石器时代、青铜器时代、铁器时代到今天的高分子时代，都以材料作为划分不同社会形态的标志。材料在工业生产、军队建设、交通运输、医疗保健、娱乐购物、社会基础建设等各行各业中都有着广泛的应用，与国民经济、国防建设和人民生活有着密不可分的关系。

自进入 21 世纪以来，科学技术的飞速进步推动了材料研发及应用技术的革新。作为现代社会发展的三大支柱产业之一，先进材料的研发和应用已经逐渐成为各国战略竞争的焦点。2016 年 12 月 30 日，我国工业和信息化部、国家发展改革委员会、科技部与财政部联合印发了《新材料产业发展指南》。该指南作为《中国制造 2025》的重要文件还特别指出：要及时解决下游应用行业对材料的需求；高度重视对新材料产业的扶持和建设；注重协调政府与市场之间的合作关系，积极推进材料产业的持续发展；并提出将先进基础材料、关键战略材料及前沿新材料作为三大重点发展方向 [1]。此外，发达国家也积极致力于材料的研发工作，以满足日新月异的国防战略及社会发展需求。美国政府作为“先进制造伙伴（advanced manufacturing partnership，AMP）”项目的一部分，在 2011 年 6 月提出“材料基因组计划（materials genome initiative，MGI）”，其目的在于通过模拟高通量材料实验与计算方法提高材料从研发到应用的整体效率，降低材料研发过程中的成本消耗。除此之外，白宫科技政策办公室同时发布了《具有全球竞争力的材料基因组计划》（Materials Genome Initiative for Global Competitiveness）并明确指出：MGI 计划的实现不仅需要坚实的理论基础及科学的研究方法，还应当建立可靠的材料计算平台、实验平台和数字化信息平台 [2]。由此可见，材料在社会生产生活中扮演着不可替代的核心战略地位。

1.1.2　产品市场对材料的需求

材料并非仅仅局限于纯粹的数据范畴之内，而设计亦非与技术割裂的造型训练。实际上，材料与设计均深刻融合了艺术性、技术性和经济性等多重共通属性，共同构成了创新与实践的坚实基础。材料是塑造产品形态的“基石”，是构成产品形态的物质基础。产品设计的实现需要材料的支撑，而材料的持续发展也同样离不开设计的创新和引导。设计与材料的有机结合能更好地推动产品应用市场及材料科学研发之间的良性循环。产品设计作为集现代科学技术、艺术设计、文化与经济等多学科知识于一体的跨学科研究，是一种把计划、想法或市场需求通过具体形式表达出来的创造性活动，是对产品的功能、结构和形态等方面的优化和统一。此外，产品设计实现了将原材料改变为更有价值且具备功能性的产品[3]。CMF（color material & finishing）与设计紧密相连，它专门对产品设计中的色彩、材料及表面制作工艺展开研究，其目的在于通过工业设计、材料学和心理学等多领域或跨领域的交叉融合对色彩、材料及表面制作工艺三者进行合理优化，以提高用户与产品之间的整体交互体验，增加消费者与品牌之间的黏性[4]。当前，与 CMF 相关的产品设计学术研究与实践均得到了大力发展。一部分高校率先建立了 CMF 实验室，与产品设计相关的企业也设立了 CMF 专研部门，各类提供与 CMF 相关咨询与服务的线上与线下设计公司也相继涌现[5]。未来 CMF 领域的发展大致有这些方向：构建 CMF 理论体系和评价标准、增强 CMF 功能性研究、多学科协同的 CMF 研发、CMF 可观测量和主观感受描述的统一化和标准化、CMF 研究的量化和深度化、基于数据库的 CMF 信息的资源共享以及 CMF 学术研究成果的实践应用转化等。

首先，随着物质生活的日益丰富，人们愈发关注产品设计中材料使用的环保性与可持续性。人类活动的广泛存在，不可避免地对其生活环境产生着影响，尽管环境本身具有一定的自我调节能力，但现代工业文明的迅猛发展已显著超出其自我恢复范畴。因此，设计师在产品开发过程中，应优先考虑采用可再生或可循环使用的材料，旨在延长产品使用寿命，或在产品生命周期结束时，通过减少后处理过程中的能源消耗，降低有害气体、液体及固体废物的排放，从而最大限度地减轻对环境的负面影响。

其次，随着社会的不断进步，用户对产品的需求也更加多元化。但生产与制造技术的日趋成熟使得产品同质化严重，难以满足不同用户群体的个性化需求。然而，“体验经济”概念的产生为产品设计开辟了新道路，它突破了传统“功能为王”

的产品设计壁垒，形成了一种基于材料感知体验的新型产品设计模式。所谓“体验经济”，本质上是将用户置于消费过程中的核心地位，强调用户在产品体验过程中的参与感。同时，“体验”的产生源于个体对事物的直接观察或参与，这意味着体验不仅与人类的感官体验有关，还与个体的情感状态、认知水平、行为模式及文化构成等一切人类与环境互相作用所产生的综合性反应相关[6]。为探索材料更丰富的产品应用场景，已有学者将产品材料的研究焦点从材料的功能属性逐步转移到材料所带来的个体交互体验上[7]。与此同时，在市场经济高度发达的今天，产品用户越来越注重消费过程中自我价值的实现，而“体验经济”的概念无疑恰巧迎合了用户的此类需求[8]，令用户能够在使用产品过程中获取更为丰富的感知体验及认同感。

另外，随着材料研发技术的不断进步，产品设计所依托的材料选择日益丰富且在持续更新中。当前，材料体系主要可划分为传统材料与新型智能材料两大类别。在产品设计实践中，传统材料的应用广泛，具体包括金属、塑料、陶瓷、玻璃、复合物、纤维、塑胶、石材及皮革等多种类型，这些材料为产品的多样化设计提供了坚实的基础。新型智能材料的涌现还为以交互为核心目标的产品设计提供了新的解决方案与思路[9]。有研究者认为新型智能材料具备交互性（interactive）、连接性（connected）和智能性（intelligence）等特征，他们将此类材料称为“ICS 材料”[10]。诸如纳米材料及先进复合材料等新型智能材料具有与生物相似的即时性、自主调节性、可逆性与直接性等特点[11]，能够对压力、光、热或电等外部刺激产生变化，以满足产品用户更为多样性的感知体验需求。另外，随着卫生条件和先进医疗技术的发展，人类自身健康管理意识也显著增强。因此，为减轻人们生理、心理及就医成本的多重负担，提高自我健康管理水平，有必要通过可穿戴设备及相关传感技术对人体自身的生理健康状况进行实时监控。新型智能材料 MXenes 作为二维材料的新成员，具有纳米材料无法同时满足的高灵敏度、高拉伸性、亲水性及生物相容性，是用于探测人体生理信号的理想传感材料。当前，MXenes 已经被广泛应用于器官微活动、温度变化、癌症标记物及小分子化合物等多种人体生理信号的监测工作之中[12]。因此，针对材料展开相应研究，有利于满足不同用户族群对产品的需求，推动产品市场的良性竞争和持续发展。

1.1.3 材料功能属性的应用潜力尚待开发

技术作为文明的基石，使人类生活发生了翻天覆地的变化，现代数字信息处理技术与网络传播技术的共同发展加速了全球信息知识的获取与交换。材料信息是对材料相关知识的加工、提炼和转换，而材料信息学（materials informatics）是专门针对材料信息展开研究的新兴学科。材料信息学的研究成果不仅推动着新材料的研发，还为筛选符合产品功能应用需求的适配材料提供理论依据。“材料信息学”的学科概念最早由 John R Rodgers 在 1999 年美国波士顿举办的“材料信息学为新材料发现提供有效的数据管理（Materials Informatics-effective Data Management for New Materials Discovery）”大会中提出，其目的在于推动材料的研发和应用进程[13]。材料信息学融合了材料科学、信息科学与软件工程等众多学科知识，并通过数据库搭建、数值模拟、数据挖掘、机器学习、数据分析及可视化、信息分享与再利用等多种方法与技术对材料知识展开更为深入的研究[14]。

但材料信息学的本质在于为材料研发提供技术性指导及功能性的相关知识，这就决定了材料信息学研究成果必定难以直接应用于产品材料筛选之中。造成这一结果的主要原因是两者在材料知识提取的内容上存在显著差异。材料研发过程中更关注于专业材料知识数据库、技术手册、厂家以及供应商等渠道发布的具体材料功能数据[15]，而产品选材过程中则更关注材料外观及其与体验相关的内容。除此之外，材料研究人员与产品设计人员对产品市场需求的理解往往也存在差异，这导致在材料筛选目标指向上便存在分歧，加剧了材料研发与终端产品应用间的断层。此外，一种新材料的诞生往往需要耗费大量的人力、物力及时间成本，但研究中生成的珍贵材料数据由于未得到较好的应用，使得许多具有极高应用价值的新材料难以在激烈的市场竞争中转化为成功的产品。因此，描述此类材料功能属性的相关知识在产品开发和实践应用中仍具有极大的开发潜力。

1.2 相关领域研究成果

为全面总结当前产品设计过程中关于材料选择的国内外研究现状，本书以“产品设计（product design）”“产品材料（product materials）”“材料选择（material selection）”“材料需求（material requirements/needs）”与“材料性能（material properties）”及其同义词为关键词，分别在知网、万方、维普网、Web of Science、ProQuest 及 Google Scholar 等国内外文献数据库中筛选出自 2000 年起至今的相关学术成果共 107 项。通过对获取资料的仔细研读和分类，本书将国内外现有学术研究成果划分为“产品设计中的材料知识需求差异”“产品设计中的材料选择方法”及“材料知识数据库”三个部分。其中，国内外与产品材料相关的学术研究成果分布存在明显差异：第一，国内相关研究成果数量明显多于国外，且主要集中于探讨产品设计中材料知识需求内容上的差异；第二，国外学者更关注如何构建合适的产品设计材料筛选方法，提高产品材料筛选环节的效率，以更好满足不同群体的需求。另外，在针对材料知识数据库的研究之中，国内外学术研究成果数量基本持平。

1.2.1　产品设计中的材料知识需求差异

产品为社会和用户提供服务，优秀的产品设计作品应全面满足多层级的用户需求[16]。因此，材料的选择也将必然受到用户、市场或材料可达性等多种需求的影响[17]。基于现有文献内容，本书发现设计师在为产品选择材料时通常需要考虑材料是否满足以下三个方面需求：第一，材料是否能够实现产品中的功能、色彩、质地、光泽、形态等客观性需求[18]；第二，产品设计是将用户需求转化为实际物品的创新性活动，因此还需考虑材料是否能够满足包括个性[19]、社会地位[20]及价值观念[21]等用户主观性需求；第三，材料能否满足产品设计的绿色环保[22]或成本[23]等其他需求。设计师通常需要根据设计目标和约束条件，利用合适的材料选择方法筛选最优材料以满足产品多元化的设计诉求。此外，高质量的材料知识不仅为实验室中新材料的研发提供科学参考数据，还为产品设计师判断材料是否满足产品功能需求提供理论依据。现有研究主要关注如何通过描述客观性需求的材料功能特征知识或表征主观性需求的体验知识的单一方面内容筛选满足产品设计目标的备选材料。

1.2.1.1　材料功能属性

功能是实现产品价值的核心，材料是实现产品功能的重要载体，也是设计师最先考虑的内容之一。物理量（physical quantities）是准确反映化学变化和物理变化的重要概念，被用来描述现象或物质的属性[24]。材料物理量揭示了材料自身所具备的具体性能特征，是判断材料是否满足产品功能特征的重要理论支撑。材料的“功能”拥有两层含义：第一层是指材料在外界刺激下所产生的相应行为（behavior）或表现（performance），例如材料会根据受力大小发生弹性变形、黏性变形、黏弹性变形或塑性变形等不同材料行为状态；第二层则是指表征材料响应行为发生程度的参数（parameter），即常称为技术特性或性能（property），例如以热导率、弹性模量或热膨胀系数等材料物理量的形式进行呈现[25]。材料功能属性通常包括力学性能、热学性能、电学性能、光学性能、化学性能、材料结构、化学性能与生态性能信息等[26]。以上材料功能属性一般通过数值、表格、柱状图或公式等结构化或非结构化方式进行表征[27]。

1.2.1.2 材料体验属性

功能早已不是衡量产品受欢迎程度的唯一标准，人们对物质的内在特征产生了更为浓厚的兴趣，材料的体验属性已成为增加产品附加值的重要途径[28]。以感性特征为导向的材料筛选策略要求设计师依靠材料的感知属性将产品材料符码化[29]，并通过表征材料感知体验的非结构化信息作为选材依据。

材料的感知体验是对经由感官系统获取的相关信息进行诠释的心理过程，其结果将形成对外部世界中事物与事物之间关系的体验，是一种有意识的心理活动[30]。材料的体验属性作为非量化的模糊性指标，为设计师提供了以用户情感需求为导向的设计创新的思路，提高用户对于产品的情感共鸣与黏性。此外，材料的感知体验是相对抽象的内容，它指材料在人的心理感觉，即人们与材料交互过程中的内心反应。若能合理运用材料的感知体验，将大大提高用户在使用产品过程中的舒适度和亲和力[31]。另外，相较于材料的功能属性，产品设计师在材料选择过程中更偏向于借鉴以感性词汇、材料物理样本、材料照片、材料 3D 建模、材料虚拟渲染图片等多种知识表征形式以获取与材料感官体验、知觉联想或情感相关的体验信息[32]。在设计领域中，表达材料体验的语言是人们通过长期的生活实践所凝练出的抽象概念[33]，它们帮助设计师以多向性思维对材料设计要素进行打散和重组，从而通过创造性方法对材料设计进行完整表达。产品设计师通常使用如冰冷的、现代的、爽快的等感性语义词汇等体验属性对感知体验进行表征[34]。

1.2.2 产品设计中的材料选择方法

在产品设计背景下，科学的材料选择方法在提升设计审美并塑造良好用户体验中都具有积极作用[35]。产品设计选材过程中，评估并选择合适材料的过程是相对开放的，这意味材料筛选的结果可能存在多个可能性[36]。因此，如何使用科学的选材方法筛选出与产品设计目标相匹配的最优备选材料至关重要。当前产品设计中常用的材料选择方法主要包括基于多属性的产品材料选择方法及交互体验驱动的产品材料选择方法两类。

1.2.2.1 基于多属性的产品材料选择方法

产品设计选材过程即筛选出能最大限度满足设计需求的材料[37]。基于多属性的选择方法（multi-attributes decision making）主要通过对比材料的功能属性、成本及绿色环保等相关材料知识，利用TOPSIS法（technique for order preference by similarity to an ideal solution）、层次分析法（analytic hierarchy process，AHP）、混合数据评价法（evaluation of mixed data method，EVAMIX）或偏好选择指数法（preference selection index method，PSI）等多属性决策方法，筛选出满足产品设计目标和约束条件的最优材料[38]。Zavadskas、Turskis与Stevi等人通过模糊层次分析法（fuzzy analytic hierarchy process，FAHP）选择最适合生产预绝缘管所需的供应商，确保以更低的材料成本及更高的产品质量在同类型产品市场中占据有利竞争地位[39]。许芳婷与曹小琴基于知情构造理论利用AHP层次分析法及质量功能展开法（quality function deployment，QFD）对产品材料参数进行权重分析，获取了综合材料属性及设计需求的最佳用户整体满意度权重值，为产品材料的选择提供科学的参考，以此提高用户对产品的整体满意度[40]。Wang与Teng提出了“有利概率（favorable probability）”的新概念，以反映候选材料在选材过程中的有利程度[41]。他们通过将材料功能指标划分为对材料选择“有利”或“不利”两种类型，并最终通过有利概率的乘积筛选合适的备选材料。另外，Ashby在多属性产品材料选择方法使用过程中建议搭配多维标度分析法（multidimensional scaling，MDS）通过二维坐标轴的方式构建直观的空间图（spatial map），从而映射出不同材料在某两类材料属性中的性能场[42]。此外，Rajan教授还提出当筛选的属性过多时，可以利用主成分分析法（principal component analysis，PCA）在高度概括原始数据的前提下降低复杂信息的维度，增强材料信息的可读性，从而缩减筛选材料过程中的时间成本[43]。

另外，Hodgson和Harpers构建了一套面向产品设计中材料筛选的指导策略：它要求设计师在材料选择过程中关注材料自身与其他多重属性之间的联系，并通过整合成本（cost）和价值（value）确定最终选材方案[44]（图1-1）。该指导策略包括印象（impression）、性能（performance）、安全（safety）、可靠性（reliability）、耐用性（durability）、可用性（usability）、环境影响（environmental impact）、合法性（legislative compliance）、可制造性（manufacturability）及尺寸和形状（size & shape）共十个要素。

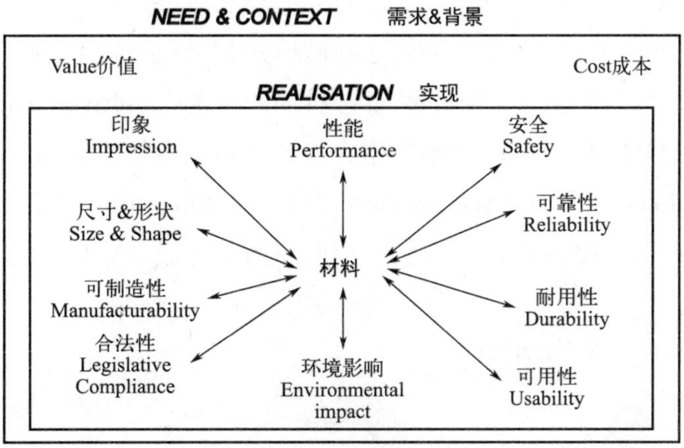

图 1-1　材料与设计要素

1.2.2.2　交互体验驱动的产品材料选择方法

产品设计本质上更关注“如何让用户满意”并希望在某种程度上触动他们最深层次的“情感”[45]。基于交互体验的产品材料选择方法也逐渐受到越来越多学者的关注。Delft University of Technology 的 Van Kesteren 等人构建了产品材料选择工具（materials in products selection，MiPS），试图将用户的体验感受纳入材料选择的过程中，并利用配套的材料图片工具（picture tool）、实际材料样本工具（sample tool）以及材料感官问卷工具（question tool）帮助产品设计师收集用户与材料的感官体验反馈数据，以筛选与用户体验最为匹配的产品材料[46]。此外，Delft University of Technology 的 Camera 和 Karana 设计了名为 Ma2E4（materials-to-experiences at four levels）的材料体验模型，该模型能够通过形容词对材料感官及知觉体验进行塑造，为设计师提供产品选材参考。在此期间，Karana 和其他学者又构建了名为“材料的意义（meaning of materials，MoM）”的选材模型[47]（图 1-2），并基于该方法提出名为“材料驱动设计（material driven design，MDD）”的材料选择策略[48]（图 1-3）。其中，MoM 模型利用萨尔特曼隐喻诱引技术（zaltman metaphor elicitation technique，ZMET）通过访谈与感官体验自我报告的形式获取受试用户对产品材料的主观体验需求，并结合材料数据库中的具体参数将用户需求、产品特性与材料属性三者联合，筛选出既符合设计目标又满足用户需求的产品材料。MDD 模型则认为在材料驱动设计的过程中，设计师为产品筛选合适材料时应当经历理解材料本体技术特征、挖掘材料体验需求、构建材料体验模式及最终生成产品原型四个典型步骤。另外，米兰理工大学材料设计文化研究中心（MADEC）重点研究产品设计中与材料选择相关的理论研究与实践，该中心的 Ferrara 教授等人构建了“设计驱动材料创新（design-driven material innovation methodology，DdMIM）”的材料选择和应用方法。该方法以感知（sensing）、感知分析（sensemaking）、具化（specifying）、执行（setting up）、落实（placing）五个步骤为产品设计人员提供了基于体验的材料选择指导[49]（图 1-4）。

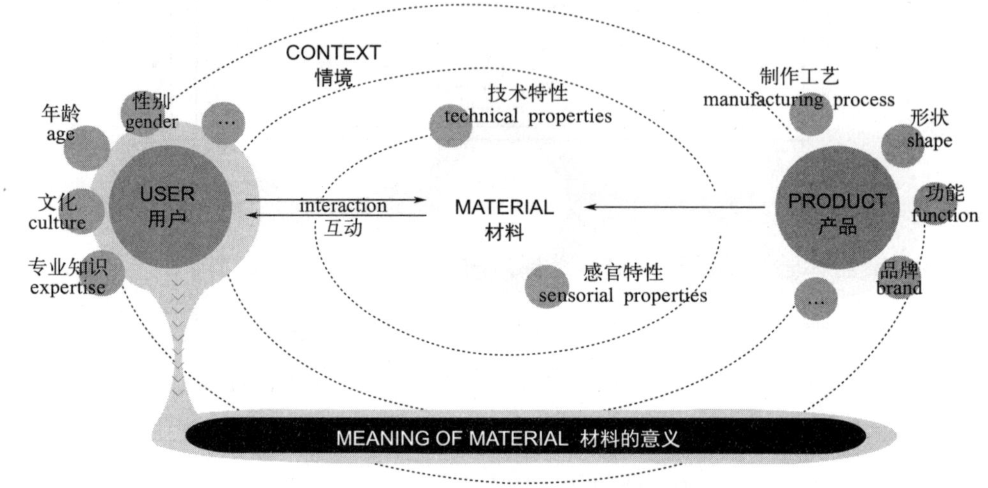

图 1-2 “材料的意义”模型

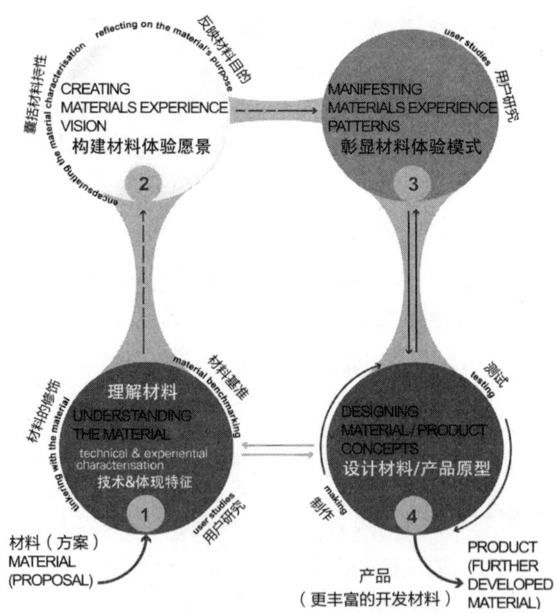

图 1-3 “材料驱动设计”模型

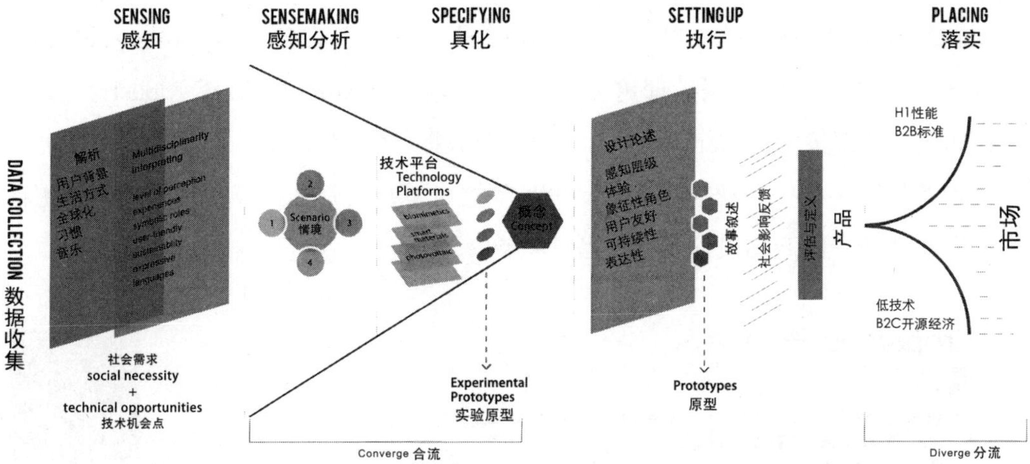

图 1-4　设计驱动材料创新方法

语义差异法（semantic differentials，SD，或被译为语义差分法）是利用感知体验进行材料筛选的同类方法中最常用的数据量化策略之一。受试者能够以打分的形式对由形容词表征的主观体验进行量化分析。例如，Karana 等人使用语义差异五级 Likert 量表，结合描述材料感官体验的图片，共同获取了用户对研究中被试产品材料的感官体验量化数据（图 1-5）。

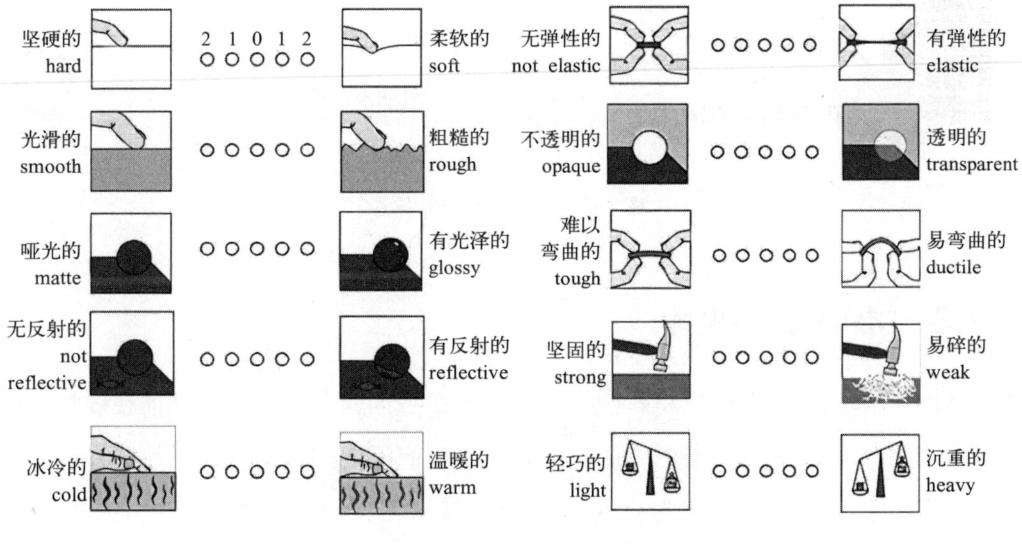

图 1-5　用于测量感官体验的五级语义差异量表

除此之外，Rognoli 等人构建了一项名为“表达-感官”图谱（expressive-sensorial atlas）的交互式工具[50]（图 1-6）。该工具基于现象学（phenomenology）、物理学、化学和机械等相关理论知识，利用纹理（texture）、触感（touch）、亮度（brillancy）和透明度（transparency）四项参数揭示了产品材料感官体验与功能特性的相关性，为相关专业学生及产品设计师提供了材料筛选指导，使设计师能更自主地选择适合不同产品设计目标的备选材料。

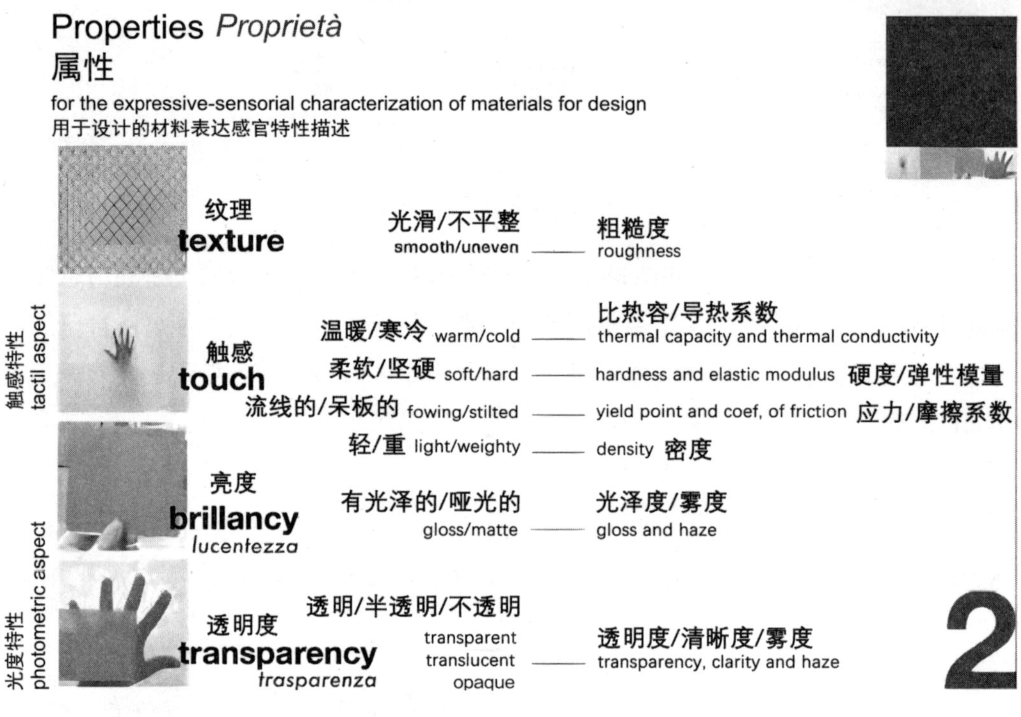

图 1-6 “表达-感官”图谱

1.2.3 材料知识数据库

构建材料知识数据库是材料信息学的重要研究内容之一，也是当前获取材料相关知识的重要渠道之一。虽然书籍、杂志或供应商所提供的材料知识都能为设计师在材料选择过程中给予一定的参考，但由于材料数据收集工作缓慢及数据共享程度不高等相关问题，以上渠道对材料相关知识及内容的更新速度均相对滞后[51]。得益于网络和计算机技术的飞速发展，材料知识数据库一定程度上降低了材料搜索过程中的时间成本，提高了材料筛选的效率。2018年，工信部与财政部联合制定《国家新材料产业资源共享平台建设方案》并提出：有必要围绕先进基础材料、关键战略材料和前沿新材料等重点领域及新材料产业链各关键环节，形成具有较高资源共享程度、安全可控水平和运营服务能力的垂直化、专业化网络材料平台[52]。可见材料知识数据库在材料研发及市场应用中的重要地位。

目前，国内外市场已出现许多优秀的国家级或商用的材料知识数据库或平台，其中比较权威或著名的包括Cambridge Engineering Selector（CES）、Materials Project、AFLOW、OQMD、ICSD、MatNavi、MatWeb、PAULING FILE、NOMAD、Materials Web、Matdat、Total Materials、MGED、材料学科领域基础数据库及国家材料科学数据共享网等。有研究者在2008年的调查中还发现：产品设计师常用Design InSite、Material ConneXion及Matweb获取需要的产品材料信息[53]。本书综合专家推荐、文献总结及实际应用情况三方面内容，筛选出30个当前相对权威或知名度较高的材料知识数据库，经实际调研发现：大部分数据库以表征材料功能属性的材料物理量为主，很少涉及与产品设计过程中所需的材料外观或感知体验相关内容。如表1-1所示，仅有Material District、Stylepark Materials、寻材问料、Material Connexion、Inventables和Design Insite包含与产品设计相关的颜色、亮度、纹理、触感及气味等材料感官体验信息。此外，在调研材料知识数据库的材料内容表征形式时发现：材料知识数据库主要通过物理量量值及相关文字描述两种方式为研究者提供参考；同时，上述包含材料感官体验信息的数据库均以材料本身图片或典型应用图片的形式对材料相关内容进行表征，如表1-2所示。

总而言之，现有材料知识数据库以辅助材料研发为主要目的，很少提供产品设计中所需的相关知识。除此之外，为了解产品设计师对于材料知识数据库的使用情况，本书通过“问卷星”回收了336份网络调查问卷。经整理发现：当问及“您认为阻碍您在产品设计中筛选合适材料的主要原因”时，大部分被试者表示“对材料功能属性不熟悉”是选择与产品设计目标相匹配材料的最大阻碍（问卷见附录A1）。

表 1-1　材料知识数据库中的信息类型

数据库名称	信息类型																							
	体验					功能																		
	颜色	光泽度	纹理	触感	气味	力学性能	电学性能	热学性能	光学性能	声学性能	表面性能	化学性能	制作工艺	名称	材料子类	材料结构	成本	环保性	供应商	UNS编号	典型应用	科研成果	相关资讯	更新时间
MATERIAL DISTRICT	●	●	●	●	●	●				●		●		●			●	●	●		●		●	●
STYLEPARK MATERIALS	●		●	●									●	●			●		●		●			●
寻材问料		●	●	●		●		●		●	●	●	●	●	●		●		●		●		●	●
MATERIAL CONNEXION	●			●	●	●	●	●	●	●	●	●	●	●				●	●		●			
INVENTABLES	●		●	●									●	●			●	●			●		●	
DESIGN INSITE	●												●	●	●		●				●		●	●
材料学科领域基础科学数据库						●	●	●			●	●	●	●	●	●				●	●	●		
国家材料科学数据共享网						●		●						●		●				●	●			
材料基因工程专用数据库						●		●					●	●	●	●				●		●		●
连联材料														●					●		●			
UAD 材料库管理系统						●		●				●		●			●	●	●		●		●	●
MATWEB						●	●	●	●	●		●	●	●	●	●	●	●	●	●		●		●
IDEMAT-Online database						●		●					●	●	●	●	●	●			●		●	
MATERIALS SELECTION AND PROCESSING						●	●	●					●	●	●		●	●			●			

（续表）

数据库名称	信息类型																							
	体验					功能																		
	颜色	光泽度	纹理	触感	气味	力学性能	电学性能	热学性能	光学性能	声学性能	表面性能	化学性能	制作工艺	名称	材料子类	材料结构	成本	环保性	供应商	UNS编号	典型应用	科研成果	相关资讯	更新时间
TRANSMATERIAL (Transstudio)														●				●	●				●	●
TOTAL MATERIALS						●	●	●	●	●		●		●	●	●			●	●	●	●		●
EFUNDA，Engineering Fundamentals								●					●	●	●	●				●				
ASM Materials Information						●							●	●	●								●	●
TPSX-Material Properties Database(NASA)														●	●	●	●	●	●		●		●	
AZOM.COM														●							●	●	●	
NPL MIDAS										●		●		●	●				●		●		●	
PROSPECTOR						●	●	●					●	●	●	●	●		●	●	●			●
MATERIAL PROJECT														●		●				●				
AFLOW						●		●					●	●	●							●		
NIST																						●	●	
MATNAVI						●		●						●	●									
NOMAD														●			●			●				
MATDAT						●		●				●	●	●	●	●					●	●		●
ALUSELECT						●		●			●		●	●		●					●			
MATMATCH						●	●	●	●					●					●	●	●			

表 1-2　材料知识数据库的信息表征方式及材料类别

数据库名称	数据表征形式									材料类别								
	结构化		非结构化															
	公式	数值	文字描述	表格	材料结构图片	典型应用图片	材质图片	影像资料	线下实体	石材	复合材料	金属	玻璃	木材	纤维	塑料	皮革	智能新型材料
MATERIAL DISTRICT			●			●	●			●		●	●	●		●		
STYLEPARK MATERIALS			●			●		●		●	●	●	●	●	●	●	●	
寻材问料		●	●	●		●	●			●	●	●	●	●	●	●	●	
MATERIAL CONNEXION			●	●		●		●	●	●	●	●	●	●				
INVENTABLES		●	●			●	●				●	●	●		●			
DESIGN INSITE			●			●				●	●	●	●	●		●		●
材料学科领域基础科学数据库	●	●		●	●						●	●						
国家材料科学数据共享网	●	●	●	●	●						●	●		●				
材料基因工程专用数据库	●	●		●	●					●	●	●						
连联材料			●	●		●	●			●	●	●	●	●	●	●	●	
UAD 材料库管理系统		●	●	●		●	●			●		●	●	●		●		
MATWEB	●	●	●	●						●	●	●	●	●	●	●	●	●
IDEMAT-Online database		●	●			●	●			●	●	●	●	●	●		●	
MATERIALS SELECTION AND PROCESSING		●	●			●				●	●	●		●				

（续表）

数据库名称	数据表征形式									材料类别								
	结构化		非结构化															
	公式	数值	文字描述	表格	材料结构图片	典型应用图片	材质图片	影像资料	线下实体	石材	复合材料	金属	玻璃	木材	纤维	塑料	皮革	智能新型材料
TRANSMATERIAL (Transstudio)		●	●			●	●			●	●	●	●					●
TOTAL MATERIALS	●	●	●	●	●						●	●						
EFUNDA，Engineering Fundamentals		●	●							●	●	●	●	●				
ASM Materials Information	●	●	●		●					●	●	●						
TPSX-Material Properties Database(NASA)	●	●			●	●				●	●	●	●	●	●			
AZOM.COM			●		●	●	●	●		●	●	●						
NPL MIDAS			●			●												
PROSPECTOR		●	●	●							●	●				●		
MATERIAL PROJECT	●	●		●												●		
AFLOW	●	●		●							●	●						
NIST			●							●	●	●						
MATNAVI	●	●	●	●						●	●	●						
NOMAD	●	●																
MATDAT	●	●		●	●													
ALUSELECT	●	●										●						
MATMATCH		●	●	●	●					●	●	●	●	●				

1.2.4 产品设计中材料选择研究现状与问题分析

总结国内外以“产品设计中的材料选择”为主题的相关研究的现状，当前在该领域的研究中仍存在以下问题尚待解决。

第一，材料所具备的功能属性是实现产品功能的重要载体，因此与材料功能相关的材料知识通常需要被优先考虑。但现有提供材料功能属性的相关知识信息渠道以为材料研发人员提供技术性指导为主要目标。如何帮助设计人员通过合适的材料选择方法将表征材料功能特性的材料物理量与产品设计目标更好地匹配，从而筛选合适的材料，仍是当前产品材料选择中需要优先解决的问题。虽然此类基于材料功能属性的多属性材料选择方法和研究成果已经相对丰富，但材料的功能属性常以具体参数或公式的材料物理量形式进行表征。

第二，产品设计师在选择材料过程中过度依赖于与材料主观体验相关联的知识。产品设计中对材料的感知体验需求通常被转化为一组以非结构化形式进行表征的主观形容词。但主观形容词的生成是个人认知的结果，意味着此类材料知识具有极强的主观性和模糊性，将导致表征材料主观体验的感知体验知识无法被统一描述且难以量化。最终迫使设计师在产品材料选择过程中仍旧主要依赖于自身主观设计经验，缺乏科学的选材指导。另外，虽然已有研究通过量化感官体验的方式指导设计人员进行产品材料的筛选，但还没有证据表明此类方法是否能同时满足产品对材料功能的需求和限制，其在产品设计中的实用价值仍旧存疑。同时，本书认为与感知体验相关的内容涉及复杂的心理学和生理学内容，有必要进一步对相关内容进行系统的定义与深入研究。

第三，现有产品设计中的材料选择方法相对单一，即仅能满足产品材料功能或感知体验的单方面的材料筛选需求。柳冠中先生在《事理学论纲》中提出：设计是以一定的目的和一定的方式来达到与客观条件和内部关系相适应的人为适应性系统[54]。材料物理量为判断是否满足产品功能需求提供客观科学依据，而蕴含材料体验的内容是增加产品附加值并满足个性化主观需求的重要策略之一。这意味着理想状态下，应同时协调材料功能及体验两方面知识，使两者并驾齐驱以制定更全面的产品材料决策[55]。虽然已有研究尝试通过材料物理量之间与材料感官体验之间的关系指导产品材料的选择，但其可信度及可用性均尚不明确。

综上所述，材料不仅是实现产品功能性的物质基础，更是连接产品与用户的重要触点。虽然材料物理量能为产品设计师筛选与设计目标相契合的材料提供依据，但当前关于材料选择的相关研究大多仅面向材料研发人员，很少关注产品设计师在选材过程中对材料感知体验中的需求。笔者认为造成以上问题的主要原因在于材料物理量与感知体验两类知识间关系不明，使得产品选材过程受阻，最终导致筛选材料无法同时满足材料客观功能性和主观体验性的双重需求，大大降低了产品设计中的选材效率。

1.3 本书目标与意义解析

为解决当前材料物理量与感知体验两类知识间关系不明的问题，提高产品设计中材料的筛选效率，本书以材料知识为介质，以心理物理学为研究理论，探讨产品设计中材料物理量与感知体验的具体关系，并以此构建描述两者相关性的理论框架——材料知识映射模型（materials knowledge mapping model），使产品设计中与材料物理量及感知体验相关的知识得以展开科学的转换与映射，从而基于科学理论依据提高产品材料筛选效率。此外，为拓展该模型在产品材料筛选过程中的实际应用价值，本书将基于模型内容搭建面向产品设计的产品材料推介平台。

为提高产品设计中的选材效率，本书探讨产品设计视域下材料物理量与感知体验的具体关系，构建了解释两者具体关系的材料知识映射模型及其产品材料推介平台，并通过产品设计实践案例证明了以上理论模型及其应用平台的可用性。本书的研究成果在理论及实践中都将具有积极的研究意义。

在理论层面上，综合设计学、认知心理学及产品语义学等多学科理论知识，提出材料感知体验的三层级构架。据此，拟提出一种揭示材料物理量与感知体验关系的材料知识映射模型，该模型拟揭示材料物理量与感知体验间的相关性，并实现两类材料知识间的转化与映射。本书通过深化材料学科与设计学科研究的交叉与融合，拓展材料功能属性的理论研究范畴，同时为产品设计中的材料筛选提供科学的理论指导。

在实践层面上，由材料知识映射模型构建的产品设计材料推介平台能够基于材料物理量与感知体验的相关性实现针对材料感知体验内容的科学筛选和推介，进一步解决设计师以长期依赖感知体验为材料筛选依据而造成的产品设计偏差，避免设计师因材料专业知识储备不足而导致的材料误选。另外，该平台除了能为产品设计的材料筛选提供客观有效的解决方案外，还能对材料研究中生成的海量材料物理量及其相关科学数据进行有效管理，为未来材料科学研究中新材料的应用与转化提供数据支撑。本书的组织架构如图 1-7 所示。

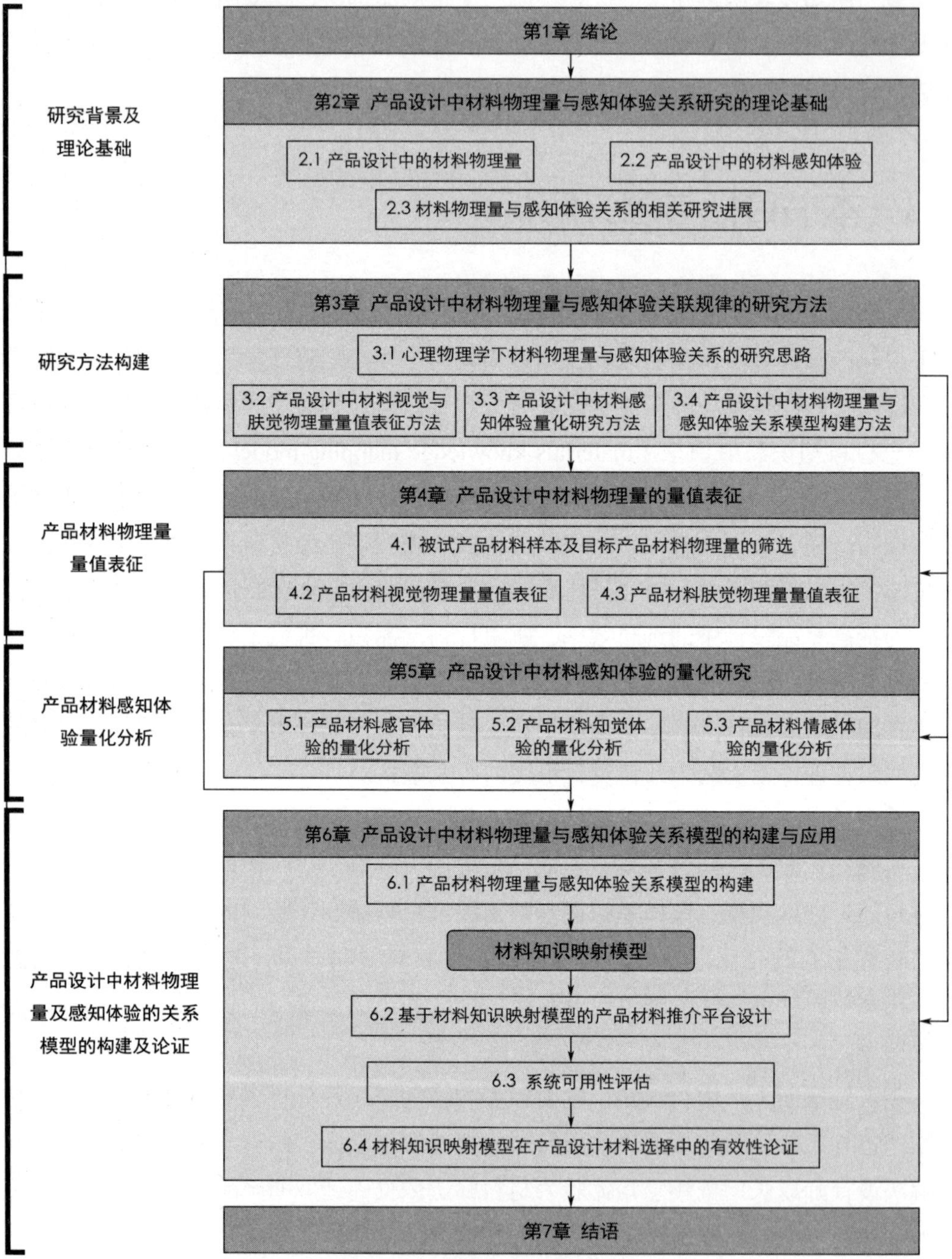

图 1-7　本著作研究构架

第2章

产品设计中材料物理量与感知体验关系研究的理论基础

为明确探讨产品设计中材料物理量与感知体验的关系，笔者认为需要解决以下三项子问题：第一，如何有效提取被试产品材料样本的目标产品材料物理量量值；第二，如何获取材料感知体验量化数据；第三，如何对两者间的相关性进行有效分析并构建理论模型。因此，本书分别对“产品设计中的材料物理量”“产品设计中的材料感知体验”及“材料物理量与感知体验关系的相关研究进展”中相关概念及理论进行了总结，以作为本书研究的理论基础。

2.1　产品设计中的材料物理量

2.1.1　物理量的定义

从古至今，人类从未停下对物理世界探索的脚步。早在我国春秋战国时期便出现讨论科学道理与物理知识的著作。《墨经》是战国时期墨家经典著作，在世界光学史上占有重要地位。其中，专门涉及光学物理知识的内容有第 49、118～125 及 148 共 10 条。《墨经》中对光学的研究比古希腊称为“几何之父”的 Euclid（希腊文：Ευκλειδης，公元前 330 年—公元前 275 年）的著作《光学》还要早一个世纪[56]。《考工记》亦称《周礼 • 冬官考工记》，是春秋战国之交的手工艺专著，集中国先秦物理知识在工艺技术上应用之大成，记载了包括与力学、声学和热学有关的物理学知识，对后世的手工艺制作以及度量衡都产生了深远影响。其中，《考工记》介绍了木制马车的总体设计，书中提出：为了让马车在行驶的过程中更为轻快，车轮需要“微至（圆形）”以减少行车过程中产生的摩擦力[57]，如图 2-1 所示。这表明古人在产品的设计和建造过程中已经对摩擦力及惯性等力学物理量有所关注。

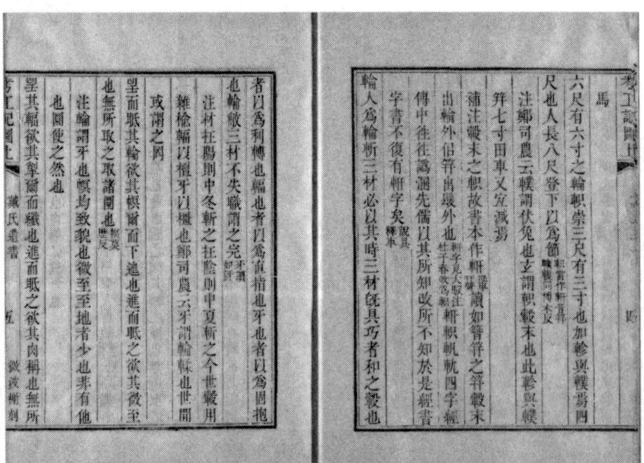

图 2-1 《考工记》中对车轮“微至”的描述

另外，《礼记 • 大学》提出“格物致知”的理念：强调探究事物原理，从而从中获取改造世界的知识。世界是物质的，研究事物的基本结构是物理学的重要任务，而科学的物理学实验是研究、验证并探索事物性质与规律不可或缺的手段。物理学实验通常以测量物理量（physical quality）来验证物理定律或检测物质的性质。

研究事物的基本结构并探索事物自身的性质与规律是物理学的重要任务。物理量被称为描述现象或物质且可以被定性区别和定量描述的属性。在日常生产生活中，大到地球质量、平均半径或到月球与太阳的距离，小到产品设计中材料的质量和表面温度，都与物理量紧密相关。国际计量局（The International Bureau of Weights and Measures，BIPM）是根据 1875 年 5 月 20 日在巴黎举行的米制外交会议（Conference of the Metre）最后一次会议期间由 17 个国家签署的《米制公约》（Metre Convention）成立的。BIPM 在国际计量委员会（International Committee for Weights and Measures，CIPM）的独家监督下运作。CIPM 本身受国际计量大会（General Conference on Weights and Measures，CGPM）的管辖，并向其报告 BIPM 所完成的工作。在科学领域的研究中，描述不同物质性质的物理量有成千上万个，如果对每一个物理量都选择特定的单位进行表示会变得非常困难。

1960 年，第十一届国际计量委员会（International Committee for Weights and Measures，CIPM）正式建立了国际单位制（International System of Units，SI）[58]。他们将时间（time）、长度（length）、质量（mass）、电流（electric current）、热力学温度（thermodynamic temperature）、物质的量（amount of substance）及发光强度（luminous intensity）七类物理量确定为基本量（basic qualities）（表 2-1）[59]。其他物理量均可以通过基本量及辅助量（supplementary units）以方程形式进行组合并

表 2-1　SI 基本单位

基本量	单位名称	符号
长度（length）	米（meter）	m
质量（mass）	千克（kilogram）	kg
时间（time）	秒（second）	s
电流（electric current）	安培（ampere）	A
热力学温度（thermodynamic temperature）	开尔文（kelvin）	K
物质的量（amount of substance）	摩尔（mole）	mol
发光强度（luminous intensity）	坎德拉（candela）	cd

导出，获取的新物理量则被统称为导出量（derived units）（表 2-2 及表 2-3）[60]。例如功率的国际单位——瓦特（Watt，W），是由质量、长度和时间等基本单位定义［式（2-1）］：

$$1W=1kg \cdot m^2/s^3 \tag{2-1}$$

表 2-2　SI 常用的物理量导出单位

物理量	单位名称	符号
面积（area）	平方米（square meter）	m^2
体积（volume）	立方米（cubic meter）	m^3
频率（frequency）	赫兹（hertz）	Hz
密度（density）	千克每立方米 (kilogram per cubic meter)	kg/m^3
力（force）	牛顿（newton）	N，$kg \cdot m/s^2$
压力（pressure）	帕斯卡（pascal）	Pa，N/m^2
功率（power）	瓦特（watt）	W，J/s
电阻（electric resistance）	欧姆（ohm）	Ω，V/A
电容（capacitance）	法拉（farad）	F，A • s/V
磁通量（magnetic flux）	韦伯（weber）	Wb，V • s
电感（inductance）	亨利（henry）	H，V • sA
比热容（specific heat）	焦耳每千克开尔文（joule per kilogram kelvins）	J/(kg • K)
热导率（thermal）	瓦特每米开尔文（watt per meter kelvins）	W/(m • K)
辐射强度（radiant）	瓦特每球面度（watt per steradian）	W/sr

表 2-3　SI 辅助单位

物理量	单位名称	符号
平面角（plane angle）	弧度（radian）	rad
立体角（solid angle）	球面（steradian）	sr

此外，材料性能的表征是精确描述材料在特定条件下所展现出的行为和现象的过程。这一过程可视为由初始状态至最终状态的转变轨迹。此类行为常可通过关联外界物理场的某一参量（即外参量）与材料内部某一参量（即内参量）之间的变化

来进行阐述。此种方法，有时被称为“黑箱法”，其核心在于仅依据系统输入量与输出量之间的实验性关联来界定材料的性能。在材料行为发展到不同阶段时，可以定义出不同的性能，大致分为三种情况：第一，定义输入或输出量的终态值，如断裂强度就是材料断裂时的应力值（输入量）；第二，定义输入或输出量某一时刻的中间值，如塑性变量（输出值）达到0.2%时的应力值（输入值）为屈服强度；第三，定义某一阶段内或终态时的输入量或输出量的联系值，如弹性变形阶段，应力与应变成正比，比例系数 E（杨氏模量）就是联系应力和应变两个参量的联系值。

现代材料对人们的日常生活产生了深远且难以估量的影响，其持续的创新与发展推动了产品多样化和应用领域的广泛拓展。具体而言，金属合金以其成本效益更高、性能更优越的特点，逐渐取代了电气连接中的传统金属零部件，彰显了显著的经济与技术优势。液晶材料则凭借其卓越的硬度与丰富的色彩表现力，在液晶显示器制造中占据了核心地位。此外，热塑性材料凭借其高拉伸强度、高弹性模量等优异的力学特性，以及相对较低的成本，在产品设计与应用领域占据了重要地位，占据了极大的市场份额。值得注意的是，当前的经济增长已不再仅仅依赖于基础材料的生产，而是更加紧密地与这些材料在商品与服务中的创新应用相结合。在此背景下，对材料行为与性能的深入理解成为产品设计及开发的重要基石。物理量及其量值大小作为衡量材料行为与性能的关键指标，为产品的研发提供了科学的数据支撑与理论依据。在产品设计过程中，高质量的材料物理量数据集具有至关重要的意义。它们为设计提供了精确的数据支持，有助于在众多材料中做出更为科学合理的选择，从而推动产品的创新与发展。

在产品设计的材料选择阶段，产品设计师在审视材料形态与工艺对整体产品影响的同时，倾向于首先参照一系列与材料本质属性紧密相关的物理量，这些物理量详尽地涵盖了材料的密度、价格、力学性能、热学性能、电学性能、光学性能、化学性能以及生态性能等多个维度，具体如表2-4所示。遵循产品设计选材的传统流程，面对多样化的设计需求与严格的约束条件，设计师首先需基于产品类型、设计目标与具体约束条件，初步划定一个能够满足设计需求的材料筛选范围。随后，通过对材料各物理量值的精确排序与合理权重分配，进一步筛选出性能最优的材料。最终，为了确保所选材料的适用性与可行性，设计师会详细核查材料信息数据库中预选材料的具体数据及其在实际应用中的表现，从而确定产品的备选材料列表。

表 2-4　材料行为描述及其表征案例

行为	行为亚类	实验关系	性能表征		
			中间值	终态值	联系值
变形	弹性变形	应力 - 应变		弹性极限	杨氏模量
	塑性变形	应力 - 应变	屈服强度	抗拉强度	硬化指数
	表面变形	压力 - 压痕深度或面积			硬度
断裂	静态断裂	应力 - 裂纹长度		断裂强度	断裂韧度
	冲击断裂	高速应力 - 应变	动态屈服强度	冲击韧度	动态断裂韧度
热	吸热升温	热量 - 温度			比热容
	热膨胀	长度 - 温度			膨胀系数
磁	磁化	磁化强度 - 磁场强度	剩磁或矫顽力	饱和磁化强度	磁导率或磁化率等
电	导电	电压 - 电流			电阻率
	介电	电位移 - 电场强度			介电常数
	热电	热电势 - 温度			热电系数
	压电	电位移 - 压力			压电常数
光	折射	入射角 - 折射角			折射率
	色散	折射率 - 入射光波长			色散系数
	反射	入射波能量 - 反射波能量			反射系数
	吸收	光强 - 入射深度			吸收系数
	散射	光强 - 入射深度			散射系数
	发光	发光强度 - 发光波长			发射光谱
		发光强度 - 发光波长			激发光谱
		发光强度 - 时间			发光寿命

2.1.2　表征产品材料视觉及肤觉特征的材料物理量

根据材料信息学的分类方式，材料功能属性主要可以划分为力学性能（强度、塑性及韧性等）、物理性能（电、磁、声、光及热等性能）及化学性能（抗氧化、抗腐蚀及聚合物的降解等），而材料功能属性通常以材料物理量的形式进行表征。在产品选材过程中，除了关注材料密度、导热性、透明度、强度、刚性、硬度、韧度等相关的物理量外[61]，材料表面形貌、色彩及亮度等相关物理量也常被作为筛选适配材料的标准之一。本书认为以上在产品设计中常被关注的材料物理量可以划分为表征材料视觉特征和肤觉特征的物理量两类。其中，视觉物理量通常与描述材料光学性能的物理量相关，而肤觉物理量则通常与解释材料力学及热学性能的物理量相关。表 2-5 归纳了材料使用性能的分类、表现行为以及相应的性能物理量。

表 2-5 性能类别及其物理量

<table>
<tr><th>性能类别</th><th>基本性能</th><th>相应行为</th><th>性能物理量</th></tr>
<tr><td rowspan="7">力学性能</td><td>弹性</td><td>弹性变形</td><td>弹性模量或弹性极限等</td></tr>
<tr><td>塑性</td><td>塑性变形</td><td>伸长率或屈服强度等</td></tr>
<tr><td>硬度</td><td>表面局部塑性变形</td><td>硬度</td></tr>
<tr><td>韧性</td><td>静态断裂</td><td>拉伸强度或断裂强度等</td></tr>
<tr><td rowspan="3">强度</td><td>磨损</td><td>稳定磨损速率或耐磨性等</td></tr>
<tr><td>冲击</td><td>冲击韧度或冲击寿命等</td></tr>
<tr><td>疲劳</td><td>疲劳极限或疲劳寿命等</td></tr>
<tr><td rowspan="19">物理性能</td><td rowspan="3">热学性能</td><td>吸热、放热</td><td>比热容</td></tr>
<tr><td>热胀冷缩</td><td>线膨胀系数或体膨胀系数</td></tr>
<tr><td>热传导</td><td>热导率或导温系数</td></tr>
<tr><td rowspan="2">磁学性能</td><td>磁化</td><td>磁化率或磁导率等</td></tr>
<tr><td>磁致伸缩</td><td>磁致伸缩系数或磁弹性能等</td></tr>
<tr><td rowspan="4">电学性能</td><td>导电</td><td>电阻率或电阻温度系数等</td></tr>
<tr><td>介电（极化）</td><td>介电常数或介电强度等</td></tr>
<tr><td>热电</td><td>热电系数或热电优值等</td></tr>
<tr><td>压电</td><td>压电常数或绩点耦合系数等</td></tr>
<tr><td rowspan="5">光学性能</td><td>折射</td><td>折射率或色散系数等</td></tr>
<tr><td>反射</td><td>反射系数</td></tr>
<tr><td>吸收</td><td>吸收系数</td></tr>
<tr><td>散射</td><td>散射系数</td></tr>
<tr><td>发光</td><td>发光寿命或发光效率等</td></tr>
<tr><td rowspan="2">声学性能</td><td>吸收</td><td>吸收因子</td></tr>
<tr><td>反射</td><td>反射因子或声波阻抗等</td></tr>
<tr><td rowspan="3">耐环境性能</td><td>耐腐蚀性</td><td>表面腐蚀</td></tr>
<tr><td>老化</td><td>性能随时间下降</td></tr>
<tr><td>抗辐照性</td><td>高能离子轰击</td></tr>
</table>

2.1.2.1 表征产品视觉特征的材料物理量

人眼具备优异的视觉感知功能，但难以准确辨别色彩之间的细微差异。近代科学技术的发展揭示了光与色彩的本质关系，因此材料表面的色彩物理量与材料的光学性能密切相关。CIELAB 是一种不依赖材料表面状况，并与人类视觉系统识别颜色机制相一致的色彩模型。产品设计常通过参考 CIELAB 色彩空间中的物理量来选择合适的颜色，主要包括明度、红绿色品指数、黄蓝色品指数、饱和度及色调角五项物理量。图 2-2 中，*L* 代表图像色彩的明度（lightness）即从纯黑至纯白，取值范围为 0～100，数值越大表明色彩亮度越强，反之越弱。*a* 代表红绿色品指数，即从红色到绿色的颜色差异，取值范围为 127～–128，正值（+*a*）代表测试样本偏红且数值越大则越偏红；负数（–*a*）则为偏绿且数值越小绿色偏向越显著。*b* 代表的是黄蓝色品指数即从黄色到蓝色的颜色差异，取值范围为 127～–128，正数（+*b*）代表测试样本偏黄且数值越大黄色偏向越明显，反之负数（–*b*）则为偏蓝且数值越小越偏蓝。*C* 为饱和度（chroma）又称为彩度，数值越大则颜色饱和度越高。此外，*h* 为色相（hue）且通常为一个角度数值（取值范围为 0°～360°），因而也被称为色调角。根据不同的色调角可划分为红色区（10°＜*h*≤40°）、橙色区（40°＜*h*≤75°）、黄色区（75°＜*h*≤95°）、绿色区（95°＜*h*≤235°）、蓝色区（235°＜*h*≤295°）和紫色区（295°＜*h*≤10°）共六个区域。

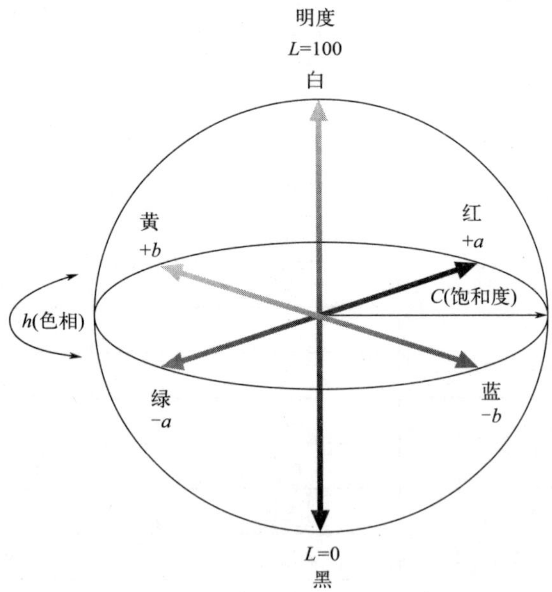

图 2-2　CIELAB 色彩空间 [62]

另外，产品材料表面的亮度在一定程度上影响着客户的购买意愿[63]。Jones 认为物体表面“光泽度（gloss）”和“亮度（glossiness）”应被清楚区分：光泽度被认为是物质表面所具备的一种物理属性，而亮度则是因为光泽这一属性而产生的相应外观结果[64]。由于“光泽度”在中文表述中也存在歧义，因而本书将使用“光泽度”作为描述材料表面亮度的物理量，而将“亮度”作为个体表达对材料表面光泽程度的感受，以区分两者在材料物理量及感知体验中的差异。另外，人们感受到的事物表面的亮度与材料表面的光泽度密切相关。但光泽度被认为与镜面反射程度、物体表面色素沉着和散射介质中的漫反射相关[65]。尽管如此，大多数情况下，材料表面光泽度即为材料表面镜面光泽度（specular golss），其单位被记为 GU（gloss unit）。

2.1.2.2 表征产品肤觉特征的材料物理量

物质表面形貌是指产品或科学研究试样表面的微观几何形态，是影响摩擦、磨损、润滑、抗腐蚀性等材料物理量的关键要素之一[66]。

首先，材料的表面粗糙度（surface roughness）是材料表面形貌中最为显著的特征，引起的视觉及肤觉体验差异也最为明显。材料的表面粗糙度由材料表面的立体几何特征差异导致，主要与以下物理量相关：第一，与垂直方向表面凸起高度及凹陷深度的算数平均值（又被称为表面轮廓的算数平均偏差），即表面平均粗糙度（roughness average，Ra）相关；第二，与用于描述材料表面一段距离内离开中心线的各个凸起之间在表面水平方向的物理量，即平均间距粗糙度（peak spacing，Rsm）相关；第三，与由纵向尺度和水平尺度共同决定表面粗糙程度的混合参量（hybrid parameters）相关。

其次，对物质表面冷热感的探索是肤觉体验过程中另一个明显的线索[67]。材料表面的“冷 - 热”差异，也是产品设计过程中需要重点关注的材料物理量，主要涉及热导率或比热容等物理量。弹性模量又称为杨氏模量（Young’s modulus），是材料变形后回弹的指标，其物理意义是产生 100% 弹性变形所需的应力，主要反映了材料的拉伸弹性和软硬程度。最后，摩擦感被认为是由指腹（finger pad）通过动态触摸造成皮肤拉伸或振动后产生的感官体验[68]。物体表面湿润（moist）、干燥（dry）、黏稠（sticky）及光滑（slippery）的肤觉体验都归因于指腹与材料表面纹理的摩擦水平，即摩擦系数（coefficient of friction）[69]。

2.1.3 产品设计中材料视觉与肤觉物理量量值获取途径

传统的产品材料选择通常遵循以下的流程：首先，需要根据不同的产品类型、设计目标与约束条件筛选出几项备选材料，再根据材料各属性的具体物理量量值进行排序，最终通过对材料数据库中相关材料数据对比和核查确定候选材料。但除材料知识数据库外，研究人员还可以通过直接测量或间接测量的方式获取目标产品材料物理量的量值。直接测量方法是使用仪器或量具对待测物进行直接检测，而间接测量方法则要求利用若干已知量值通过特定的函数关系进行推算，以获取未知目标物理量的量值[70]。在产品材料选择过程中，如密度、弹性模量或刚度等在材料科学研究中常见的材料物理量量值均可以从材料知识数据库中直接获取。而与材料表面视觉与肤觉特征相关的表面粗糙度、色彩、光泽度等相关产品材料物理量，则一般需要通过仪器进行直接测量。以下详细总结了产品设计中材料色彩、光泽度及其表面平均粗糙度的材料物理量量值的直接测量方法。

2.1.3.1 材料色彩物理量量值获取途径

CIELAB 色彩模式实现了对色相、亮度和饱和度等色彩属性的量化，但具体参数的获取仍需要借助例如色差仪（colorimeter）等专业光学仪器进行直接精准捕捉。

现代颜色视觉理论认为：人眼视网膜上具有三类对红、绿及蓝三种颜色极其敏感的感色锥体细胞[71]。基于光电积分法（method of photoelectric integration）的色差仪正是模拟了人眼对色彩的感色模式，即在整个测量波长区间内通过积分测量的方法获取样品X、Y与Z三类刺激值，并由此计算出样品色品的精准坐标[72]。因此，配备有特定光频灵敏度积分元器件的色差仪能够对 CIELAB 色彩空间内的明度、红绿色品参数、黄蓝色品参数、饱和度及色调角五类物理量量值进行准确测量。另外，当前以“45°/ 0”和“d/ 8°”为照明方式的色差仪最为常见。前者模仿了人类在观察事物过程中的眼球几何结构，因此测色结果与人眼识别结果最为一致。它以入射光束的轴线与样品表面的法线呈 45° 角进行照明，同时以垂直于样品平面的 0° 角进行测量。而后者使用漫射照明并以 8° 的观察角度获取测量结果，其色彩测试的准确率与可信度也相对较高[73]。目前市面上的色差仪大多实现了全过程自动化测色，即在色彩测量过程中全程采用液晶屏幕进行显示，并具有自动校正、自动补偿、数据处理、图像处理、图像识别、存储和记忆等多重功能为一体[74]。同时，由于色差仪具备测色速度快且仪器体积相对较小等优势，已被广泛应用于织物、木材、烟草、肉类、面粉、水果及茶叶等诸多产品的测色流程中[75]。于海鹏等人使用 DC-P3 型全自动色差仪在被测木材表面选取四点分别进行两次测试，取平均值作为试样在 CIELAB 色彩空间内五项色彩物理量的最终量值[76]。刘一星等人使用 Cs-1 型色差仪对 110 个木材样本表面进行“多点多次（取四点，每点两次）”色彩测量，并取 *L*、*a* 与 *b* 的平均值作为样本色彩的最终测量结果[77]。另外，武恒等人使用北京光学仪器厂生产的 TC-P Ⅱ G 全自动测色色差仪对 51 种实木地板板坯的三项色彩物理量参数 *L*、*a* 与 *b* 进行测定，取平均值作为最终测量值[78]。其中，为保证实验的科学性和有效性，研究人员在正式实验开始前将所有被试材料加工为 200mm × 100mm × 20mm 的统一尺寸，并使用压刨机刨平被测样本的侧面。此外，色彩相关物理量的提取方法：除了使用相关仪器进行直接测量外，还可以通过参照 Munsell、Pantone 以及 Ral 等色彩计数法对色彩量值进行间接推导和转换[79]。

2.1.3.2 材料表面光泽度量值获取途径

镜面光泽度的测量结果几乎等同于镜面反射率，使得基于镜面光泽度测量原理的光泽度仪能够对不同物质表面的光泽度进行准确测量。此类专门用于测量物体表面镜面光泽度的科学仪器被称为光泽度仪或光泽度计（gloss meter 或 glossmeter）。其测试原理在于通过将一束光以固定的强度和角度投射到一个表面上，并测量在一个相等但相反角度的镜面反射光量的方法来确定被测物的实际光泽度[80]。在镜面光泽度的测量过程中，光泽度计除了能对镜面反射方向的光线进行测量外，还在表面曲率和波纹度允许的情况下使用尽可能小的测量孔径，这导致镜面光泽度的测量过程极少受到漫反射率的干扰。目前，光泽度计已被广泛用于油漆、纸张、塑料、陶瓷和铝制品等冶金化工企业的材料表面光泽度测量之中。市场上现有的光泽度计的入射角度通常被设置为从 20°、45°、60°、75° 和 85°，以满足对不同物质表面的准确测量[81]。其中，60° 入射角是光泽度计通用的标准角度，几乎可以测量大多数物质表面的光泽度。另外，根据光泽度具体量值可以将物质表面划分为高光泽度（x＞70GU）、中光泽度（10＜x＜70GU）及低光泽（x＜10GU）三个等级[82]。过往研究中，已有研究者使用入射角为 60° 的 KGZ - 1 型镜面反射数字光泽度计对 50 种不同木材表面的光泽度进行测量。

2.1.3.3 材料表面粗糙程度量值获取途径

表面平均粗糙度是揭示材料表面形貌特征的重要物理量，可以通过专业的光学仪器进行测量。扫描隧道显微镜（scanning tunneling microscope，STM）和原子力显微镜（atomic force microscope，AFM）常被用于对样品表面三维空间形貌的探测[83]。其中，AFM 因超高分辨率、试样制备简单、不受样本模态和实验环境限制等优势，已迅速成为探索材料表面微观结构的重要测量仪器之一。AFM 通过仪器上的探针与样本保持稳定接触，从而获得纳米尺度下包括表面平均粗糙度等试样表面形貌特征在内的相关数据[84]。但 AFM 主要适用于表面高低起伏差距在纳米级别的光滑硬质表面，对于表面过于粗糙的试样极易造成因探针损坏而无法对材料表面平均粗糙度进行准确测量的结果[85]。

此外，基于非接触式的光学检测技术常应用于物质表面粗糙程度的测量之中。其中，光学干涉法堪称光学探测技术中最强大的诊断工具[86]。它能够利用参考面和被测面间反射的光束产生干涉条纹，并通过测量干涉条纹的相对变形间接完成对表面微观形貌的探测[87]。白光干涉技术（white-light interferometry technology）作为光学干涉法中的一种，自 1980 年由 Balasubramanian 提出后便已逐渐成为检测三维表面微观形貌的重要测量技术[88]。白光干涉仪（white light interferometer）作为一种非接触式的光学轮廓仪与激光扫描共聚焦显微镜（confocal laser scanning microscope，CLSM）已共同成为国内外分析材料表面形貌特征中成熟的光学测量仪器[89]。在现有研究中，Datta 使用 AFM 及另一部名为 Dektak3 的轮廓仪共获取了 232 组表面粗糙度数据，包括平均粗糙深度（mean roughness depth，Rz）以及表面平均粗糙度两项典型材料表面粗糙度物理量量值[90]。Chen 等人使用商用轮廓仪 RTH Form Talysurf 120L 对样本表面进行了四次测量，并取其平均值作为材料表面平均粗糙度实验中的最终测试数据[91]。此外，Wongsriruksa 等人使用型号为 sv-3000 的表面测量仪获取了实验中被试产品材料样本的 Ra 量值[92]。

如何全面且准确地获取研究中所需材料物理量量值需要认真思考。虽然有研究认为权威材料数据库提供的材料物理量量值在研究中应作为主要参考，但本书认为需要根据目标产品材料物理量的类型、量值获取难易度、实验环境及成本等诸多因素选择合适的材料物理量量值提取方法。

2.2　产品设计中的材料感知体验

2.2.1　材料感知体验的层级解构

在传统产品设计过程中，材料选择一直是以功能为主导的活动，即基于材料功能特征筛选符合与产品设计目标相匹配的过程[93]。在过去的五十年里，已有许多成熟的工具辅助工程师和技术人员通过材料物理量完成材料筛选。但产品设计中普遍认为，以“用户为中心的设计”是产品成功的关键，但当前以技术为轴心的传统材料选择方法难以形成令用户满意的设计方案[94]。这主要是由于传统选材方法以满足材料客观功能性与使用正当性为前提，而基于产品设计角度的材料选择需要同时考虑材料是否满足目标群体的主观性感知体验需求及产品功能性需求。在此背景下，设计研究领域已尝试构建以个体体验为导向的材料选择方法。现有研究虽未对材料的感知体验做出明确定义，但为本书进行材料感知体验的层级构建工作提供了重要参考。

2.2.1.1　材料体验现有研究

产品作为物质实体的存在，其本质不仅体现在作为活动成果的物化形态上，更在于它作为主体对象所承载的深层次意义。美学（aesthetics）是哲学的分支，致力于对艺术和审美体验进行概念性和理论性的探索，主要集中于以下三个方面的内容：第一，创作或欣赏某些艺术活动或实践；第二，研究事物具备哪些美的特征；第三，如何通过态度、感知与体验赋予事物美的标签。尽管人们对如何定义事物的“是美的”存在争议，但普遍认为审美属性源于可以通过感官接受到的、可观察并可以直接体验的属性。Immanuel Kant 是德国古典哲学创始人，被认为是西方最具影响力的哲学家之一，Kant 认为：人类的审美判断源于感知觉体验，而审美判断与愉悦感与痛苦感紧密相连。Kant 还强调人们在获取“事物美的愉悦”时，通常融合了对事物外在表征的客观性感觉与内隐抽象的主观性感知。人通过感受器与外部世界相连接，形成了包括情感和审美的感知体验。

Dennis P.Doordan 认为设计的目的是将抽象概念转化为具体形式，并认为与材料相关的研究应从制造（fabrication）、应用（application）与欣赏（appreciation）三个方面进行考量[95]。其中，“制造”指处理材料生命周期的初始阶段；“应用”则指把材料转化为产品，包括设计师努力将新材料与现有的产品需求相匹配、开发新材料的新用途，并为材料赋予某种词汇含义的过程；“欣赏”主要探讨的是用户与材料接触瞬间及交互过程中产生的对材料整体的接受度和感受，是其他材料体验相关概念得以衍生的重要理论基础之一。“材料体验（material experience）”最早由代尔夫特理工大学的 Elvin Karana 教授等人提出，它被定义为一种具备多层级且动态性的交互活动[96]。与此同时，Karana 教授及其团队构建了以“材料（material）”“实践（practice）”与“人（people）”为节点的材料体验框架，如图 2-3 所示。在该模型中，材料属性、产品与个人过往经验间的互动频率都将对材料的整体体验产生影响[97]，这意味着对材料的体验均源于个体与材料之间的互动行为。

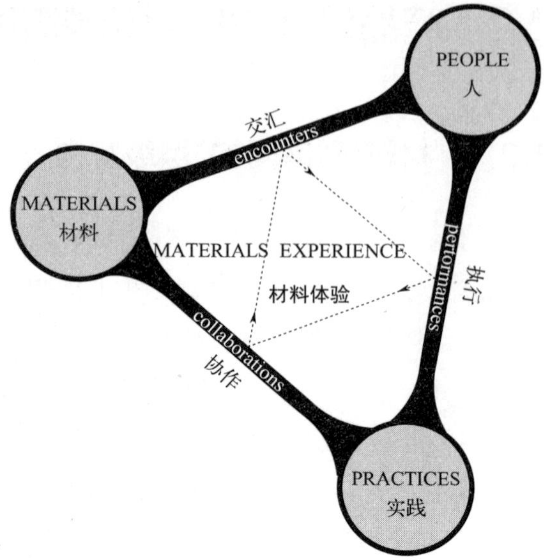

图 2-3 材料体验框架

Mark Hollins 等人作为较早一批研究材料感知体验的专家，他们认为感官体验是材料感知体验的重要内容之一。为了解受试者在未被提供任何形容词指导和约束的情况下是如何对材料感官体验进行描述的，受试人员被要求在与每个被试实验材料进行肤觉接触后给出一个或多个形容词进行描述。Hollins 通过主成分分析法对实验中所收集的词汇进行了分类，并最终构建了包括“光滑与粗糙”“坚硬与柔软”“光滑的与黏的”“平整的与颠簸的”及“温暖与寒冷的”等符合被试产品材料样本特征的词汇表[98]。

除此之外，有研究表示由材料激发的体验被认为与感官体验与知觉体验均有所关联。Johnson 等人构建了一个用于描述产品设计中材料体验的通用词汇表[99]，如图 2-4 所示。其中，材料美学体验（aesthetic experience）是感官体验的反应，其中包括与感受（feel）、质感（texture）、形态（form）、气味（smell）、光感（optics）、色彩（color）、味觉（taste）及听觉（sound）等内容。知觉体验（perception experience）则更为微妙，它解释了材料所承载的关联性含义，涉及符号（symbolic）与风格（stylistic）的相关信息，以此形成了知觉体验的语义差异词汇组。另外，Van Kesteren 等人认为识别某种材料需要从材料的感官体验（sensorial）、知觉体验（perceptional）、用途（use）、技术特征（technical）及类型（material）五个方面进行定义。他们列举了包括反射（reflection）、色彩（colour）、压力（pressure）、操作（manipulation）、摩擦（friction）、声音（sound）、气味（smell）、味道（taste）、温度（temperature）和光辐射（light radiation）在内的感官属性语义词汇组（图 2-5）。

Reflection 反射	Pressure 压力	Sound 声音
reflective-not reflective 反射-无反射	denting-not denting 凹陷-不凹陷	muffled -ringing 闷响-清脆
glossy-matte 有光泽-哑光	soft-hard 软-硬	low - high pitch 低-高音
transparent-translucent-opaque 透明-半透明-不透明	fast-slow dampening 快速-缓慢阻尼	soft -loud 轻柔-响亮
not bright-bright 不明亮-明亮	massive-porous 庞大-多孔	
rough-smooth 粗糙-光滑		**Smell and taste 气味及味道**
regular-irregular texture 规则的-不规则的纹理	**Manipulation 操作**	natural odour-no odour-fragrant 自然气味-无气味-香味
	stiff- flexible 僵硬-灵活	fragrance 香味
Colour 色彩	ductile-tough 可延展-坚固	flavour 口味
hue of colour 色相	brittle-tough 脆弱-坚硬	
one colour- many colours 一种颜色-多种颜色	light-heavy 轻-重	**Temperature 温度**
colourless -colourful 无色-有色		warm-cold 热-冷
dark-light 深色-浅色	**Friction 摩擦**	
durable-faded colour 持久的-褪色的	sticky-not sticky 黏稠的-不黏稠的	**Light radiation 光辐射**
pattern 纹理	dry-wet-oily 干燥-湿润-油润	low-high light emission 低-高光线反射
reflective-not reflective 反射-无反射	rough-smooth 粗糙-光滑	

图 2-4 材料美学和知觉体验通用词汇表

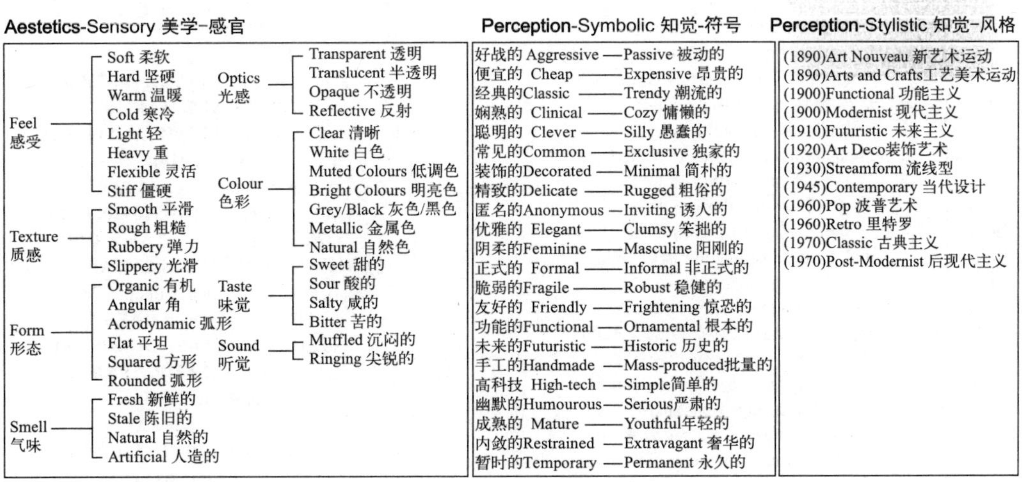

图 2-5 材料感官属性

另外，Karana 等人在研究中发现材料知觉体验的产生大多基于视觉体验或肤觉体验两类感官模态[100]，并将其划分为：感官体验（sensorial experience）、意义体验（experience of meaning）及情感体验（emotional experience）三个层次[101]，之后又在此基础上增加了表达层体验（performative experience）。此外，清华大学的左恒峰教授认为材料的主观体验指：人们通过感官系统所产生的对材料表面几何形貌特征和物理化学属性的整体印象[102]。他们将材料的触觉体验划分为几何维度（geometrical dimension）、理化维度（physi-chemical dimension）、情绪维度（emotional dimension）和关联维度（associative dimension）四个部分[103]（图 2-6）。

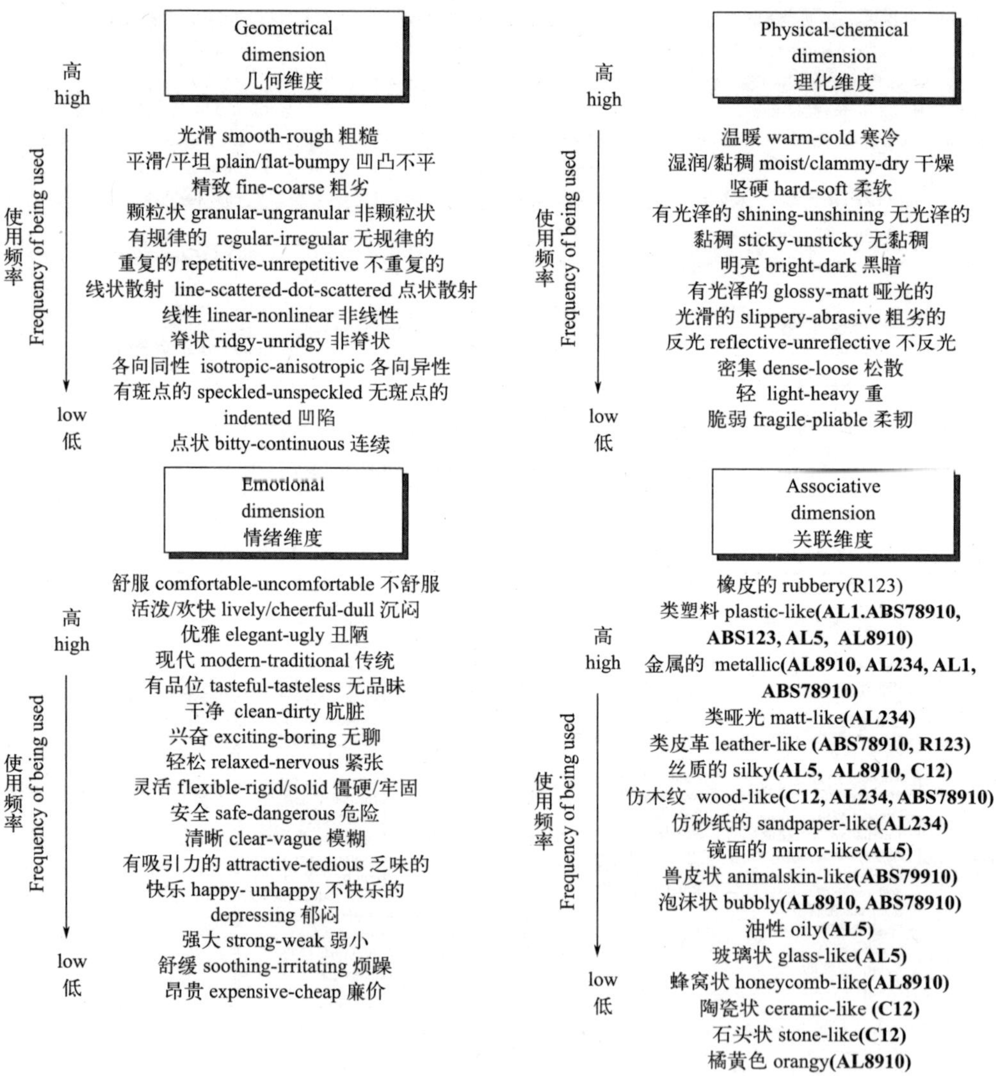

图 2-6　材料的触觉体验词条

另外，Fujisaki 和一组研究人员从不同的感官模态对木头的表面特征进行了研究，构建了与视觉、听觉、触觉和情感相关联的两极形容词列表 [104]。除此之外，在荷兰代尔夫特理工大学（Delft University of Technology）的博士研究项目 Materials & Design-the art of plastics design 中，作者对材料的特性进行了分类 [105]。这些材料特性按照由客观性（objective）往主观性（subjective）的顺序，被依次划分为：物理性能（physical properties）、制造技术（production techniques）、使用及功能（use& function）、美学性（aesthetics）、知觉（perception）、联想（associations）及情感（emotions）。Karana 教授、左恒峰教授与 Fujisaki 等人在划分材料感知体验的层级上存在许多相似之处。首先，三项研究均表示材料感知体验中应涉及个体的感官体验及情感体验；其次，Karana 教授提出的“意义体验”与左恒峰教授提出的“关联维度”在本质上较为相似，两者均表达了个体经由材料感官体验生成的某种无法具象化的联想。

由此可见，材料感知体验应起码包含描述外观美学特征的材料感官体验、描述知觉与联想特征的材料知觉体验，以及与个体情感相关联的材料情感体验三个部分。

2.2.1.2 认知心理学

此外，认知心理学的研究也为材料感知体验的解构提供了重要的理论参考。基于认知心理学的研究内容，人类对外部世界的全部认识都基于感官（sensation，又被译为感觉）与知觉（perception）的共同作用 [106]。感官体验是指某种立即且直接的感受，被视为人类最基本的体验模式。它被划分为视觉（vision）、听觉（audition）、肤觉（或被译为躯体感觉，somatosensation）、嗅觉（olfaction）与味觉（gustation）五种感官模态（sensory modality）[107]。另外，感官活动通常发生于认知加工的初期阶段，并将引起后续更为复杂的知觉加工阶段。知觉体验作为更高级的认知体验通常由含义、关系、语境、判断、过去经历和记忆等综合心理加工结果所组成，是个体对外部感官刺激有意识的表征和联想 [108]。Ashby 和 Johnson 认为材料的美学体验为产品打造了独特的个性，而这种“美学体验”源于交互过程中的“感官和知觉”。而感官与知觉在个体认知过程中相互影响，很难将彼此分开研究。除此之外，“具身心智（embodied mind）”表示人类的认知、思维、判断、推理、知觉及态度等一切心智活动都源于身体与物理世界的互动与体验，并植根于感官体验的隐喻之上 [109]。这表明感官与知觉需要被同时探讨，材料感知体验中也应同时包含感官体验与知觉体验两个部分。

2.2.1.3 产品语义学

另外，产品语义学（product semantic）也为材料感知体验的层级构建提供了参考。产品语义学主要探讨人造物在其使用环境中的象征性意义并如何应用于产品设计之中[110]。产品语义学构建者之一的Krippendorff教授认为：感受不需要反思、理解或说明，产品中包含的“意义（meaning）”能够解释感受是如何将人造物特点通过形式、功能、色彩及相应产品等方式进行表征的[111]。另外，基于扩散激活模型（spreading activation model）的内容，感官体验及知觉体验虽不能被直接观察和测量，但可以通过多层级的语义描述增强体验的显著性[112]。形容词能够辅助人们对具有不同特征的产品进行特征化描述。此类形容词在产品语义学中被分为五类：第一，描述客观且具有潜在定量测量可能性的形容词；第二，反映审美评价的形容词；第三，与社会价值或社会地位相关的形容词；第四，与特定情感相关的形容词；第五，描述与产品质量相关的形容词[113]。产品语义学的研究成果表示个体对事物的体验能够通过审美或以特定情感形容词的形式进行表征，这表明材料感知体验应包含材料感官体验与材料情感体验两个部分。

2.2.1.4 产品体验框架

Desmet和Hekkert构建了“产品体验框架（the framework of product design）”并表示：产品设计中的“体验（experience）”是用户特征（如个性、文化背景或技能）和产品特征（如形状、质地或色彩）共同作用的结果[114]。他们认为产品体验是与感官相关的美学体验（aesthetics experience）、与知觉相关的意义体验（meaning of experience）以及引发情感波动的情感体验（emotional experience）共同作用的结果（图2-7）。尽管产品体验被清晰地划分为具体的三个层次，但在实际产品体验过程中美学体验、意义体验与情感体验往往相互影响并共同组建为完整的产品“感知体验”[115]。材料作为产品设计中的重要组成部

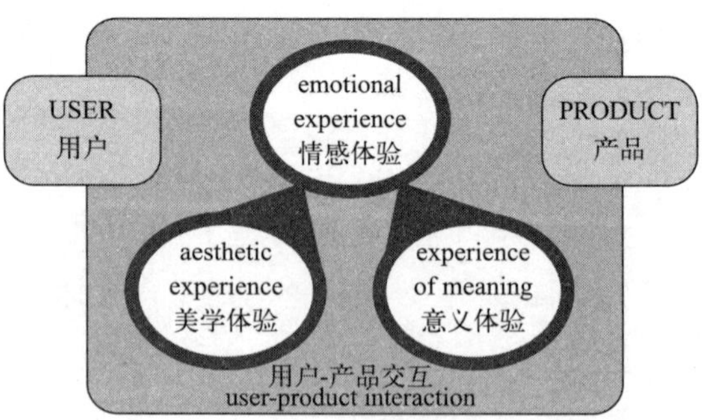

图 2-7　产品体验框架

分，应同样适用于“产品体验框架”中的感知体验理论构架，即材料感知体验也应包含感官体验、知觉体验与情感体验三个层级。

综合材料体验的现有研究成果及认知心理学、产品语义学与产品体验框架的相关理论研究，本书认为“材料感知体验（material perceptual experience）”应由“材料感官体验（material sensory experience）”“材料知觉体验（material perceptional experience）”及“材料情感体验（material emotional experience）”三个层级组成（图 2-8）。以下将对各部分相关理论及研究成果分别进行详细阐述。

图 2-8　材料感知体验

2.2.2　材料感官体验

“材料”作为物质构成的基石，与人类用以探索世界的“体验”之间存在着深刻的内在联系。在艺术范畴内，材料在反思过程中的独特作用尤为显著：通过与材料的物理互动，个体不仅能领略其审美魅力，更能在创作流程中汲取正面能量。此处的“欣赏”，指的是在特定时空背景下，材料所激发或引发的感官、情感、认知及审美等多维度的综合体验。设计师需深入体验材料的“本真”特质，而非仅仅停留于对“虚拟”材料数据的浅层认知。

面对产品设计中材料选择的复杂挑战，需要兼顾用户的功能需求与审美享受，设计师必须深刻洞察并考量材料的物理特性及其在交互过程中所展现的体验属性。Ashby 与 Johnson 强调，在选材过程中，除技术属性外，材料的美学体验亦不容忽视，它赋予产品独一无二的个性，而这种“美学”特质根植于交互过程中的直观“感受”。Karana 等人亦持相似观点，认为材料的体验源自交互过程中的感官激发。在日常生活中，材料的体验丰富多彩：我们借助视觉领略木材的纹理之美，通过触觉感受陶瓷的丝滑质感，聆听金属碰撞的清脆声响，乃至嗅及皮革特有的芬芳。尽管人们与材料的互动场景各异，但多样化的交互方式却促进了材料与产品间积极感知体验的构建。心理学家 Norman 指出，满足人类感知体验预期的产品设计，能够显著降低使用过程中的挫败感。因此，深入研究材料的感知体验对产品设计的影响，必须建立在对感知体验工作机制及其局限性的系统理解之上。

特征整合理论（feature integration theory）：对物体特征的感知主要来源于早期注意阶段（preattentive stage）和聚焦注意阶段（focused attention stage）两个阶段。两者在直接注意量和努力程度上都有所差距：在早期注意阶段中，主要依靠感受迅速获取简单和突出的感官特征，不需要对信息进行复杂的加工或处理；而聚焦注意阶段，需要对收集到的感官基本信息进行更为复杂的加工。人们通常描述的“感知”包含感觉（sensation）与知觉（perception，又被译为感知）两个部分。感觉通常发生于感觉系统的加工初期阶段，这些感官刺激引起的体验构建了更为复杂且精细的感知。但其中每个流程涉及内容较为复杂，且有时信息的加工顺序并不会完全按照图中流程进行，有时甚至恰恰相反或某一活动重复多次。

感觉是由专门感受器细胞聚合体形成的具有不同结构和功能的感受器官，诸如眼睛、鼻子、嘴巴、耳朵或皮肤等在受到刺激后产生的简单并有意识的体验。神经系统最基本的元素是神经元（neuron），又被称为神经细胞（nerve cell），它们处理并传递身体所需的信息。某些神经元是感受器官的感受器细胞（receptor cell），它们对环境中释放的例如光、热、压力、化学物质等能量做出反应，并将这些来自环境中的刺激（stimulus）转换为神经脉冲（impulse）传导给其他神经元。这种能量的传导（transduction）是指通过感受器官中的特定神经元，将物理量转换为神经形式的刺激，感觉本身是指某种立即且直接的体验，即对环境特征和属性有意识的感知，例如在与材料进行交互过程中所产生的温暖或粗糙的体验。感觉是指察觉环境能量并将其转换为编码的最初若干过程。包括看、听、闻、触摸、品尝一切感觉行为，都是神经信息进行转换和传递的结果。

Aristotle（公元前 384—前 322 年）是在早期希腊哲学家中第一位倡导仔细观察并描述自然之人，他认为外部世界的所有知识都来源于感觉的经验，他将感觉信息分为当前惯用的五种感官模态（Sensory modality）：视觉（vision）、听觉（audition）、肤觉（或被译为躯体感觉或触觉，somatosensation）、嗅觉（olfaction）与味觉（gustation）。对应不同感官模态的大脑区域被称为初级皮层投射区（primary cortical projection areas）。每种感官系统的初级皮层投射区位于大脑皮层的脑叶（lobe）中。在解剖学中，大脑左半球的四个主叶有明显的区域划分，且都对应着特定的功能：听觉的初级皮层投射或接收区位于皮层侧面的颞叶（temporal lobe）中；触觉的初级皮层投射区被称为躯体感受皮质（somatosensory cortex），位于皮层顶部的顶叶（parietal lobe）中；视觉的初级皮层投射区，也称为纹状皮质（striate cortex），位于皮层后面的枕叶（occipital lobe）中；专门负责嗅觉的大脑区域是嗅球（olfactory bulb），位于颞叶之下，将信号投射于多个脑区中。

一般而言，对材料感知体验的研究，其核心在于深入探究外部刺激如何引发并塑造人类的认知反应。在此过程中，材料的感官体验扮演着至关重要的角色，它通过色彩、形态、肌理、声音、触感、味道等多种途径，与人的各种感觉器官产生交互作用。因此，将材料的感官体验视为衡量产品用户体验水平的关键指标之一，具有极高的合理性和必要性。值得注意的是，随着感官体验研究领域的不断拓展与深化，传统以功能为核心的产品设计理念正逐步向基于感官体验的参与式设计模式转变。这一转变不仅反映了市场需求的变化，也体现了产品设计理念的与时俱进。进一步而言，材料的感官体验是产品个性特征中最直观、最显著的体现。它通过多元化的感官途径，如色彩、形态、肌理、声音、触感、味道等，与消费者的感觉器官紧密相连，从而塑造出独特而深刻的产品印象。此外，根据 Ashby 和 Johnson 的观点，“感官体验”与“审美体验”在概念层面上存在一定的重叠性，二者均紧密关联于人类的感官体验。在实际应用中，用户对产品的评价及购买意愿往往受到感官模态中的视觉和肤觉的主导影响。因此，当前针对产品设计中材料感官体验的研究，也主要聚焦于视觉及肤觉这两项感官模态的深入探索与剖析。

2.2.2.1　材料视觉体验

视觉是人类认知世界并获取信息的前提，是辨别材料表面形态、光泽度、色彩、肌理和透明度的重要感官通道，也是个体评价产品造型、色彩和结构等内容的重要渠道。产品外观的视觉体验直接决定了消费者对产品的依赖性和使用欲望。可见光在视网膜上形成图像时视觉体验便已形成。当光从一种材料进入另一种材料时，一部分被材料吸收、一部分在两种介质中反射、另一部分被散射，还有一部分透过材料，以此形成了多样性的材料视觉体验[116]。生物学相关研究已发现：人类约有一半的大脑皮层都被用于处理视觉信息。行为学研究中也证实：当接收信息的感官系统发生冲突时，视觉模态通常占据绝对统治地位。材料表面色彩及光泽度作为产品最先被感受到的视觉体验部分，极大程度影响用户对于产品的第一印象[117]。

2.2.2.2　材料肤觉体验

肤觉被认为是人类探索世界最自然的感官通道[118]，是体验材料表面差异的主要感官通道[119]。相较于其他感官模态，肤觉涉及更广泛的感觉传送器和信息通道。肤觉主要包括触觉、温度觉及痛觉三类：触觉是皮肤对外部力学刺激产生的感受；温度觉则与皮肤感受到的温暖或寒冷有关；而痛觉主要警示生物可能遭受到危险。另外，与特定神经元连接的皮肤区域被称为神经元感受域（receptive field），它的尺寸和密度直接影响着获取肤觉信息的敏感程度。Pinel 等人在研究中发现：手、嘴唇和舌头是人类辨别肤觉信息的主要身体部位[120]。经研究证实：手指指腹是人体肤觉敏感度最高的身体部位[121]，这意味着人们通过指腹能够更容易分辨物体表面“冷或暖”“软或硬”或“光滑与粗糙”等表面特征。此外，触摸（touch）是获取材料肤觉体验的主要行为模式，主要分为：主动式触摸（active touch）、被动式触摸（passive touch）以及内部 - 自主式触摸（inter-active touch 或 self touch）[122]。其中，主动式触摸模式指身体某一部分对静止物体表面的主动探索；被动式触摸模式指受试者处于静止情况下，将刺激物施加在皮肤上的触摸方式；而内部 - 自主式触摸模式意味着受试者对某一自运动物体的主动式触摸。此外，在现有材料肤觉体验研究中，大多通过主动触摸的方式获取受试者的体验数据。Lederman 等人在研究中就强调：主动触摸的形式更有利于对材料表面温度、压力、质感及振动等材料特征差异进行分辨[123]。

在材料肤觉体验研究中，Hiroyuki 等人将材料的肤体验分为温度感（热与冷）、湿度感（湿润的与干燥的）、凹凸感（颠簸的与平坦的）、疏密感（疏松的与密集的）及偏好（喜欢的与厌恶的）五个层级[124]。此后，Hiroyuki 又补充了 25 类感官体验，其中大多涉及材料的肤觉体验。Chen 等人使用“温暖与寒冷”“光滑与黏稠”“平整与粗糙”“坚硬与柔软”及“颠簸与平坦”作为材料的肤觉体验要素，并要求受试者通过主动触摸的方式来分辨纸板、柔性材料和层压板的肤觉体验差异。Hollins 等人将触觉体验分为“粗糙与平滑”和“坚硬和柔软”两个尺度，并邀请实验受试者对 17 种材料进行触觉测试[125]。

2.2.3 材料知觉体验

知觉是含义、关系、语境、判断、过去经历和记忆发挥作用的心理过程的结果，用来对感觉感受器接收到的信息进行解释。知觉被视为观察者对刺激输入进行的一系列心理操作的活动的最终结果。用户对于产品整体的知觉体验很大程度上来源于用户与材料感官交互过程中所生成的联想。材料的知觉特性是相对抽象的内容，即人们与材料交互过程中生成的内心反应。材料的知觉体验是设计师个人心理认知的结果，是传达产品设计意义、价值及美学关联的重要信息[126]。Karana 教授在研究中所提及的“意义体验”，以及左恒峰等人提出的“关联维度”都与材料知觉体验相关。产品设计过程中若能充分利用材料所表达的知觉体验特征，将极大程度提高用户在使用产品过程中的舒适度和信任度[127]。知觉处理信息的方式通常被分为“自下而上（bottom-up processes）”和“自上而下（top-bottom processes）”两种加工方式[128]。

自下而上的加工，亦称为“数据驱动处理（data-driven processes）”，其核心在于感受器对物理环境信息的精确捕捉与记录，标志着更高层次且错综复杂的知觉分析过程的启动。以儿童与社交机器人互动为例，此过程显著体现于儿童视觉焦点对机器人面部形态与色彩的紧密锁定，以及触觉上对机器人外壳材质粗糙度的直观感知。相对地，自上而下的加工，即“概念驱动处理（conceptually driven processes）”，则侧重于利用观察者的既有知识框架、经验积累、意义诠释及形状预期来引导感知过程。这一过程揭示了人类先验知识如何在一定程度上塑造对外部事物的认知。例如，提及“皮革”，人们自然而然联想到“高端”“顺滑”或“坚韧”等词汇；而接触表面粗糙的材料时，则可能诱发该材料制品“廉价”或“工艺粗糙”的初步印象。感知分析作为一种积极的信息整合机制，其高效运作依赖于上述两种加工方式的紧密协作与互补。因此，感知体验可被深刻理解为人类在与外界事物接触过程中，融合感觉与知觉全过程所形成的综合性心理体验与感受。材料所传达的意义是特定材料所表达的符号性质，而这种特性是一种相对稳定且从根本上区别于其他物质的个性特征[129]。

2.2.4 材料情感体验

有研究已明确指出，情感体验与感官体验及知觉体验有着密不可分的内在联系[130]。认知过程作为一种内在体验创造了丰富多样的情感维度，而情感又推动着认知的进程[131]。同时，人们通过情感建立互信关系、开展有效学习与交流，并将其形成记忆编码进行存储。因此，情感也被视为体验中的重要组成部分之一[132]。当代情感理论家认为情感是一种具有功能性、连续性和组织性的复杂系统。因此，针对情感的统一定义仍存在较大争议。其中，认可度较高的评价理论（apprisal theory）表示：情感是由潜在有益或有害事件所诱发的，而“评估”的本质是个体判断事物与哪一种情感相匹配的过程。当前针对情感的研究方法主要可以分为两类：一部分学者认为情感是离散的（discrete），不同的情感源于不同的神经系统，它们能够通过叠加组合的方式被大部分人群所识别；而另外一部分学者则认为情感是连续的（continuous），并都能够通过“愉悦度”和“唤醒度”所组成的尺度空间进行精确定义。

在以离散型情感研究方法中，人类利用面部分析法、生物神经评估法及实验心理学等相关技术，获得了2～18种基本的情感标签[133]。Plutchik认为人类的情感源于对物体特征的感知，是一种本能的“生物原始性（biologically primative）”感觉。他将人类情感划分为信任（trust）、喜悦（joy）、惊讶（surprise）、愤怒（anger）、恐惧（fear）、厌恶（disgust）、悲伤（sadness）和期待（anticipation）八种基本情感。Plutchik还表示以上八种基本情感能够以各种比例进行重组和混合，并衍生出更为复杂的情感体验（图2-9）。此外，Paul Ekman认为情感应被分为愤怒、厌恶、恐惧、幸福、悲伤和惊讶六类[134]。Silvan Tomkins则将情感分为愤怒、厌恶、蔑

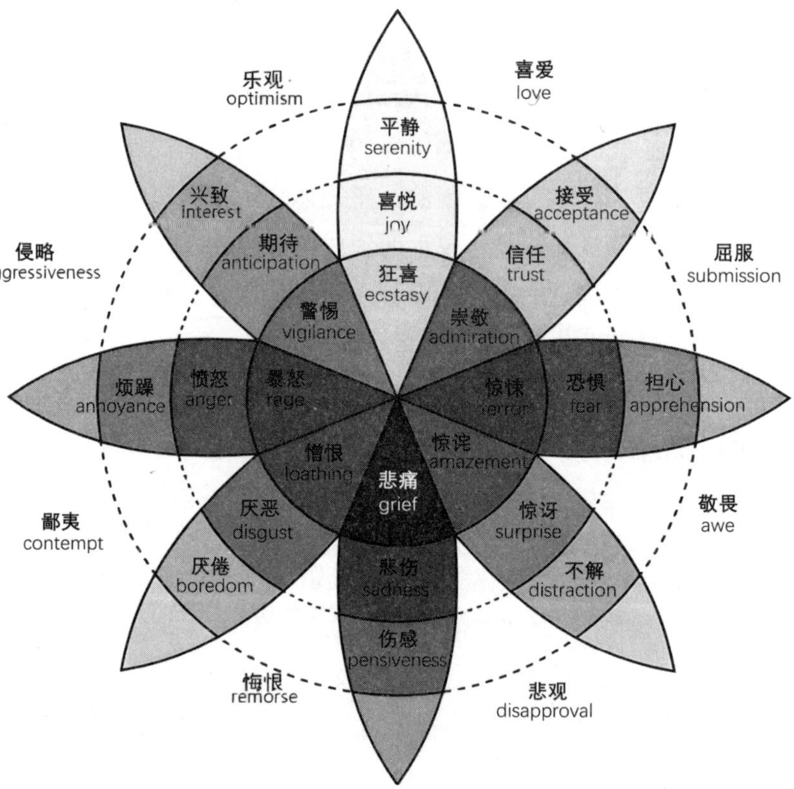

图2-9 Plutchik情感圆环

视、恐惧、羞愧、快乐、兴趣、惊讶以及悲伤九种情感状态[135]。另外，还有学者提出了22种情感状态[136]。

在连续型情感研究方法中，James Russell 构建的由“愉悦度（unpleasure-pleasure）”和“唤醒度（sleepinness-rousal）”为坐标轴的情感环状模型在社会学和认知心理学研究中作出了巨大贡献。如图2-10所示，28种情感根据愉悦度及唤醒度被划分在四个不同象限中，包括害怕（afraid）、生气（angry）、悲伤（sad）、疲倦（tired）、轻松（relaxed）及高兴（glad）等[137]。此外，Russell 和 Merhabian 还提出了“愉悦度-激活度-优势度量表（pleasure- arousal-dominance scale，PAD）”以度量情感体验中愉悦度和唤醒度的支配水平[138]。

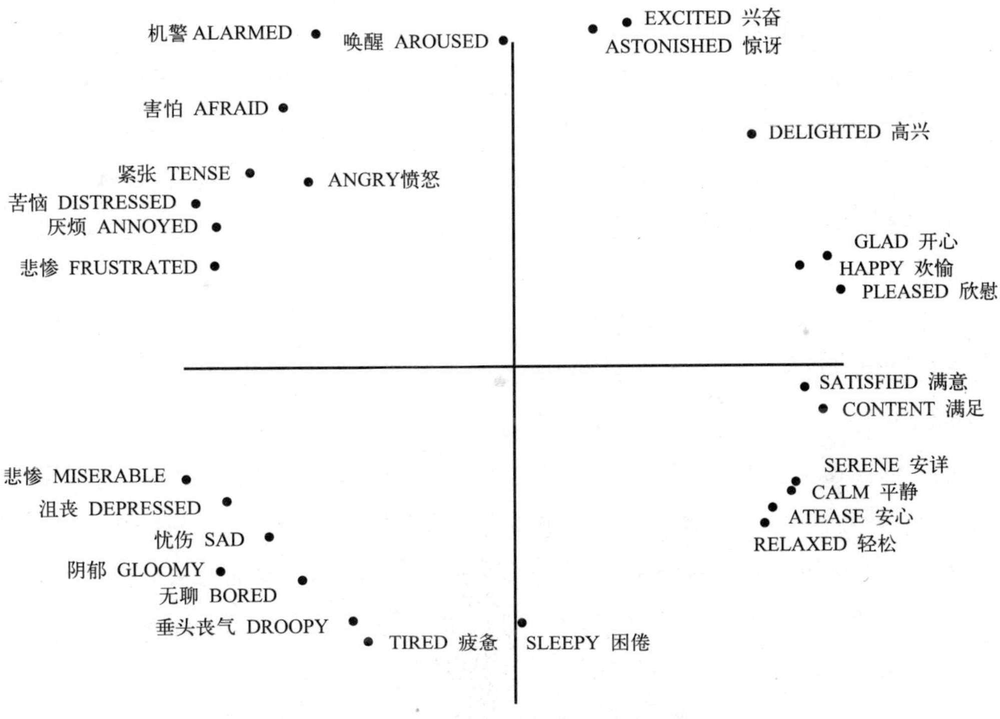

图2-10 情感环状模型

材料情感体验的研究方法大多直接借鉴当前情感科学领域的研究方法，且以离散型情感研究方法为主。例如，前文所提及的 Karana 教授及左恒峰教授，两者在其各自研究中均采用离散型情感研究方法对各自材料情感体验进行定义。

2.2.5 材料感知体验的研究方法

2.2.5.1 材料感知体验要素的筛选方法

在材料感知体验的研究中，材料感知体验要素大多以形容词或语义词汇的形式进行表征，而对于此类要素的提取大多遵循以下步骤：首先，从相关文献、杂志或网络资源等多种渠道中筛选与实验样本材料相符的词汇；其次，利用语义差异量表、Likert 量表或深入访谈等方法剔除冗余词汇；最后，基于频数或均值等方式筛选出最符合研究内容的形容词或语义词汇作为材料感知体验要素。

Karana 等人在研究中清楚地描述了一套筛选材料感官体验要素的方法。第一，研究人员邀请产品设计研究领域的专家对大量描述感官体验的词汇进行筛选和分类，剔除明显不符合产品设计的词汇。第二，为进一步减少形容词数量，剔除意义相同或极易产生歧义的词汇。第三，研究人员还邀请专家通过五级 Likert 量表及口头访谈的方式获取受试者对于现有形容词“是否符合实验中目标产品的感官体验描述”的评估结果，最终基于词汇被选中的频数筛选出 13 项感官体验要素。最后，通过简单 t 检验的统计方法探讨各参数间是否具有显著性差异，并进一步揭示量化分析数据中的深层含义。

此外，Johnson 和 Ashby 要求受试者三人一组从已构建的词汇表中选择与牙刷、清洁剂、烤面包机、太阳镜、海绵和数码相机表面材料特征相符的词汇。Johnson 和 Ashby 通过统计词汇被选中的频数明确了受试群体是如何对某一材料进行感知体验描述的。在实验中，研究人员为了避免材料名称对受试者的干扰，所有被试材料被标注为不同编号，并最终通过各题项均值获取被试材料所呈现的具体体验。此外，Zuo 等人在研究中要求受试者在与材料进行互动体验的基础上从已构建的词汇表中选择用于描述材料体验的合适形容词，并基于词汇频数（frquency）分析不同材料的感知体验差异。

另外，情感的评估是衡量用户情感差异及变化的过程。情感通常由主观感受、生理反应及可观察到的表情三个部分组成，情感评估技术也可相应地分为自我报告、生理反应测量及情感推断三种方法[139]。在一项选择能够表达机器人特定情感材料的研究中，Sato 等人要求受试者与机器人互动后从 Russell 情感环状模型中所提供的情感标签中选择一至两种，并通过词汇选择频数与访谈结果筛选匹配材料[140]。

2.2.5.2 材料感知体验的量化方法

感性工学（kansei engineering）系一种科学方法，旨在将人类所持有的情感、感觉及感知等主观体验，转化为产品设计过程中可明确衡量及操作的量化属性。此方法通过严谨的逻辑分析与量化处理，确保产品能够精准地满足用户的感性需求。感性，源于日语单词“カンセィ”，可以被译为感觉、敏感、情感、体验及需求等多重意思。基于 Kindaichi Kyosuke 所著的 *Shin meikai Japanese Dictionary*，感性被定义为个体在面对外部刺激时，所展现出的直观心理反应。在心理学范畴内，感性则进一步阐释为知识、情感与激情三者相互协调融合的心理状态及其所伴随的体验。感性工学领域的先驱，广岛大学的 Mitsuo Nagamachi 教授明确指出，感性的构成涉及视觉、听觉、嗅觉、味觉及触觉等外部感官接收器与内部感受器的协同作用。在此过程中，情感的生成源自对当前丰富感官体验的深刻感知，并随后经由记忆系统或既往经验的整合与再加工，转化为各具特色的知觉形式，最终汇聚成所谓的“Kansei”。在产品设计领域，卓越的产品常能在感知体验层面与用户产生深刻共鸣。

感性工学作为一种以人本理念为核心，聚焦于将人类情感体验转化为具体设计准则的技术手段，正日益受到重视。产品开发团队致力于深入理解目标用户群体的情感体验，随后运用人体工程学、心理学及医学等多学科研究方法，对收集到的信息进行精心筛选与深入分析，以此为基础孕育出全新的产品构想。

在产品设计语境下，“感性”一词特指产品形象所激发出的用户心理状态，诸如触摸材质时所体验的“高端”“优雅”或“奢华”等主观感受。鉴于感性思维的模糊性与难以捉摸性，研究者们转而采用一系列间接手段，如脑电图（EEG）、肌电图（EMG）、眼动追踪、面部表情分析、语言描述、态度评估及行为观察等，来捕捉并解析这些微妙的情感波动。为了促进信息的有效传达，人们倾向于借助文字、图像或面部表情等媒介，将各自独特的感性特征具象化。特别是在产品设计中，即时感性体验往往通过一系列被称为“感性词汇”（kansei words）的术语得以表达。尽管这些词汇形态多样，但研究表明，形容词形式的感性词汇因其直观性与易理解性而更受青睐。然而，值得注意的是，“感性”作为一种深受个人背景、社会环境、文化背景及时代变迁影响的心理属性，其表达不可避免地带有主观性与不确定性，这也导致了感性表达在不同个体间存在一定程度的差异。

KJ 法、Likert Scale 以及量值估计法均为研究产品设计感知体验时所常用的方法，然而，在探讨感知体验与产品设计的关联方面，基于感性词汇的语义差异法尤为典型。在感性或情感工程学的领域内，SD 评估经常涉及形容词、名词、专业术语及行业特定用语的应用。语义差异法，作为一种评估物体内在含义的量化手段，其理论基础由社会政治心理学家 Charles E.Osgood 于 20 世纪 50 年代中期奠定。Osgood 主张物体的内在含义可细分为多个基本概念，而这些概念又能通过多元化的词汇体系得以表达，这一方法论即被称为语义差异法。

该方法通过设立如“美丽 - 丑陋”或“简单 - 繁杂”等两极化词汇对，并将其置于五级、七级或九级 Likert 量表的两端，以实现对事物感性维度的评估。同时，利用因子分析法对所得数据进行深度剖析。然而，有研究者建议，在采用语义差异法时，应优先考虑使用如“美丽 - 不美丽”这样的感性词汇对，以确保测试数据的均匀分布，使之更贴近正态分布的形态，并规避某些感性词汇难以找到对应反义词的困境。此外，鉴于感知体验数据的多维特性，为精准量化感知体验、产品设计要素及物理量值之间的复杂关系，常常需要综合运用主成分分析、因子分析、聚类分析及多元线性回归等多种统计学工具，对感知体验数据进行全面深入的分析。

设计承载着传达人们主观体验的任务，设计师在产品设计过程中常利用感知和非语言交流线索等隐性信息传达产品的含义。在材料选择过程中，产品设计与材料研发的最大不同点在于：产品设计更关注材料所表达的“含义”，且一般通过形容词进行表征。Likert 量表及语义差异量表是产品设计中获取材料感知体验量化数据的典型方法之一。Sakamoto 和 Watanabe 邀请了 60 位参与者对 120 种材料表面进行主动触摸，并要求他们使用七级 Likert 量表对 26 组描述触觉体验的要素进行逐一评分。最后，基于量化均值判断现有材料感官体验要素是否能够准确匹配实际触觉体验 [141]。此外，针对产品设计中涉及情感相关的研究，Desmet 构建了一套基于自我报告形式的产品情感测量工具（product emotion measurement instrument，PrEmo）。该工具结合了语言和非语言工具的优点，以角色动画的形式展示了包括高兴、钦佩、自豪、期待、满意、着迷、渴求、悲伤、害怕、羞耻、轻蔑、气愤、无聊及厌恶在内的共 14 种情感（7 种积极情感及 7 种消极情感），如图 2-11 所示。研究人员可以通过五分制量表获取 PrEmo 数据，并用于评估产品设计要素所引发的情感差异。PrEmo 不仅在产品外观优化过程中发挥了重要作用，还在针对材料所引发的情感体验差异的相关研究中取得了令人满意的评估结果 [142]。

图 2-11　产品情感测量工具

此外，除了对材料感官体验和知觉体验要素进行量化外，研究人员还基于量化结果对感知体验要素间的组内相关性进行了评估。Zuo 等人为明确材料感官体验和知觉体验两者间的关系，使用相关性分析法对已获取的材料感官与知觉体验的量化结果进行了分析，利用分析结果判断两者的具体相关性 [143]。Karana 在研究中也探究了材料感官体验要素和知觉体验要素之间的关系 [144]。在实验过程中，除了要求 25 名被试者通过互动将 125 种产品根据材料依次分至“攻击性”“怀旧性”“专业性”“性感的”与“像男孩的”五类知觉体验外，还要求受试者基于实际体验利用五分制 Likert 量表对描述知觉体验的形容词进行评分。此外，研究人员通过方差分析结果试图推断感官体验与知觉体验的相关性。受试者在完成问卷后接受了简单的访谈，其目的在于获取量表中未涉及的材料知觉体验。Fujisaki 等人还通过 Likert 量表、访谈、相关性分析法及回归分析方法获取了材料感官体验要素及材料知觉体验要素间的具体函数关系。

2.3　材料物理量与感知体验关系的相关研究进展

在产品设计和材料研究领域中，如弹性、刚度和强度等个别属性虽然既能作为材料物理量又能作为材料感知体验要素，但通常情况下两者并不等同。例如，“柔软的”仅能作为感官体验的衡量标准，而与之相对的物理量应为弹性模量 [145]。研究产品设计中材料物理量与感知体验的关系，本质上是探讨材料某一功能参数与特定感官、知觉或情感体验要素之间的关联性。本节主要概述了现有探讨材料物理量与感知体验关系的研究。

2.3.1 材料物理量与感官体验的关系研究

当前探讨产品设计中材料物理量与感官体验关系的研究主要集中于材料物理量与视觉或肤觉体验要素之间的关系。

2.3.1.1 材料物理量与视觉体验

从生物学视角深入剖析，人类大脑皮层中约半数的区域专司视觉信息的处理。同时，行为学领域的探究亦揭示，当视觉与其他感官系统产生冲突时，视觉往往占据主导地位，人类倾向于信赖亲眼所见之物。因此，视觉不仅是人类认知世界与获取信息的先决条件，更是识别材料表面特征如形态、光泽度、色彩、肌理及透明度等不可或缺的知觉途径。视觉功能的实现，根植于光谱中400～700纳米波段内，人类可感知的可见光。物体之所以能被人类识别，是因为其表面反射的光线进入眼睛，被转化为视觉信号。眼睛作为视觉的敏锐感受器，其起源可追溯至寒武纪时代（距今5亿～5.7亿年），历经漫长进化，已发展成为拥有高度发达光学系统的器官，能够精确捕捉并传递关于事物形状等详尽信息。

材料表面的透明度、颜色、光泽度以及纹理的变化差异，均可通过视觉感知明确区分。具体而言，透明度可细化为不透明、半透明、透明以及无色透明等类别。例如，金属与陶瓷材料常表现为不透明状态，而聚合物材料的透明程度则因其种类而异，玻璃则是无色透明的代表性材料。材料的颜色特性深受色相、明度及饱和度等因素的综合影响。此外，光泽度作为材料表面的另一重要属性，同样可通过视觉进行分级判断，包括无光泽、略有光泽、半光泽、光泽以及镜面光泽等多个层次。基于广泛的文献回顾与专家访谈结果，我们确认，所有通过视觉感知到的材料表面差异，均根源于材料本身所具备的光学性能特性。

需要明确指出的是，材料的光学性能深受电磁辐射与材料表面、近表面及内部电子、原子、缺陷间相互作用的复杂机制所影响。当光线从一个介质进入另一介质时，其传播行为将发生显著变化，具体包括光的吸收、反射、散射以及折射等现象。其中，光的折射现象尤为关键，它发生在光线穿越透明材料时，介质电子极化的作用导致光速减缓，进而使光线在界面处发生弯曲。因此，人们对材料透明度的直观感受直接关联于光的折射率。此外，材料的光泽度同样是一个重要的光学特性，它与光的反射率紧密相关。光泽度的差异会直接导致两种截然不同的反射现象：镜面反射与漫反射。具体而言，当光线照射在具有高度光泽的材料表面时，反射光线将呈现明确的方向性，形成镜面反射；相反，若材料表面粗糙，反射光线将失去方向性，表现为漫反射。同时，材料表面的颜色与纹理变化也随反射率的变化而变化。值得注意的是，人们对材料表面质感的视觉感知体验并非孤立存在，而是深深植根于长期的触觉经验积累之中。实际上，大部分触觉感知体验已经转化为视觉的间接感受，使得我们在面对熟悉的材料时，能够凭借过往的触觉经验迅速做出判断。因此，材料的触觉感知作为产品审美体验中不可或缺的一环，其重要性不容忽视。

其中，亮度（glossiness）、反射感（reflectiveness）和透明感（transparency）作为显著的视觉体验特征，被认为与材料的反射系数（reflection of coefficient）、折射率（index of refraction）和表面粗糙度（surface roughness）等光学材料物理量相关。其中，光泽度是对材料表面反射光能力进行描述的物理量，它取决于表面对光的镜面反射能力，即“镜面光泽度”[146]。此外，材料表面色彩的差异取决于材料的表面结构与光辐射的关系，是产品设计中重要的视觉特征。材料表面色彩则可使用 CIELAB 中的五项物理量进行表征。

2.3.1.2　材料物理量与肤觉体验

肤觉，即皮肤在接触外界物体时所产生的反应，能够为我们提供关于材料表面及其与接触物体特性相关的信息。作为人类体表面积最大的器官，皮肤不仅承担着保护人体免受外界化学及物理伤害的重要职责，同时也是功能最为丰富的感觉器官之一。皮肤在受到刺激时所产生的感官效果，我们称之为皮肤敏感性（cutaneous sensitivity），这种敏感性涵盖了压力、接触（即触觉）、温度（寒冷或温暖）以及疼痛等多个方面。其中，触觉在人类感官系统中占据着尤为特殊的地位，它被视为人类出生后最早形成并用于认识和探索世界的基本知觉通道。相较于其他知觉方式，触觉具有更为广泛的感觉传递器和信息通道，其复杂结构与身体意识及探索性行动紧密相连。触摸，作为一种基于皮肤介质的物理或感官质量获取行为，在人类认知与交互过程中发挥着不可替代的作用。

除了呈现躯体感官皮质中独特的皮肤区域外，其神经活动还直接关联到对特定皮肤区域的刺激响应。与特定神经元相连接的皮肤区域，被科学界定义为“神经元感受域”（receptive field）。感受域的尺寸与分布密度，深刻影响着触觉的敏感度，研究表明，手指是人体中触觉最为敏锐的部位。这一特性使得人们能够通过于部抓握或触摸等动作，更为细腻地感知物体的温度、硬度、重量、质地等触觉信息，从而丰富我们的感知经验。Arnold 与 Scheutz 两位学者明确指出，材料作为产品审美信息传递的关键媒介，要求设计师在材料选择时精心考量，力求在触觉互动与情感体验之间达到微妙而和谐的平衡。Lederman 等研究者的成果进一步揭示了不同触摸方式在探测材料表面物理属性方面的差异性："横向运动"（lateral motion）涉及皮肤与物体表面间的横向滑动，常见于手指在物体表面的小区域内快速而均匀的摩擦动作（如挠或摩擦），此类动作有助于感知材料表面的纹理与质感；"压力"（pressure）则源于手部对物体施加力量时，物体反作用力的产生，诸如戳、挤、按压、拍等手势，多用于评估材料或物体表面的硬度；此外，当手部与物体接触但无相对运动时，即"静态接触"（static contact），如抚摸或轻触，人们能借此感知材料表面的温度；最后，当物体被悬空持握，即"无支撑持握"（unsupported holding），且手部未对物体施加额外力量时，人们能够感知到物体或材料的质量特性。

因此，材料物理量与肤觉体验的研究最为丰富。Okamoto 与 Nagano 等人在其综述中将材料的肤觉体验提炼为温暖感（warmness）、硬度（hardness）、摩擦感（friction）、微观粗糙感（fine roughness）与宏观粗糙感（macro roughness）共五个维度[147]，如图 2-12 所示。为了确保研究结果的科学性与合理性，探讨材料物理量与感官体验关系的研究都对实验中涉及的变量有着极其严格的控制。因此大多数研究仅考虑粗糙感、冷热感、软硬感及摩擦感中某单一肤觉体验与材料物理量之间的相关性。

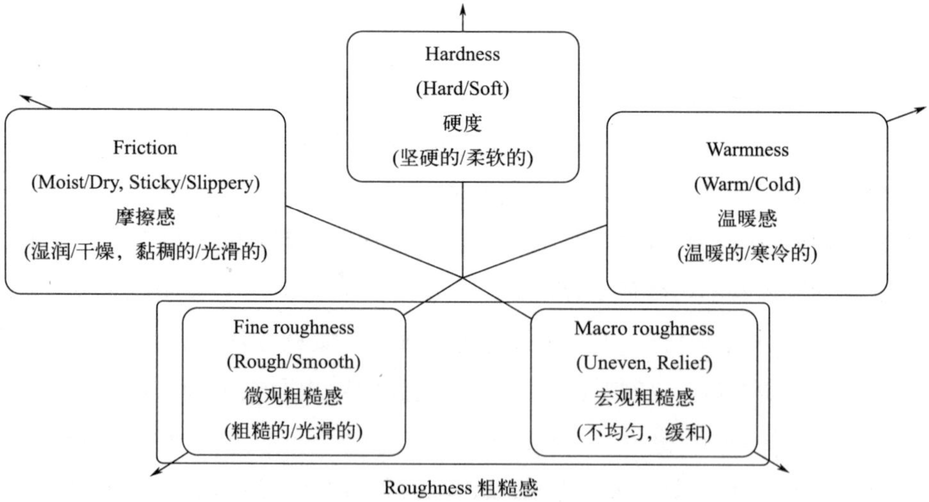

图 2-12　材料肤觉体验的五个心理物理维度

其中，材料表面的粗糙感作为相对显著的肤觉体验获得了最为广泛的关注。材料触觉交互过程中产生的粗糙感被认为与材料表面平均粗糙度相关性最为紧密[148]。其次，影响个体对材料表面冷热感官体验差异的材料物理量并非绝对温度（thermodynamic temperature），而是由材料的蓄热系数（thermal effusivity）即揭示材料储热能力的这一物理量所决定。但热量传递的过程更为复杂，蓄热系数还进一步依赖于材料本身的热导率（thermal conductivity）、比热容以及密度等相关物理量的具体量值。

另外，弹性模量与刚度揭示了材料在软硬程度上的肤觉体验差异。同时，材料不同的软硬程度还可能受其他材料物理量影响：对于木材、塑料或金属等相对较硬的材料而言，材料的弹性模量作为主要影响因素对非永久性的机械变形做出了客观描述；但对于相对较软的材料，刚度（stifness）清楚定义了施加在材料上的力与位移之间的比率，其与软性材料的柔软度密切相关[149]。最后，摩擦感被认为是由指腹（finger pad）通过动态触摸造成的且由皮肤拉伸或振动引发的肤觉体验。有研究报告指出"湿润与干燥"及"黏稠与光滑"的肤觉体验均与摩擦系数（coefficient of friction）相关[150]。

另外，为探究材料物理量与肤觉体验之间的具体关系，现有研究大多利用相关性分析、主成分分析等多种统计学方法对研究中已收集的材料物理量量值及材料感官体验要素量化数据进行相关性分析。Hiroyuki 等人通过相关性分析揭示了受试用户的肤觉体验量化结果与利用科学仪器测得的皮革表面温度及表面疏密程度等物理量量值间的关系[151]。结果显示材料肤觉体验中的冷热感与材料蓄热系数相关，黏湿感和凹凸感则与材料摩擦系数相关。Wongsriruksa 等人通过相关性分析揭示了使用型号为 SV-3000 表面轮廓仪测得的表面平均粗糙度量值与粗糙感、软硬感及冷热感三者肤觉体验量化均分之间的相关性，并发现材料表面平均粗糙度与以上三种肤觉体验均呈正相关。

此外，Chen 等人也清楚表明想要探究材料物理量与材料肤觉体验间的相关性就必须利用相关性分析法及回归分析法对主观报告（self-report data collection）和物理量量值提取（physical measurements）两个部分的数据进行相关性分析。图 2-13 揭示了 Chen 等人的研究结果：材料表面平均粗糙度（roughness）、应变力（compliance）、摩擦系数（friction of coefficient）以及冷却速率（rate of cooling）与冷热感（warm-cold）、黏滑感（slipper-sticky）、粗糙感（smooth-rough）、软硬感（hard-soft）、凹凸感（bumpy-flat）及潮湿感（wet-dry）六类材料肤觉体验间的关系。

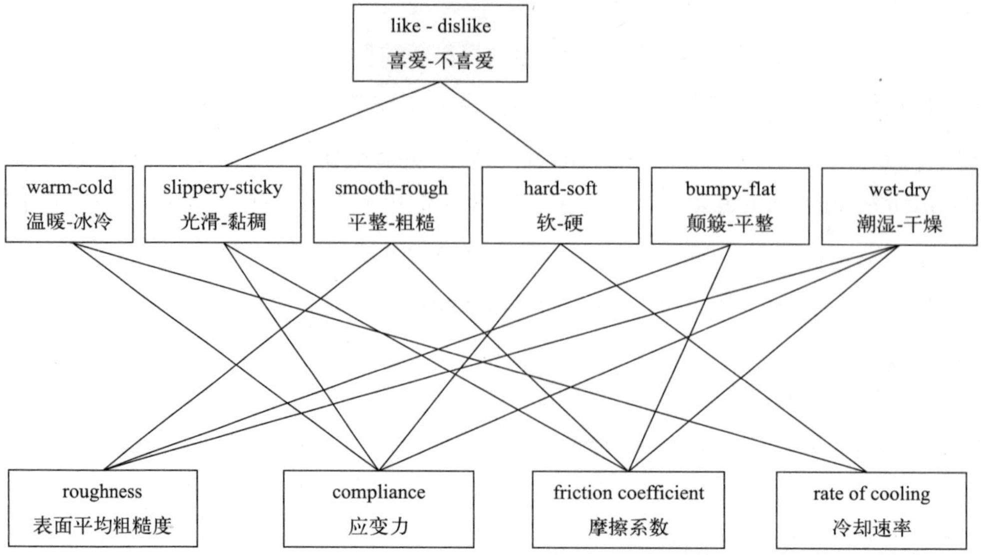

图 2-13　材料物理量与肤觉体验要素间的相关性

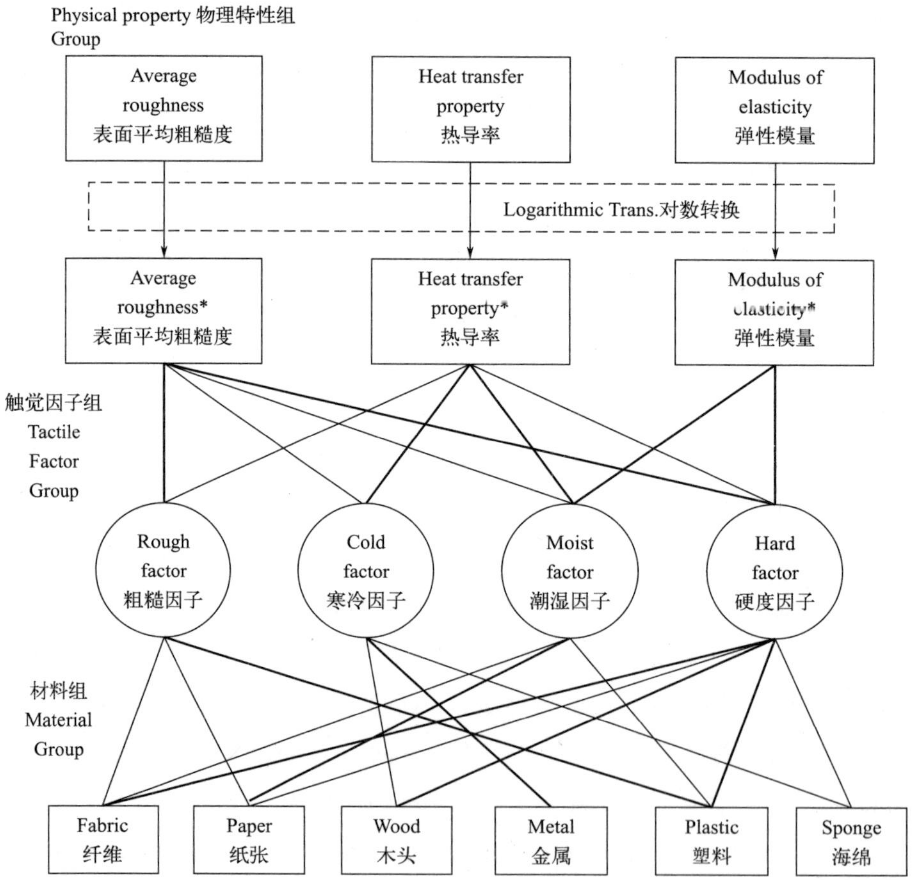

图 2-14　材质感知模型

另外，Shirado 与 Maeno 通过相关性分析构建了基于纤维（fabric）、纸张（paper）、木头（wood）、金属（metal）、塑料（plastic）与海绵（sponge）六类材料与表面平均粗糙度（average roughness）、热导率（heat transfer property）及弹性模量（modulus of elasticity）三项材料物理量之间的关系模型[152]（图 2-14）。该模型揭示了材料物理特性与肤觉体验要素间的具体关联。

最后，Rognoli 在“表现 - 感官”图集中也明确表示部分材料感官体验与材料物理量的关系：其中，材料表面光滑程度、粗糙程度、温暖感三类肤觉体验与比热容、热导率相关；软硬程度与弹性模量相关；轻重感与密度相关；亮度与光泽度、雾度相关；清晰度与雾度相关。

2.3.2 材料物理量与知觉体验的关系研究

相比之下，针对材料物理量与知觉体验关系的研究数量明显较少。同时，主要也依靠相关性分析法对两者关系进行分析。

刘一星等人使用 Likert 量表获取了 10 名受试用户对 41 种木材在优美、温暖、喜爱、明快、上乘、现代、洋气、刺激、舒适、豪华、柔软、沉静、素雅、大方等 14 项材料知觉体验要素中的评分。同时，研究人员通过相关性分析法解释了 14 项材料知觉体验量化评估结果与仪器测得的明度、饱和度、红绿色品指数、黄蓝色品指数与色调角五项色彩物理量间的相关性。结果显示：木材的明度和色调角与“明快”“素雅”“大方”“柔软”均呈正相关，与“沉静”呈负相关。在相似研究中，李坚与刘一星等人除了探讨材料物理量与视觉体验的关系外，还通过主成分分析法将 14 项材料知觉体验要素简化为“通常性”和“特殊性”两项[153]。此外，于海鹏和刘一星等人在后续实证研究中调整了研究方法，即除了通过相关性分析法解释不同材料物理量之间、不同材料知觉体验之间以及物理量和知觉体验要素之间的相关性外，还通过线性回归法构建了材料物理量和知觉体验之间的函数方程。武恒等人还利用相关性分析法研究了 CIELAB 色彩空间内五项物理量与 11 项材料知觉体验要素间的关系。结果显示：明度与“明快”“现代”呈正相关，与“温暖”“上乘”“豪华”“仿古”“沉稳”呈负相关；红绿色品指数与“温暖”“豪华”呈强正相关，而与“明快”呈负相关；此外，黄蓝色品指数与“明快”呈显著正相关，而与“沉稳”“仿古”呈显著负相关。

2.3.3 材料物理量与情感体验的关系研究

面向材料物理量与情感体验关系的大部分研究都利用相关性分析法探讨不同情感体验要素与材料表面平均粗糙度间的联系。

Barnes 通过量表获取了受试者使用指腹与拥有不同表面平均粗糙度的受试玻璃表面主动触摸后的自我情感报告数据。Barnes 使用相关性分析法对材料表面平均粗糙度量值与报告数据展开分析，结果显示：受试者的材料情感体验随材料表面平均粗糙度量值大小的变化而变化。当玻璃表面平均粗糙度大于手指指尖皮肤粗糙度时，个体的消极情感明显高于积极情感，反之则积极情感更为显著 [154]。在其他研究中，Essick 等人承认材料表面的摩擦力与情感具有很强的关联性，即表面摩擦力量值越高，个体的愉悦感越低 [155]。Ackerley 等人在研究中也证实材料表面平均摩擦力（average friction）的量值大小与情感愉悦度呈显著负相关 [156]。但 KlÖcker 等人也强调：由材料表面粗糙度差异所引发的情感体验可能与材料表面平均粗糙度、摩擦力或受试者指尖的湿度水平等多种因素均有所关联 [157]。

根据现有成果不难发现，探究材料物理量与感知体验关系的大部分研究主要集中于挖掘材料物理量与材料感官体验的相关性，而材料的知觉体验和情感体验作为感知体验的重要部分却很少被研究。

2.3.4 探究外部物理刺激与内部心理感受关系的心理物理学

2.3.4.1 心理物理学概述

当前大部分研究主要集中于解释产品设计中材料物理量与感官体验的关系，且关注视觉与肤觉两类感官模态的研究较多。笔者认为可能与多年来心理物理学（psychophysics）积累的大量理论及实践研究相关。心理物理学的突出贡献在于确定了哪些物理量在材料感官体验中占据了主导地位 [158]。然而，在心理物理学研究出现之前，人们普遍认为自然学科通常从外部角度思考问题，而人文学科则相反从内部出发。同时，与感官及意识相关的心理学研究几乎都局限于哲学研究范畴之内，其研究方法也以思辨或经验概括为主。随着自然科学研究技术和水平的迅速发展，人类在探索物质世界过程中使用的技术和方法也日益成熟，唯物主义哲学思潮在欧洲的掀起也为心理物理学的发展奠定了基础。Immanuel Kant 作为西方最具影响力的哲学家和思想家，他表示：虽然物质与心灵构成了各自单一的体系，但若承认物质仅作为一种外部现象，则将支撑物质现象背后的实体性本体（noumenal substance）等同于心灵本体也是可以被认同的[159]。Kant 的研究结果表明：针对心理要素展开的研究具有一定的科学性和合理性。另外，德国生理学家、心理学家及哲学家 Wilhelm Wundt 被公认为是实验心理学（experimental psychology）之父，他利用实验及定量科学研究方法对心理现象展开研究，被认为是心理物理学的重要奠基人之一。

心理物理学作为实验心理学中古老的分支，试图尽量准确地定义身体与心理表现模式之间的函数关系[160]，以解决“身心关系”与“意识体验本质”等内容有关的哲学问题，是一门解释身体世界与内部世界、物理世界与心理世界之间关系的定量研究学科。1860 年，近代德国著名的科学家与哲学家 Gustav Theodor Fechner 出版的《心理物理学纲要》（Elemente der Psychophysik）为心理物理学的研究奠定了基础，被称为实验心理学的开端。《心理物理学纲要》共分为两卷：第一卷为“外部心理学（outer psychophysics）”，主要探讨外部物理刺激与感官体验之间的关系，从物理学中借用辅助工具和方法论，阐释外部刺激和感受之间的函数关系，是内部心理学的研究基础；第二卷为“内部心理学（inner psychophysics）”，更倾向于借助生理学和解剖学的知识，研究大脑神经兴奋程度与感受之间的关系。虽然 Fechner 认为“内部心理学”才是真正的心理物理学，但遗憾的是，内部心理物理学直至 Fechner 本人逝世后 100 年，才极少有研究者提及。这导致内部心理物理学的研究相对滞后，至今还缺乏一个系统且有价值的研究结论。但 Fechner 在心理物理学中的研究对未来科学研究作出了巨大贡献，他不仅影响了例如 Helmholtz、Mach 及 Wundt 等心理学著名科学研究者，还对后期实验心理学、心理物理学、实验美学、心理美学、心灵学及精神分析的发展产生了深远的影响。

因此，当前大部分与心理物理学相关的内容都从属于外部心理学的研究范畴，这也解释了当前针对材料物理量与感官体验相关研究数量较多的原因。

2.3.4.2　心理物理学的测量原理与方法

感觉通常依赖于人类大脑某些特定的加工过程，外部刺激通过神经元不断刺激大脑最终诱发相应的感觉。感觉依赖于刺激，且两者间伴随着此消彼长的关系。在某种程度上，感觉和刺激之间的相关程度必然包含物理刺激和身体内部活动之间的定律关系，这为心理物理学进一步探究内部活动的本质提供了依据。心理物理学的首要任务在于最大程度定义身心之间的具体函数关系，这意味着个体的心理感受被视为物理刺激的直接函数，而同时物理刺激也被视为心理的某种载体。

在心理物理学研究中，阈限（threshold）即“感觉阈限（sensory threshold）”是研究过程中最为重要的参数之一，它表达了感觉器官与感官范围临界点的相匹配的刺激强度。其中，绝对阈值（absolute threshold）主要指有机体绝对灵敏度的近似下限；如果刺激太弱无法被察觉，则被称为亚阈值（subthreshold）或阈下（subliminal）；反之，超过可察觉刺激值则被称为超阈值（suprathreshold）或阈上（supraliminal）。最低可观察的感官刺激值受感官系统、测试条件和观察员个体差异的影响，表 2-6 列举了部分在不同感官模态下可察觉的刺激的近似阈值。另外，差别阈限（difference threshold）被用来辨别例如两种颜色或两种重量等两种不同刺激之间可察觉的最小差值。差别阈限是分辨两种同类物理量量值大小的测量值，针对该值的调查研究在度量感觉的历史中占据着极其重要的作用。

表 2-6 可察觉的近似阈值

感官	可察觉近似阈值
视觉	晴朗的夜晚能看见 30 英里（1 英里 ≈1.6 千米）外的烛光
听觉	距离手表 20 英尺（1 英尺 ≈0.3 米）能听见指针的走动声
味觉	一小勺糖需要配 7.6 升的水
嗅觉	一滴香水在一间 3 室的房间中扩散
触觉	一片蜜蜂的翅膀从距离背部 1 厘米处掉落

1834 年，德国生理学家 Ernst Weber 在研究被试者的分辨能力的任务中发现受试人员察觉到的变化量（升高或降低），正比于该刺激的绝对值，它被称为韦伯分数（Webers fraction）或韦伯比率（Webers ratio）。韦伯分数为分辨两个刺激能力提供了有效的测量值，代表了实验心理学历史上一种最广泛的经验性归一原理。费希纳定律（Fechner’s law）除了承认韦伯分数的结论外，还认为：外界物理刺激量与感官体验之间呈连续性的对数关系。为了研究物理量与感官体验的相关问题，Fechner 设计了一系列表达和探讨绝对阈值的方法，主要包括极限法（method of limit）或被称为最小变量法（method of minimal change）、恒定刺激法（method of constant stimuli）以及调整法（method of adjustment）。然而，费希纳定律被提出的百年后，Stanley Smith Stevens 认为感官强度与刺激大小之间不应成对数关系，通过多次实验发现物理刺激强度与感官体验强度之间成幂次比例增加，并将其命名为

幂定律（power law）。幂定律采用了直接数量估计法构建了同等比例等级的心理量表，从理论上解释了主观尺度对外部刺激强度的反应，在实践上可以为某些工程计算提供依据。在现有研究中，通常把 Fechner 的研究主张称为经典心理物理学，而将 Stevens 定律称为新心理物理学或现代心理物理学。

此外，Stevens 在 *Science* 发表了“On The Theory of Scales of Measurement”一文，他认为：测量是依据一定的规则为物体和事件指派相应数字的过程，而量表则是数字指派任务规则的具体体现，并允许通过定类、定序、定距及定比四类量表进行数字表征[161]。在心理物理学实验中，Stevens 主张直接将感官体验转换为具体数据进行测量，幅度估计法（magnitude estimation，或被译为量值估计）最为常用。虽然幂定律在心理物理学研究中能够对几乎所有感官维度进行测量，但只能对拥有具体测量指数的物理量与感官体验进行测量。当前还鲜有将心理物理学的研究方法应用于产品设计领域中，仅有少部分研究将其应用于风景及环境的美学评价之中，但 Stevens 提出的量化思维为本书探究材料物理量与感知体验的研究提供了思路。

2.4 本章小结

为系统探讨产品设计中材料物理量与感知体验的关系，本章对产品设计中的材料物理量、感知体验及其探讨两者相关性的现有研究内容进行了总结和分类。从中发现：针对产品设计中材料物理量及感知体验关系的研究本质是在探讨以材料物理量量值与感知体验量化数据间的相关性。同时，心理物理学的研究思路和方法为本书探讨材料物理量与感知体验的相关性提供了重要的理论和方法论指导。本书将在第 3 章节中详细叙述挖掘产品设计中材料物理量及感知体验关系的具体研究方法。

第3章

产品设计中材料物理量与感知体验关联规律的研究方法

3.1 心理物理学下材料物理量与感知体验关系的研究思路

心理物理学的主要研究目标可划分为三个部分：① 测量物理量量值；② 制作心理量表，获取主观感受的量化数据；③ 探究物理刺激变化是如何影响感受的。其目的在于通过以上程序探讨物理刺激与主观感受间的相关性，并通过数学手段建立两者间的相关性。在产品材料物理量与感知体验的关系的研究中借鉴心理物理学的研究思路，可以更好地从定量角度了解产品材料物理量与人们主观感知体验之间的具体关联。同时，一旦建立起揭示材料物理量与感知体验间关系的模型，产品设计人员在选材过程中可基于两者间的关系，实现特定材料感知体验与材料物理量知识间的映射，为设计师提供科学的材料选择方案。

本书以探讨产品设计中材料物理量与感知体验的关系为主要研究目标，并基于心理物理学的研究思路构建揭示两者具体关系的理论模型。另外，本书综合了材料科学、心理学、认知科学和设计学等多学科知识，采用定性与定量研究相结合的混合研究方法（mixed methods）展开论证。混合研究方法的优势在于不仅可以弥补单一定性或定量研究方法的缺陷，还能够根据研究目标挑选恰当的研究技术以对相关资料进行全面的收集、分析和整合[162]。Creswell 和 Clark 将混合研究方法分为六类：一致性并行设计（the convergent parallel design）、解释性时序设计（the explanatory sequential design）、探索性时序设计（the exploratory sequential design）、嵌入式设计（the embedded design）、变革性设计（the transformative design）以及多阶段设计（the multiphase design）[163]。本书将采用嵌入式混合研究方法对产品设计过程中材料物理量与感知体验的关系展开研究。该方法要求：定量研究方法在整个研究流程中应占主导地位，而定性研究则作为辅助研究方法对定量数据进行补充。

本书结合嵌入式混合研究方法的要求以及心理物理学的研究思路，将材料物理量与感知体验间关系的研究框架分为以下三个部分（图 3-1）：第一，产品设计中材料物理量量值的表征方法，主要阐述了如何提取被试产品材料样本的视觉与肤觉材料物理量量值；第二，产品设计中材料感知体验的量化研究方法，主要描述如何分别对材料感知体验中材料感官体验、材料知觉体验及材料情感体验的要素分别进行量化；第三，产品设计中材料物理量与感知体验关系模型的构建方法，即阐述如何使用相关性分析方法对已获得的材料物理量量值与材料感知体验量化结果进行分析，以此生成揭示两者关系的材料知识映射模型。

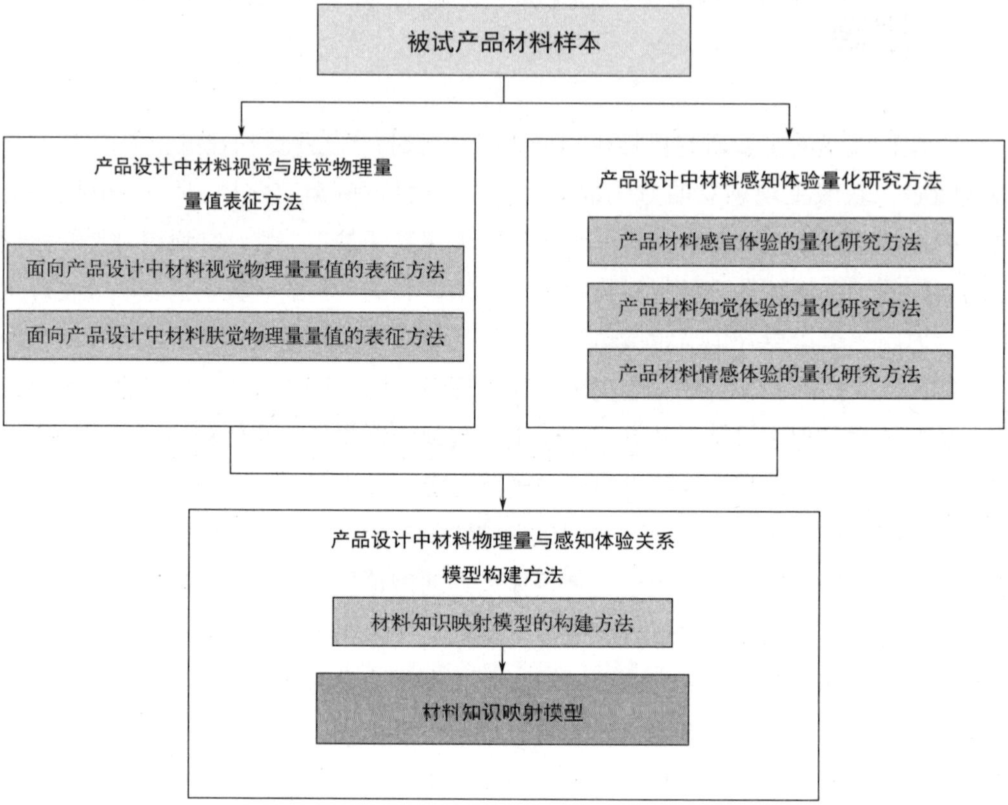

图 3-1　研究方法架构

3.2　产品设计中材料视觉与肤觉物理量量值表征方法

本节主要描述了如何对研究中目标产品材料物理量的量值进行全面且有效的提取，流程如图 3-2 所示。综合以往研究中材料物理量量值提取方法、提取难易度及成本等多重要素，笔者将通过科学仪器测量、材料知识数据库及基于物理量关系的量值推导三种方式分别对产品材料视觉及肤觉物理量量值进行提取。但需要注意的是：在正式提取材料物理量量值前需根据研究目标优先确定书中的被试产品材料样本及目标产品材料物理量。

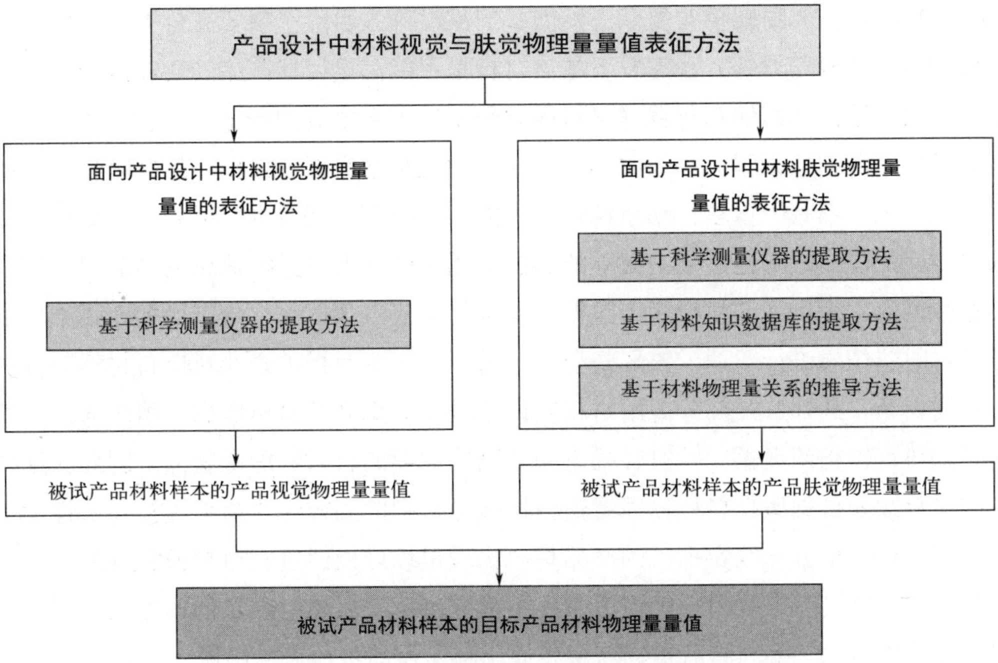

图 3-2　产品设计中材料视觉与肤觉物理量表征方法

3.2.1　面向产品设计中材料视觉物理量量值的表征方法

自人类文明开始以来，对事物的度量在日常生活或贸易往来中始终占据着极其重要的地位。19 世纪工业革命促进了工业生产技术的提升，为满足大规模工业生产的需求，新的测量仪器和测量技术也得到了飞速发展。随着现代科学技术的提升，用于测量各类参量的科学仪器越来越多且精度也越来越高。综合 30 项材料知识数据库的调研发现：大部分材料知识数据库几乎不包括与材料视觉物理量等与材料表面特征相关的信息。因此，本书将基于测试仪器精度、测试成本及测试条件等多种限制条件，选择合适的科学测量仪器对相关材料物理量进行直接测量并获取准确量值。

3.2.2　面向产品设计中材料肤觉物理量量值的表征方法

在近代科学技术的推动下，计算机电子硬件容量的增加使得材料研发过程中产生的海量数据能够被完整记录下来。从大量材料数据中筛选满足产品设计需求的目标材料的过程本身就相对复杂。然而，产品设计人员除了需要充分考虑材料可能引起的感知体验差异外，还需要考虑该材料是否能满足目标产品的功能需求。材料知识数据库不仅可以储存和管理材料科学研发过程中生成的数据，还能为研究人员提供高效的数据检索服务。因此，通过材料知识数据库提取目标产品材料物理量的量值能够大大缩减因重复劳动所耗费的人力、财力及时间成本。另外，当前材料知识数据库的建设方向已逐步由孤立的离线数据库转化为可进行信息共享的在线网络信息数据库。大多商业材料知识数据库采用将第三方数据库与自有数据库相结合的形式对材料信息进行管理，该形式有助于材料供应商及相关企业对自有材料数据进行及时更新。此外，一部分商用材料知识数据库选择公开材料数据，用户通过免费注册即可直接访问数据库并可轻松查阅和调取需要的材料物理量量值。因此，结合在线材料知识数据库在材料物理量量值提取过程中的高效性、易用性及经济性等多重优势，且大部分与肤觉相关的产品材料物理量均可以通过材料知识数据库进行提取，本书将率先从在线材料知识数据库中提取目标产品材料肤觉物理量的量值，而对于无法提取的产品材料肤觉物理量将使用科学仪器进行直接测量。

另外，所有的物理量都能通过时间、长度、质量、电流、热力学温度、物质的量和发光强度七种基本物理量及辅助量的差异化组合推导而出。在此过程中，仅需获取函数关系中相关物理量的量值即可推导出未知物理量的具体量值。考虑到少部分材料肤觉物理量量值可能无法通过数据库或测量直接获取，本书将基于材料物理量之间的关系，间接推导出目标产品材料肤觉物理量的量值。

3.3 产品设计中材料感知体验量化研究方法

3.3.1 产品材料感官体验的量化研究方法

感知世界的第一步是关注生命体与其所在环境的感官体验[164]。Fechner 在《心理物理学纲要》中明确指出感知体验的产生依赖外部刺激，而身体则是感知体验得以激活的重要媒介。由外部刺激形成的感官体验由身体传导至大脑，衍生出更为复杂且高级的知觉体验和情感体验[165]，并基于以上差异化体验对材料进行快速识别和分类[166]。基于材料感官体验的重要性，本节将优先阐述材料感官体验要素的提取及量化分析方法，具体流程及相应方法如图 3-3 所示。

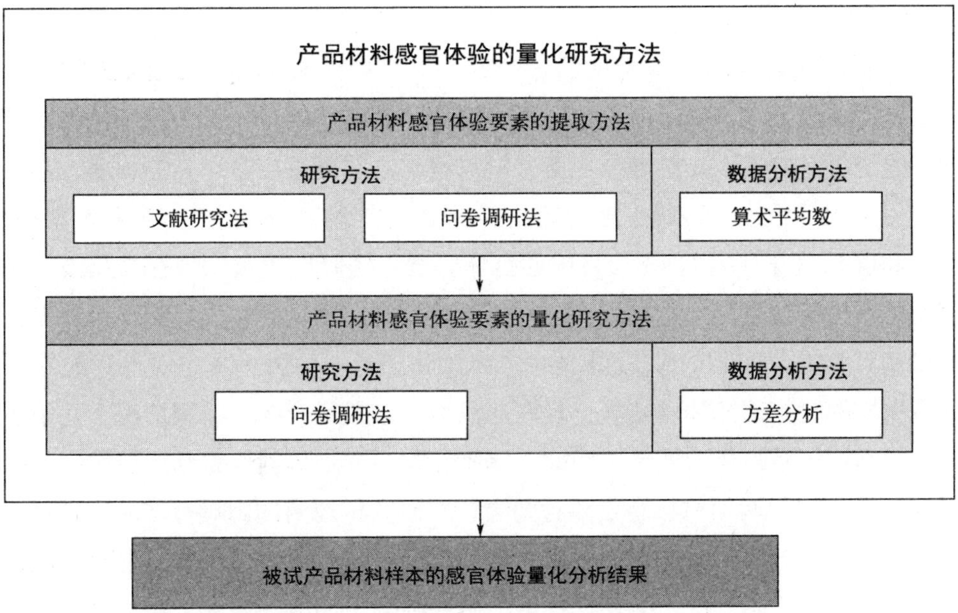

图 3-3 产品材料感官体验的量化研究方法

3.3.1.1 产品材料感官体验要素的提取方法

在现有材料感官体验的研究中，为避免变量间相互干扰，往往需要对材料感官体验要素进行严格的控制，这导致大部分研究仅选择以视觉或肤觉中某一单一感官模态作为研究对象。然而，Okamoto 与 Nagano 在进行文献综述时发现：由视觉或肤觉引发的材料感官体验在实际研究中并未呈现显著差异。具体表现在：视觉体验在描述肤觉体验的温暖感、硬度、摩擦感、微观粗糙感及宏观粗糙感五项材料感官体验的要素评估结果与肤觉体验的研究结果无异。这表明一种材料物理量可能引起不止一种模态的感官体验，且某种单一感官体验也可能受多种材料物理量的影响。换句话说，传统的心理物理学研究认为材料物理量与感官体验应是“一对一”的单一对应关系，而实际上材料物理量与感官体验间可能存在“一对多”或“多对一”的情况。Hiroyuki 等人在研究中也发现：人们对材料冷暖程度的感官体验受表面物理粗糙度、材料热导率和表面色彩差异的共同影响。此外，Zuo 等人也强调视觉与肤觉通道的结合能够进一步增强对材料表面几何结构的感知体验。同时，人们对产品的整体认知常基于多通道的感官体验。材料作为产品的重要组成部分，意味着视觉与肤觉感官模态在材料研究中有必要被同时考虑。因此，本书在整个材料感知体验的实验过程中都将要求受试者基于观察和主动触摸的互动行为模式展开相应研究。

针对材料感官体验要素提取的任务，本书将参考 Karana 及 Hekkert 等人的研究方法。Karana 及 Hekkert 等人在研究中邀请了具有产品设计背景的受试者，并要求他们通过五分制 Likert 量表从包括材料重量感、软硬程度、可弯曲程度、易碎程度、弹性、粗糙程度、冷暖程度、光反射程度、光泽度、透明度、色彩丰富程度、色彩饱和度和气味在内的 13 项材料感官体验要素中筛选出被认为在产品设计中最重要的感官体验要素。虽然结果显示材料的软硬感、粗糙感、光泽度与色彩丰富感被受试者认为是产品设计中最重要的感官体验要素，但由于本书仅探讨材料表面特征所引发的材料感知体验差异，且在产品设计相关研究中除特定情况下几乎不考虑材料气味这一感官体验要素。因此，笔者在材料感官体验要素筛选过程中将剔除“重量感”“气味”两项材料感官体验要素。本研究将邀请国内具有产品设计经验的受试人员通过五分制 Likert 量表，对材料的软硬程度、可弯曲程度、易碎程度、弹性、粗糙程度、冷暖程度、光反射程度、光泽度、透明度、色彩丰富程度及色彩饱和度 11 项感官体验要素在产品设计选材过程中的重要性进行评分，并基于算术平均数筛选出适合本书的材料感官体验要素。

3.3.1.2　产品材料感官体验要素的量化研究方法

心理物理学的研究成果为量化感官体验奠定了扎实的理论基础及方法。在心理物理学研究中，Stevens 主张将体验者对物质和现象的感官体验直接转化为对应数值。在过往研究案例中，研究人员通常基于以上心理物理学的原理设计五分制语义差异量表，并要求受试者根据实际感官体验强度填写“1”至“5”对应分值。此外，《心理物理学纲要》中对于感知体验的量化也提出了明确的建议：首先，考虑到感知体验易受个体差异或时间等多种内部或外部要素的共同影响，在测量过程中不应以某一恒定值作为参数，而应参考其数值变化区间及平均值；其次，虽然无法对感知体验的大小进行直接测量，但可以通过将相应的刺激量指代为对等的感受量，并将其分割为相同的增量进行间接计算。因此，本书将利用已筛选出的材料感官体验要素构建五分制 Likert 量表，并要求受试者根据对被试产品材料样本进行观察及主动触摸中产生的实际体验为参考填写对应分值。最终获取受试者对被试产品材料样本的感官体验量化数据，并取量化分析均值作为材料感官体验量化分析结果。最后，本书还将基于材料感官体验量化结果使用方差分析法探讨各被试产品材料样本及各材料感官体验要素间是否存在显著差异，以分析造成被试产品材料样本感官体验量化差异的原因是否由某些材料物理量而起，并以此初步推断产品材料物理量与材料感官体验要素间可能存在的关系。

3.3.2 产品材料知觉体验的量化研究方法

人类需要利用认知来预测和解释周围世界的行为，知觉构成了个体对材料某种明确的意义和联想。在产品设计相关研究中发现：由形容词描述的知觉体验一定程度上解释了个体在交互过程中形成的对材料的整体印象，而这些差异往往由当下感官体验及其自身实际经历所共同决定 [167]。心理物理学研究中也明确表示：知觉作为一种高级的心理活动可能与外部刺激存在某种关联，但这属于内部心理学的研究范畴，因而涉及与其相似内容的研究充满困难和挑战。这意味着知觉活动相对复杂且抽象，且个人认知受环境、背景及经历等多种要素的影响，存在极大的主观性和不确定性。这也解释了材料知觉体验作为材料感知体验的重要组成部分却很少被讨论的原因。材料知觉体验的研究有助于产品设计师有意识地“操控”材料所传达的联想和意图，以提高用户对产品整体的认可程度。因此，本节将尝试基于定量及定性研究方法对材料知觉体验进行量化，具体研究路径及方法如图 3-4 所示。

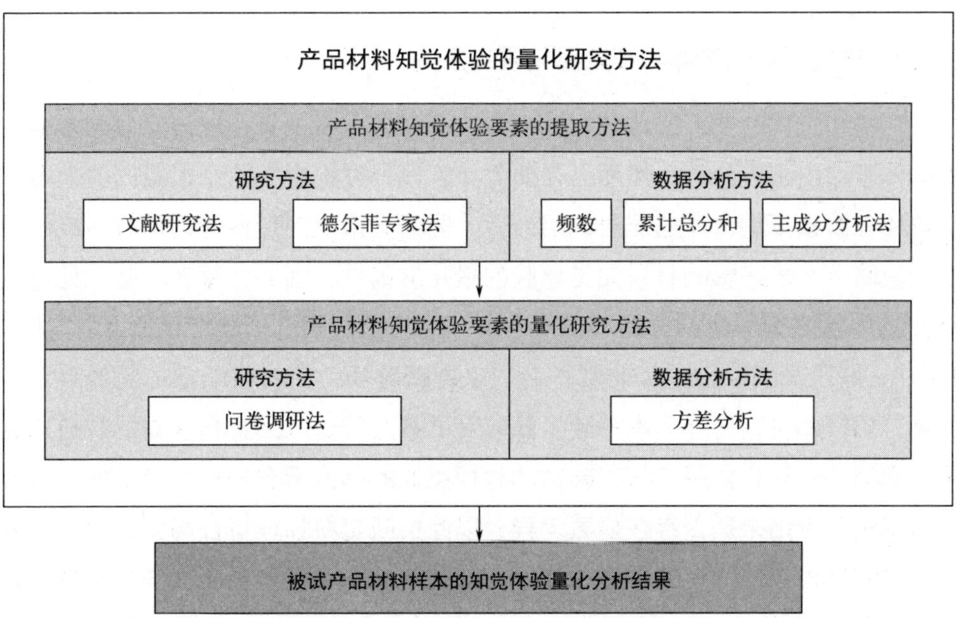

图 3-4 产品材料知觉体验的量化研究方法

3.3.2.1 产品材料知觉体验要素提取方法

研究人员在以往研究中常使用形容词对材料的知觉体验进行隐喻。因此，本书将首先使用文献分析法从现有描述材料知觉体验的相关文献中提取出所有相关词汇作为材料知觉体验要素的初次筛选结果。其次，笔者将通过以下步骤对已收集的材料知觉体验要素进行再筛选。第一，为提取出认可程度较高的典型材料知觉体验要素，通过统计材料知觉体验要素在初次筛选结果中的出现频次，剔除未重复出现过的材料知觉体验要素。第二，基于德尔菲法的应用要求，邀请了 10 位产品设计领域的专家，要求专家基于五分制 Likert 量表从已筛选的材料知觉体验要素中再次剔除不符合产品设计背景及被试产品材料样本知觉体验的冗余词汇。第三，知觉体验受不同个体经验及社会文化背景等多种因素的影响，导致量表内容的设计往往受制于编写人员的认知局限。笔者决定在问卷填写完成后对受试专家展开深度访谈，并通过整理访谈记录考虑是否需要增加材料知觉体验要素的数量。第四，由于人类对事物的短时记忆时长仅有 15～20 秒甚至更短，Miller 在其著名研究论文表明人类对事物的短时记忆平均容量为 5～9 个 [168]。为保证量化评估的准确性，降低受试者的认知负荷，本书还将基于主成分分析法对以上提取出的材料知觉体验要素进行再优化，将材料知觉体验要素数量最终缩减至 5～9 个。

3.3.2.2 产品材料知觉体验要素量化研究方法

在材料知觉体验要素量化分析过程中，笔者要求受试者通过语义差异量表并根据实际体验给出相应分值。然而，在此类量表设计过程中，除了很难同时为多个材料知觉体验要素提供合适的配对词组外，一些语义相反的形容词通常或多或少携带负面语义暗示，最终影响材料知觉体验的量化准确性。因此，笔者将基于已获取的材料知觉体验要素构建五分制 Likert 量表，受试者仅通过“非常不符合”“比较不符合”“一般”“比较符合”“非常符合”来判断题项中的材料知觉体验要素是否与当下体验相符即可。另外，本书除了获取受试者对被试产品材料样本的材料知觉体验量化数据外，还将依照与材料感官体验相类似的单因素方差分析方法探讨材料知觉体验量化分析结果是否存在显著差异，以此推断材料物理特征与受试者的材料知觉体验之间是否存在一定的生成规律，并试图预测材料物理量与材料知觉体验要素间可能存在的相关性。

3.3.3 产品材料情感体验的量化研究方法

情感是个体认知及互动体验共同触发的结果，过往研究已经证实具有不同物理特征的材料表面能够引发不同的情感体验。本节将阐述材料情感体验的量化研究方法，具体研究流程及方法如图 3-5 所示。

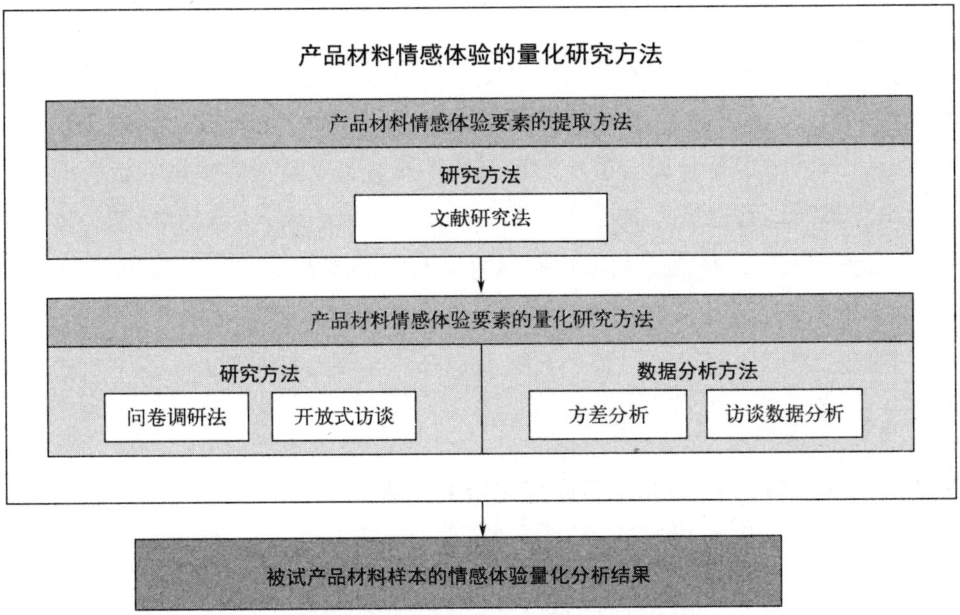

图 3-5　产品材料情感体验的量化研究方法

3.3.3.1 产品材料情感体验要素提取方法

情感科学（affective science）作为探讨情感及其相关现象的跨学科研究门类，对于“情感是如何被激发的及情感反应是如何被组织的”问题始终争论不休。当前对情感的测量主要基于以下两种方法：第一，离散型情感研究法，即主张每一种情感都是独特的存在，并使用快乐、愤怒或厌恶等具体词汇作为标签对情感体验进行解释；第二，连续型研究法，即认为情感是动态变化的，很难对其做出精准定义，并通常使用二维维度坐标对情感体验进行表征。本书认为使用离散型情感研究法更为合适，主要理由如下。

首先，连续型方法虽然在情感研究中拥有较高的权威性和应用价值，但对于“维度坐标是否能清楚表明某一种具体情感”这一议题本身即存在争议，主要表现在以下三个方面。第一，利用愉悦度和唤醒度作为情感的主要维度是否能够对不同情感进行差异化区分存在分歧。第二，虽然不同的情感可以在维度中找到相对应的坐标，但情感之间的差异是否能够通过连续线性数据进行描述也存在争议[169]。第三，有研究表明二维连续性情感模型的维度划分过于单一，可能无法对复杂的情感体验提供合适的评价结果[170]。其次，产品语义学的理论研究表明设计师通过离散型的情感标签更有利于分析产品设计要素与情感体验间的关系。这主要是因为人们在日常行为活动中更倾向于使用如愤怒、快乐或忧伤等具体词汇对情感体验进行表征。另外，以文字形式进行表征的情感体验更容易在记忆中被提取和管理，使情感体验在产品设计活动中更容易被识别和调度。

PrEmo作为一种基于离散型研究逻辑的情感测量工具已经被证实能够对产品设计中的材料情感体验进行有效评估。该工具通过一组卡通人物的面部和身体线索对14种情感进行表征，并能够利用相应量表展开情感体验测试[171]。因此，本书将直接提取PrEmo情感测量工具中包括高兴、钦佩、自豪、期待、满意、着迷、渴求、悲伤、害怕、羞耻、轻蔑、气愤、无聊及厌恶在内的14种情感标签作为材料情感体验要素。

3.3.3.2 产品材料情感体验中要素量化研究方法

情感作为隐性变量一般难以被直接测量。这是由于情感容易受个人年龄、性别、经历、社会文化背景或实验场景等诸多主客观因素的影响。为了尽可能地对个体情感进行准确描述，当前情感研究方法主要以观察法、人体生理指标测量和自我情感报告三类为主。

情感是个体通过面部线索、声音线索、身体线索和语言线索进行的暗示。因此，基于现场观察的情感测试方法要求研究人员拥有丰富的情感测量经验，以通过实时观察或视音频记录的方式快速推断用户所处的情感状态。但此方法几乎完全依赖于实验者的过往评估经验，缺乏对情感统一标准的判断标准，因此仅能作为情感测量的补充方法。此外，基于人体生理信号展开的情感测量方法涉及生理学及神经科学等专业学科知识，而设计人员通常缺乏相关测试经验。同时，若要熟练使用专业测试设备还需要较长的训练周期。这导致针对产品设计中的情感研究大多以自我情感报告的形式完成。深度访谈、日志和情感测量问卷是自我情感报告形式中最常用的三类工具。其中，访谈和问卷通常用于实验结束后，并由受访者独立完成。对于需要持续数周或更长时间周期的实验，受试者通常需要通过日志来记录实验周期中的情感变化历程。但需要注意的是：访谈虽然是获得用户情感最直接的研究方法之一，但受试人员常会因避免尴尬而不愿透露自己内心的真实情感体验。因此，笔者决定以问卷为主访谈为辅的方式获取受试者对被试产品材料样本情感体验的量化结果。

目前，在面向材料情感体验的量化研究中，大多使用语义差异量表或 Likert 量表获取数据。此类研究通常使用双量表的形式以获取受试者的情感体验量化结果。在此过程中，受试者除了将被要求从情感体验要素中挑选与当前情感体验相匹配的情感标签外，还需要利用五分制 Likert 量表对该情感的强度进行评估 [172]。但事实上，此类方法虽然能够快速获取令人满意的数据结果，但它忽略了情感体验是多重情感共同作用的结果 [173]。具身认知理论认为人类对情感的感知和思考涉及对记忆中情感的“再认知”和“再提取”，特定的语言和图像能够更好地激活并还原过往记忆中已储存的某些情感状态 [174]。PrEmo 不仅能够通过人物视觉图像表现不同情感特征并以此增强受试用户对于不同情感的理解，该工具还通过要求受试者基于当下实际情感特征对 14 项情感体验要素的情感体验强度进行逐一评分，避免了单一情感标签对被测物的片面化评估。该工具在情感研究领域中的科学性和有效性已得到学术界广泛的认可，能够准确获取受试者由材料引发的情感体验数据 [175]。因此，本书将使用基于 PrEmo 的纸质版问卷对量表内容略做调整，并要求受试者通过实验完成针对被试产品材料样本的情感体验量化分析。在完成问卷后，笔者将利用开放式访谈（open-end interview）捕捉用户在互动过程中无法通过量表进行描述的特殊材料情感体验，以试图对定量研究结果进行补充。

需要注意的是，情感体验极易受内部实验因素和外部环境因素的干扰而产生波动。其中，内部实验因素包括实验场景、实验难易度或实验时长等。外部环境因素则包括实验开展前个体所经历的所有可能引起用户情感波动的事件或行为。因此，为了尽可能降低因内外部要素造成的实验误差，需要确保实验环境相对安静且放松，以避免受试者在实验过程中处于过于兴奋或焦虑的情感状态。在材料情感体验量化过程中，受试者被要求以产品设计为选材背景展开相应实验。另外，受试者的自身情感容易被带入实验过程中，因此有必要在实验开始前确保受试者能够维持相对稳定的情感状态，降低交感神经系统的活动水平、阻断焦虑并缓解骨骼肌的紧张，以达到生理及心理上的平稳与放松。笔者在实验开始前要求受试者使用腹式呼吸法，该方法能够利用膈肌的升降带动深度呼吸，且已有实验证明以每分钟至少 8 次的腹式呼吸频率能使人快速达到轻松且平静的状态 [176]。此外，本书在材料情感体验量化实验过程中将增加 30 秒的“静置期”，以减少体验过程中相邻被试产品材料样本间对个体情感体验的相互影响。

综上所述，本书将通过以下流程实现材料情感体验的量化。首先，指导被试者掌握腹式呼吸的方法，当达到每分钟至少 8 次的呼吸频率时即可开始实验。其次，通过 PrEmo 改良问卷记录受试者在与材料样本进行观察和主动触摸后对材料情感体验要素的量化结果。此外，本书还利用方差分析法以初步证实造成被试产品材料样本情感体验量化差异是否由某些材料物理量所引起，以推断材料物理量与材料情感体验要素间可能存在某种关系。最后，通过开放式访谈获取受试用户对于被试产品材料样本情感体验的补充解释。

3.4 产品设计中材料物理量与感知体验关系模型构建方法

通过前文的研究方法即可获得基于被试产品材料样本的材料物理量量值以及材料感知体验量化数据。本节将介绍如何利用相关研究方法分析基于已获得的数据挖掘两者之间的具体关系，并构建材料知识映射模型。具体研究方法及流程如图 3-6 所示。

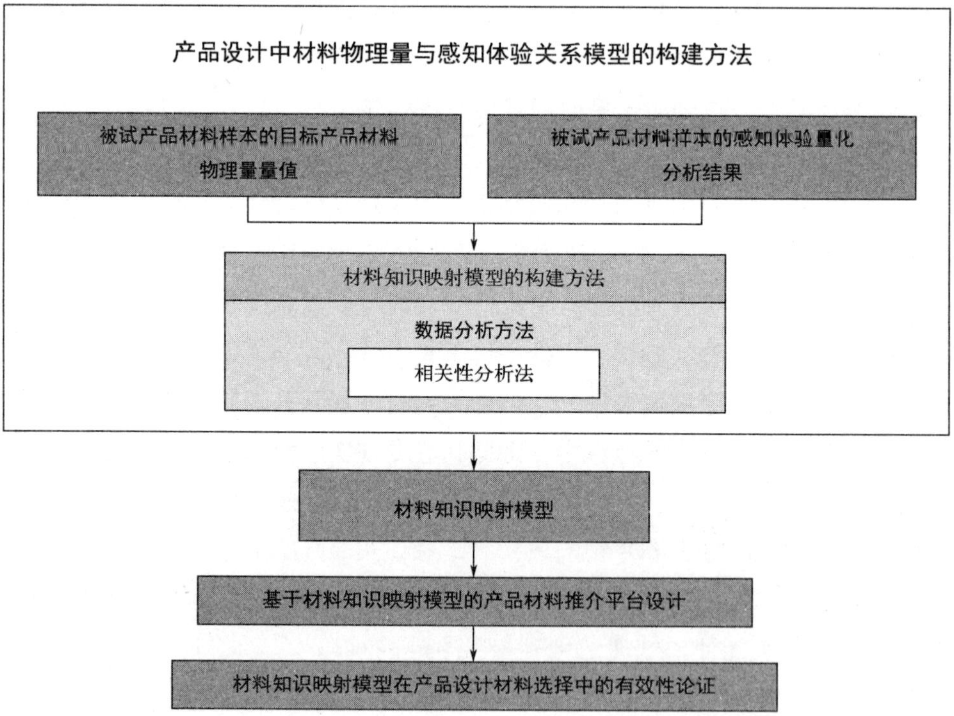

图 3-6　产品设计中材料物理量与感知体验关系模型的构建方法

长期的心理物理学研究使人们发现外部物理刺激与感官体验间的关系可以通过具体函数关系进行度量。同时，在心理学的相关研究中，一般会使用某一类或某几类独立自变量探讨因变量的变化差异，并利用自变量预测和控制因变量的变化范围。其中，相关系数（correlation coefficient）被用于解释自变量和因变量之间的相关性程度[177]。为明确产品设计中材料物理量和感知体验之间的关系，过往研究均根据相关性系数对要素间的两两关系进行解读。另外，Pedgley 认为构建相关模型是辅助设计师测试材料是否满足产品设计要求的唯一方法[178]。因此，本书将通过 SPSS 25.0 依次对材料物理量及材料感知体验组间的相关性进行分析，并基于相关性系数对要素间的关系进行说明，以此构建解释两者关系的材料知识映射模型。

本书拟构建的材料知识映射模型能将材料物理量映射为相应的材料感知体验要素，或将材料感知体验转化为相应材料物理量。在产品选材过程中，设计人员可以利用该模型通过已知材料物理量快速评估是否满足预期的材料感知体验，或根据产品设计预设的感知体验目标推导出与之相关联的材料物理量，并筛选出符合条件的候选材料。材料知识映射模型的构建使单纯依赖感知体验的产品材料选择具备科学数据支撑，同时进一步提高材料物理量信息的利用率，使得海量科学数据能够被有效转化。此外，为深化该模型的应用价值，本书将基于材料知识映射模型搭建面向产品设计的材料推介平台，并以面向学龄前儿童社交机器人表面材料的选择为例，论证基于材料知识映射模型的产品材料推介平台在提高设计师产品选材效率的有效性和可行性。

3.5 本章小结

本章主要介绍了探究产品设计中材料物理量与感知体验间关系的研究方法。第一，描述了表征目标产品材料物理量量值的三种方法，即通过材料知识数据库、基于材料物理量关系的量值推导及科学仪器测量三种方式分别对产品设计中材料视觉及肤觉物理量量值进行表征。第二，阐述了在产品设计背景下，材料感知体验的量化研究方法，即分别对材料感官体验、材料知觉体验以及材料情感体验要素分别进行量化。第三，叙述了材料物理量与感知体验相关性模型的构建方法，即利用相关性分析法与对材料物理量量值及感知体验量化数据进行分析。第四，解释了如何构建产品设计中材料物理量及感知体验关系的材料知识映射模型，基于模型内容构建面向产品设计的材料推介平台，并通过产品设计实践对基于理论模型内容的产品材料推介平台在提高设计师产品选材效率的可行性进行论证。

第4章

产品设计中材料物理量的量值表征

表征材料性能的物理量在产品设计及实践应用中均发挥着至关重要的作用。通过对材料物理量量值的采集、合成、分解、评价、储存、修复、共享显示等方式可以增强与材料功能特性相关知识的利用率，提高材料从研发到产品应用的效率，从而有效地为产品设计人员从海量的材料物理量数据中筛选出符合设计目标的适配材料提供帮助。为探究材料物理量与感知体验的具体关系，本章将率先确定研究过程中所需要的被试产品材料样本及需要提取的目标产品材料物理量，并通过材料知识数据库、科学仪器测量及基于物理量关系的量值推导三种方式分别对目标产品视觉与肤觉材料物理量的量值进行表征。

4.1　被试产品材料样本及目标产品材料物理量的筛选

4.1.1　被试产品材料样本的筛选

为确保后续研究的顺利开展，需要优先确定实验中所需要的被试产品材料样本。为确保研究的科学性和有效性，需遵循以下四项原则，以实现被试产品材料样本的筛选：第一，将基于已调研的 30 个材料数据库，对产品设计中常用材料的具体类别进行限定；第二，被试产品材料样本应相对易于获取，且在日常环境中必须保持结构和性能相对稳定；第三，被选材料的物理量量值不可超出科学仪器的测量极限；第四，必须避免选择易燃易爆或具有强烈腐蚀性和毒性等一切对人体、设施及环境等可能易造成安全隐患的实验材料。

首先，通过对国内外 30 个产品设计常用材料知识数据库的调研发现：以上数据库包含石材、复合材料、金属、玻璃、木材、纤维、塑料、皮革及智能新型材料九类。其中，复合材料是由两种或两种以上的不同材料组合而成，这些组合材料包括金属、陶瓷、聚合物、纤维、碳纤维等。同时，在复合材料的合成过程中，以上材料通常以不同的比例和排列方式进行组合，这表明复合材料的性质、力学行为和物理特性都取决于其成分的种类和相对比例。因此，基于复合材料本体内部的复杂结构及性能，笔者将不考虑复合材料作为备选的被试产品材料样本。除此之外，新型智能材料通常被定义为具有自主响应和智能功能的材料，它们可以通过环境变化或外部刺激进行自主变化。但由于此类材料的变化对外部物理环境有着严格要求，且在不同环境之下其材料物理量量值会产生波动。因此，基于物理实验环境及实验水平的限制，由智能新型材料生成的实验结果不确定性过高，易导致最终材料物理量与感知体验间的相关性研究结果缺乏说服力。另外，由调研结果可知，现有的30个材料知识数据库中很少包含智能新型材料与皮革两类材料的相关信息，这可能是由材料成本较高且难以获得造成的。因此，基于材料知识数据库的调研结果，选取石材、金属、玻璃、木材、纤维及塑料六类材料作为备选被试产品材料样本。另外，尽管金属等刚性材料在生产生活中占有巨大比重，但材料的研究重点已逐渐从冶金转移到陶瓷、复合材料、聚合物及其他分子软材料上[179]。软物质科学（soft matter science）是对物理定义中“软”材料的研究，Pierre-Gilles de Gennes 将软物质描述为一类在任何外部刺激（如机械力、电场或磁场等）作用下易产生变形的材料[180]。聚合物（polymers）是软材料的典型代表，从木材等天然材料到塑料、纤维、凝胶或纺织品等人工合成材料都属于聚合物的范畴。其中，热塑性塑料已被大量应用于现代产品的设计之中。因此，笔者将考虑在被试产品材料样本中增加塑料类材料的种类，以符合当前产品市场的材料应用现状。

综合以上材料筛选原则及产品材料在市场中的应用现状，最初筛选出涵盖石材、金属、木材、纤维、玻璃及塑料6类共计24种材料，具体包括：花岗岩、大理石及板岩3种石材；铝、铁、铜及不锈钢4种金属材料；棉布、麻布、涤纶及尼龙4种织物材料；松木、枫木、桦木、榉木4种木质材料；石英玻璃及硼硅酸盐玻璃2种玻璃材料；聚乳酸（polylactic acid，PLA）、聚乙烯醇（polyvinyl alcohol，PVA）、聚对苯二甲酸乙二醇酯（polyethylene terephthalate，PET）、ABS塑料（acrylonitrile butadiene styrene plastic，ABS）、热塑性弹性体（thermoplastic Elastomer，TPE）、热塑性聚氨酯弹性体（thermoplastic polyurethanes，TPU）、聚碳酸酯（polycarbonate，PC）7种塑料。此外，考虑到实验中过多的样本材料极易造成受试者的认知及记忆负担，笔者又邀请了具有丰富经验的产品设计师及材料工程师对24种预选材料进行二次筛选。产品设计专家表示：PET、ABS、TPU、PC与PVA五种塑料的感官体验较为相似，仅保留其中几种即可；其中，TPE与PLA作为常用的工程塑料材料应保留；金属、木材及玻璃三类材料中的材料样本也存在表面感官体验较为雷同的情况，因而每类材料仅保留两项作为被试材料样本即可。另外，材料工程师表示若需要使用白光干涉仪对材料表面平均粗糙度进行测试，需保证材料表面粗糙度小于300μm，否则极易造成精密测试仪器的部件损毁，从而引起测试过程中测量数据丢失。因此，板岩、桦木、榉木、亚麻与尼龙五种备选材料因表面过于粗糙而被剔除。

此外，材料工程师还对所选的被试产品材料样本的稳定性进行了评估，以保证实验过程中受试人员及受试环境的安全。综上所述，最终选择PVA、PLA、TPE、花岗岩、大理石、棉布、涤纶、铁、铜、松木、枫木与硼硅酸盐玻璃12种材料作为被试产品材料样本。在实验中，为避免材料名称对受试者产生先入为主的认知影响，各被试产品材料样本的名称将使用编码M1、M2、M3、M4、M5、M6、M7、M8、M9、M10、M11及M12代替（表4-1、图4-1）。另外，为提高后续实验的可信度，需要对实验中被试产品材料样本的形状和大小进行严格控制。所有备选材料样本均被制作为长120mm、宽120mm且厚3mm大小的正方形样本。其中，由于织物材料本身较薄，研究中将使用40W热熔胶枪将布料逐层粘贴并通过累加的方式使样本厚度达到3mm。在叠加过程中，热熔胶上胶区域将尽量避开材料中心区域，且仅在被试布料每层的四角少量上胶，以尽可能减少胶体对受试者在实验过程中观察及触摸体验的干扰。此外，需要强调的是：本书主要探讨材料物理量与感知体验的相关性，为获取真实有效的关联数据，所有备选材料均不进行表面预处理且保留材料原有的表面特征。

表4-1　12种被试产品材料样本对应编号

名称	花岗岩	大理石	硼硅酸盐玻璃	松木	枫木	PVA	铜	铁	TPE	涤纶	棉布	PLA
编号	M1	M2	M3	M4	M5	M6	M7	M8	M9	M10	M11	M12

图4-1　12种被试产品材料样本

4.1.2 目标产品材料视觉与肤觉物理量的筛选

材料物理量种类繁多，本节将综合过往研究内容、材料物理提取难易度及成本等多种因素筛选产品设计中被重点关注的与材料视觉及肤觉特征相关的物理量。首先，针对材料视觉物理量的筛选过程，材料表面亮度和色彩既是产品设计中影响用户材料感知体验的显著要素，也是产品外观设计过程中重点关注的物理量之一。因此，本书选取光泽度及 CIELAB 色彩空间中的明度、饱和度、红绿色品指数、黄蓝色品指数及色调角作为研究中使用的产品材料视觉物理量。

其次，针对产品设计中材料肤觉物理量的筛选，材料平均粗糙度作为材料感知体验研究中被讨论最多的物理量，被认为是引起表面粗糙度感官体验差异的典型材料物理量。但有研究也提出此类材料感官体验通常是表面平均粗糙度及摩擦系数两项物理量共同作用的结果。摩擦系数是摩擦力和法向力的比率值，其量值大小取决于湿度和加速度等多重物理量要素，这使得针对摩擦力的准确测量更为复杂[181]。还有研究明确指出：个体对材料表面粗糙度的感官体验与摩擦系数并无显著相关性[182]。因此，为避免研究结果存在争议，本研究将不再考虑摩擦系数，仅选择材料表面平均粗糙度作为评估材料表面粗糙度的物理量。另外，材料的蓄热系数揭示了个体与材料互动过程中产生的冷热感受差异，且与热导率及比热容两项物理量均有所关联。另外，密度不仅是对特定体积内质量进行描述的基本物理量之一，还影响着材料蓄热系数的物理量量值变化。因此，密度、蓄热系数、热导率及比热容等作为表征材料基本物理特征及与冷热差异的物理量有必要纳入产品材料肤觉物理量的研究范畴之中。再次，人们对材料软硬程度的感受与材料的弹性模量及刚度两项材料物理量有关，但已选出的 12 种被试产品材料样本中除两项织物外均为硬质材料。为保证被试产品材料样本物理量提取的一致性，笔者将选择弹性模量作为描述材料软硬程度的目标产品材料物理量。因此，材料表面平均粗糙度、密度、蓄热系数、热导率、比热容及弹性模量将作为研究中的产品材料肤觉物理量。

4.2 产品材料视觉物理量量值表征

现代检测技术的发展使各类科学检测设备具备了测试误差小、一体化、功能化及微型化等集成特征。同时，计算机及网络技术的发展也确保了仪器检测系统的数据处理能力，使得材料物理量能够被高效采集、存储和处理。为准确获取目标产品材料物理量量值，有必要根据测试目标选择合适的科学测量仪器。

光信号由光电探测仪捕捉并转换为可用于解释其他参量的具体数据。在数据处理速度上，无论是光的传播速度还是光电转换速度都确保物理量的高效测量成为可能。此类用于捕捉光信号的光电仪器已成功应用于生物组织或材料组织的几何量测量中。光电测量无需直接接触被测物表面便可实现在无损状态下对物理量的精准测量。因此，本节将使用基于光电检测原理的色差仪及光泽度计分别对产品材料视觉物理量中的明度（L）、红绿色品指数（a）、黄蓝色品指数（b）、色彩饱和度（C）、色调角（h）及光泽度（GU）六项量值进行提取。

4.2.1 产品色彩物理量量值提取

本节将阐述如何通过基于光电积分法的色差仪对 12 种被试样本的材料明度、色彩饱和度、红绿色品指数、黄蓝色品指数及色调角五类色彩物理量量值进行提取。深圳市林上科技有限公司生产的 Linshang LS171 高精度智能色差仪将用于对被试产品材料样本的色彩物理量量值的提取工作。该仪器配有 OLED 显示屏并可通过蓝牙装置与配套 App 相连接，实现对 CIELAB 色度空间内五项色彩物理量量值的快速测量及存储。

(a)

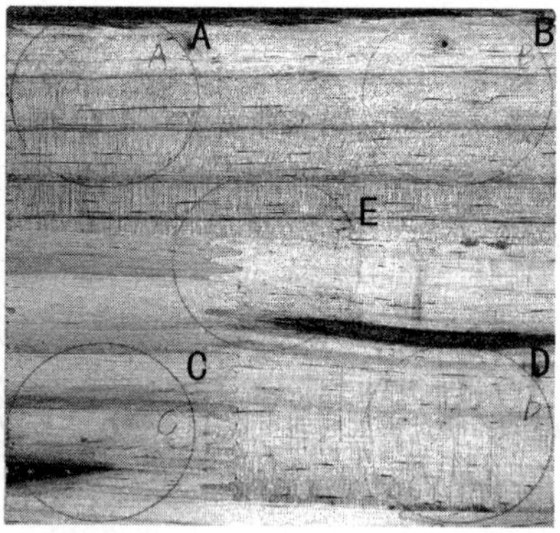

(b)

图 4-2　基于色差仪测量口径大小的测试区域

4.2.1.1 测试流程

室内温度及湿度等实验环境是影响色差仪测试准确度的重要因素。其中，若环境湿度过高则极易使光学元器件受潮发霉，导致光学测量仪器中光能量折损，影响仪器的信噪比和灵敏度并最终造成测量误差。因此，为尽量降低受环境因素影响而造成的测量偏差，本书将在光线充足且室内温度与湿度始终维持在 24℃及 30% 左右的实验环境中对 12 种被试材料的五类材料色彩物理量进行测量。另外，需要在正式测试前对被试产品材料样本表面进行简单的预处理。第一，使用纯水湿巾对材料表面进行擦拭，以确保待测材料样本表面干净无异物。第二，为提高被试产品材料样本色彩物理量的采集准确率，将根据 LS171 色差仪的测试口径大小在 120mm × 120mm 的被测材料样本表面上依次选取五块待测区域并标记，如图 4-2（a）所示。其中，A、B、C 及 D 区域边界与材料四边相切，区域 E 位于材料表面的横纵中心轴线的中点之上［图 4-2（b）］。五项色彩物理量的最终结果来源于五个区域经两次测量的数据平均值。

具体测试步骤如下：短按仪器顶部按键开机，通过蓝牙将智能手机与仪器进行联通，并在应用商店中下载配套 App“LScolor”；其次，将仪器底盖合实并根据 App 提示对设备进行校准［图 4-3（a）］；再次，进入测量页面并在主菜单选择“色差对比”的工作模式，直接提取被试材料样本表面与 CIELAB 色彩相关的物理量量值；最后，将仪器依次对准预设好的 A、B、C、D 和 E 五个测试区域，并通过短按色差仪顶部按键即可从 OLED 屏幕中或 App 上快速获取被试产品材料样本在色彩明度、红绿色品参数、黄蓝色品参数、饱和度及色调角五项物理量的具体数据［图 4-3（b）、（c）］。

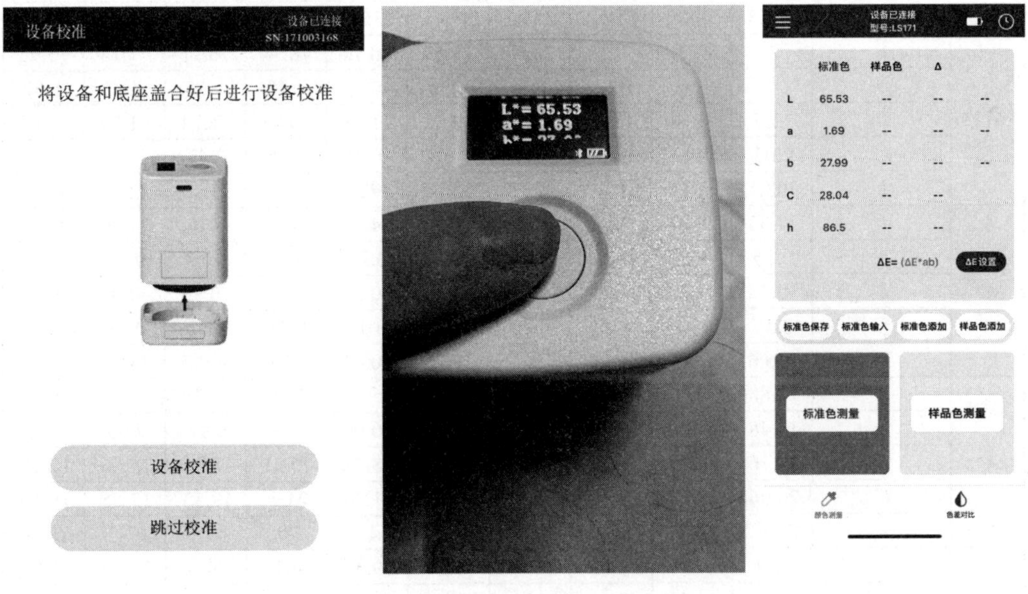

(a) (b) (c)

图 4-3　色差仪的测前校准（a）、顶部按钮（b）及被试产品材料样本 M6 的测试结果（c）

4.2.1.2 测试结果

基于以上测试步骤，分别在12类被试产品材料样本表面五个测试区域进行了两次测量。获取的五项材料色彩物理量的具体量值如表4-2所示。此外，12类被试产品材料样本的五项材料色彩物理量量值的算术平均数如表4-3所示。综合以上结果可知：除材料M10外，其余被试样本在材料明度上都处于较高水平且M12明度最高；在红绿色品指数的测量结果中，除M11偏绿外，其余被试样本均偏红但偏向不显著；此外，M1、M2、M3、M9、M10、M11及M12均显示偏蓝且M11最为明显，而M7黄色偏向最为明显；M3的色彩饱和度最低而M7最高。另外，根据色调角的颜色区域划分，M1、M2、M3、M9及M10属于紫色区，M4及M5属于橙色区，M6及M7属于黄色区，M8属于红色区而M11及M12属于蓝色区。

表4-2 12种被试产品材料样本的色彩物理量测试结果

样本	色彩物理量	第一次测试					第二次测试				
		A	B	C	D	E	A	B	C	D	E
M1	*L*	63.84	68.62	57.03	60.97	69.94	60.57	72.14	55.48	66.07	64.88
	a	5.5	6.5	2.03	4.28	6.03	6.42	5.62	1.11	2.52	8.51
	b	–2.3	–2.53	–0.06	–1.45	–0.09	–0.9	–1.07	–0.58	–0.02	–0.57
	C	5.96	6.97	2.03	4.51	6.03	6.48	5.72	1.25	2.52	8.52
	h	337.3	338.7	358.3	341.3	359.1	352	349.2	332.4	359.5	356.2
M2	*L*	77.7	80.26	76.8	78.67	75.97	78.12	78.78	76.11	77.14	75.95
	a	1.11	1.41	0.58	1.34	1.55	0.6	2.45	1.76	2.47	1.61
	b	–1.7	–1.31	–0.8	–0.68	–0.71	–1.48	–0.83	–1.74	–1.79	–0.63
	C	2.03	1.92	0.98	1.5	1.7	1.59	2.58	2.47	3.05	1.32
	h	303.1	317.1	305.9	333.1	335.4	292.1	314.3	315.3	324.1	331.5
M3	*L*	74.33	74.41	74.43	74.35	74.6	74.56	74.23	74.44	74.46	74.68
	a	0.16	0.22	0.13	0.23	0.13	0.24	0.22	0.27	0.17	0.19
	b	–0.32	–0.23	–0.26	–0.15	–0.25	–0.34	–0.22	–0.33	–0.08	–0.24
	C	0.35	0.31	0.29	0.27	0.28	0.41	0.31	0.42	0.18	0.3
	h	296.6	313.7	296.6	326.9	297.5	305.2	315	309.3	334.8	308.4
M4	*L*	73.88	75.77	79.8	77.24	80.26	75.69	74.02	79.79	78.65	80.17
	a	10.48	9.38	7.31	8.59	7.34	10.06	7.36	6.97	7.93	8.27
	b	18.16	16.72	18.21	18.25	17.21	18.74	20.21	18.25	15.66	17.29
	C	20.96	19.17	19.62	20.17	18.7	21.26	21.5	19.53	17.55	19.16
	h	60	60.7	68.1	64.8	66.9	61.8	70	69.1	63.1	64.4
M5	*L*	77.4	74.94	74.55	74.27	79.33	79.37	74.76	74.6	74.56	75.86
	a	8.38	10.42	10.19	9.54	9.14	6.84	9.18	10.65	9.85	8.98
	b	18.64	18.27	18.57	18.72	17.7	17.58	19.16	18.41	18.5	17.31
	C	20.43	21.03	21.18	21.01	19.92	18.86	21.24	21.26	20.95	19.5
	h	65.8	60.3	61.2	63	62.7	68.7	64.4	60	62	62.6

（续表）

样本	色彩物理量	第一次测试					第二次测试				
		A	B	C	D	E	A	B	C	D	E
M6	*L*	67.42	65.18	66.56	66.57	66.35	67.46	66.23	66.49	67.17	66.56
	a	1.99	2.55	2.19	1.58	2.02	2.03	1.89	2.03	2	2.33
	b	28	26.64	28.36	28.18	28.04	28.29	28.11	28.22	28.42	28.01
	C	28.07	26.76	28.44	28.22	28.11	28.36	28.17	28.29	28.49	28.1
	h	85.9	84.5	85.6	86.8	85.9	85.9	86.2	85.9	86	85.2
M7	*L*	73.54	73.96	76.21	73.81	74.87	73.76	73.56	75.9	73.62	74.44
	a	7.26	7.93	6.26	6.97	6.96	7.34	7.47	6.94	7.52	7
	b	38.46	40.09	34.47	39.58	39.95	38.33	41.09	37.38	39.89	38.35
	C	39.13	40.86	37.98	40.18	40.55	39.02	41.76	38.01	40.59	38.98
	h	79.3	78.8	80.5	80	80.1	79.2	79.7	79.5	79.3	79.7
M8	*L*	74.08	74	74.87	77.76	75.24	74.13	74.31	72.72	73.59	74.43
	a	1.77	1.81	1.88	1.81	1.97	1.91	1.85	1.88	2.08	2.18
	b	0.87	1.37	0.86	1.27	0.9	0.94	1.05	0.94	1.42	0.37
	C	1.97	2.27	2.06	2.21	2	2.12	2.12	2.1	2.51	2.21
	h	26.2	37.1	24.6	35	26.7	26.2	29.6	26.2	34.3	9.6
M9	*L*	80.71	81.44	81.55	80.67	80.25	80.36	81.01	81.44	81.02	81.51
	a	1.65	1.44	1.22	1.6	1.14	1.63	1.67	1.74	1.62	1.76
	b	–0.93	–1.45	–1.3	–1.18	–0.87	–1.1	–1.46	–1.14	–1.45	–1.5
	C	1.89	2.04	1.77	1.98	1.43	1.96	2.21	2.08	2.17	2.31
	h	330.6	314.8	312.9	323.6	322.6	326	318.8	326.8	318.2	319.5
M10	*L*	22.02	22.96	22.01	22.17	22.25	22.06	22.25	21.96	22.22	22.01
	a	1.67	1.88	1.57	1.53	1.73	1.85	1.67	1.68	1.69	1.67
	b	–0.81	–0.62	–1.2	–1.01	–1	–0.97	–0.92	–1.07	–1.03	–1.02
	C	1.85	1.97	1.97	1.83	1.99	2.08	1.9	1.99	1.97	1.9
	h	334.1	341.7	322.6	326.6	330	332.3	331.1	327.5	328.6	327.6
M11	*L*	79.41	78.8	78.97	79.06	79.33	78.97	79.67	79.38	78.48	78.99
	a	–4.09	–4.08	–4.69	–4.7	–4.27	–4.93	–3.87	–4.25	–4.19	–4.38
	b	–14.7	–14.9	–14.0	–14.6	–14.8	–14.5	–15.0	–14.0	–14.7	–15.2
	C	15.34	15.46	14.81	15.37	15.4	15.38	15.54	14.68	15.32	15.88
	h	254.5	254.7	251.9	252.2	253.9	251.3	255.6	253.2	254.1	254
M12	*L*	90.73	90.85	91.08	91.16	91.31	90.29	90.82	91.05	91	91.17
	a	1.66	1.53	1.54	1.51	1.61	1.74	1.42	1.49	1.4	1.45
	b	–0.13	–0.32	–0.3	–0.09	–0.07	–0.12	–0.23	–0.34	–0.14	–0.13
	C	1.66	1.56	1.56	1.51	1.61	1.74	1.43	1.52	1.4	1.45
	h	355.5	348.2	349	356.6	357.5	356	350.8	347.1	354.3	354.9

表4-3　12种被试产品材料样本的五类色彩物理量的算术平均值

样本	*L*	*a*	*b*	*C*	*h*
M1	63.96	4.85	–0.96	5.00	348.40
M2	77.55	1.49	–1.17	1.91	317.19
M3	74.45	0.20	–0.24	0.31	310.40
M4	77.53	8.37	17.87	19.76	64.89
M5	75.96	9.32	18.29	20.54	63.07
M6	66.60	2.06	28.03	28.10	85.79
M7	74.37	7.17	38.76	39.71	79.61
M8	74.51	1.91	1.00	2.16	27.55
M9	81.00	1.55	–1.24	1.98	321.38
M10	22.19	1.69	–0.97	1.95	330.21
M11	79.11	–4.35	–14.69	15.32	253.54
M12	90.95	1.54	–0.19	1.54	352.99

注：色调角单位为°。

另外，为挖掘12类样本材料在色彩物理量测量中的异同点，系统聚类法被应用于对材料色彩物理量平均值的分析之中。结果如图4-4所示：M1、M2、M3、M9、M10、M11及M12被聚类为组1，而M4、M5、M6、M7及M8被聚类为组2。究其原因，可能是组1中的被试产品材料样本颜色大多偏向中性色，而组2中的被试产品材料样本颜色则更为丰富。

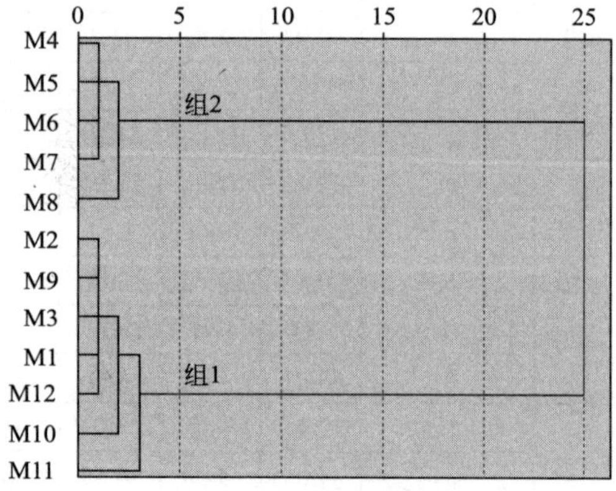

图4-4　聚类分析结果

4.2.2　产品材料表面光泽度量值提取

本书将使用入射角为60°的WGG-60镜面光泽度计对12种被试样本材料的光泽度进行测量。WGG-60镜面光泽度计是按照国际标准ISO-1813和国家标准GB/T

9754—2007 设计制造的测量仪器，其技术参数同时符合 ASTM D2457、ASTM D523 及 GB/T 13891—2008、GB/T 7706—2008、GB/T 8807 标准中的规定。该仪器各项技术指标均达到国家 JJG 696—2015《镜像光泽度计和光泽度板检定规程》计量检定的工作机要求，能够对各类不同材料表面光泽度进行有效测量。

4.2.2.1 测量流程

为尽量减少环境因素造成的实验偏差，测试环境将与材料色彩物理量检测环境保持一致，并使用与色彩物理量测量中相同的测试样件。因此，在实验前需要通过以下步骤对被试样本进行表面预处理：第一，对样本表面进行清洁以去除上一项实验中留存下的印记和污渍；第二，根据光泽度计的测量口径大小，在 120mm × 120mm 被测样本材料表面上选取 A、B、C、D 和 E 五个区域同时进行标记［图 4-5（a）］。具体测量步骤如下：首先，启动光泽度计并利用仪器机盖上自带的黑色玻璃标准参考板对仪器进行校准［图 4-5（b）］；其次，当光泽度显示屏上出现“按测量键，进行工作”时，将光泽度计的测量面对准待测被试产品材料样本的测试区域并轻按“MEASURE”键，2 秒后即可获取材料表面光泽度的测量值。

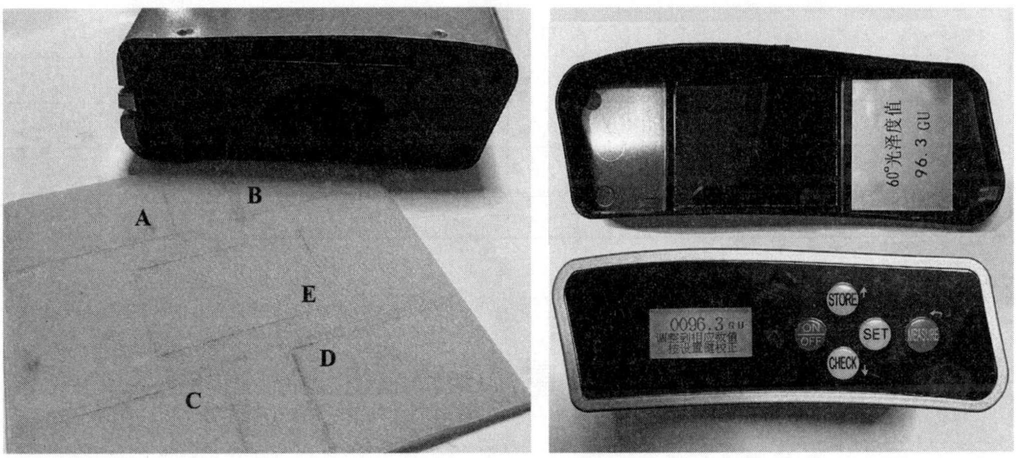

(a) (b)

图 4-5 基于光泽度计口径大小的测试区域（a）及光泽度计校正（b）

4.2.2.2 测量结果

WGG-60 光泽度计对 12 种被试产品材料样本的五个区域分别进行了两次检测，测量结果及其均值如表 4-4 所示。综合材料表面高、中及低光泽度的划分依据，M3

（124.3GU）和 M8（113.07GU）属于具有高光泽度的材料，M7（45.31GU）属于中光泽度的材料，而其余被试产品材料样本均属于低光泽度。此外，M3（124.3GU）的光泽度最强，而 M10（0.35GU）的光泽度最弱。M4（4.35GU）、M5（4.85GU）及 M9（4.57GU）三者材料光泽度相近，M1（2.17GU）和 M11（2.57GU）两者光泽度较相近。由此可见，材料光泽度差异可能与材料的类别相关，例如金属材料的光泽度水平普遍较高，而织物的光泽度水平则普遍较低。

表4-4　12种被试产品材料样本在五个区域内两次测试结果

材料编号 测试区域	第一次测试					第二次测试					平均值
	A	B	C	D	E	A	B	C	D	E	
M1	2.2	2.5	2.5	2.1	1.9	2	2.3	2.4	2	1.8	2.17
M2	4.8	5.9	7.3	4.4	4.8	4.9	4.6	7	4.7	5	5.34
M3	117.5	124.3	131.3	125.2	121	124.7	122.4	132.5	127.3	116.8	124.3
M4	4.1	3.9	4.3	4.7	4.8	4.2	3.8	4.3	4.6	4.8	4.35
M5	4.3	4.6	5.9	5.6	4	4.6	4.6	5.8	5.4	3.7	4.85
M6	3.3	2.8	2.8	3	3.1	3.3	2.8	2.8	2.9	3.2	3
M7	43.3	48.2	37.2	47.5	48.2	45.1	44.1	41.4	50.1	48	45.31
M8	105.7	122.3	109.9	116.3	110	107.4	122.7	109.5	116.4	110.5	113.07
M9	4.1	4.4	4	4.5	5.6	4.2	4.4	4.1	4.4	6	4.57
M10	0.4	0.3	0.4	0.3	0.4	0.3	0.3	0.4	0.3	0.4	0.35
M11	2.6	2.7	2.8	2.7	2.6	2.6	2.6	2.8	2.7	1.6	2.57
M12	7.2	6.6	7.7	7.1	6.6	7.3	6.8	7.7	7.2	6.7	7.09

注：光泽度单位为GU。

4.3　产品材料肤觉物理量量值表征

4.3.1　产品材料表面平均粗糙度量值提取

利用光学理论与计算机图像处理技术相结合的测量仪器是实现表面形貌超精密检测的可用方法之一[183]。AFM 作为能够同时探测导电和非导电物质表面形貌的原子级显微工具在材料科学研究中发挥着重大作用。在本书中，除硼硅酸盐玻璃、铁及铜三项材料外，其余被试产品材料样本的表面均过于粗糙，因而极易造成 AFM

测试探针的损毁，最终影响测试结果。因此，基于光电测量原理的非接触式白光干涉仪将用于材料表面平均粗糙度的测量。

4.3.1.1 产品材料表面平均粗糙度测试流程

白光干涉仪作为精密的表面微观形貌测量仪器，使得缺乏测试经验的操作人员通常难以应对检测过程中的突发状况，导致无法准确获取材料表面平均粗糙度的量值。对于新手测试人员而言，可能需要耗费数周的时间在实验室中接受系统性的操作培训。另外，由于本书涉及的测试材料样本相对较多，测试人员需要根据被试产品材料样本类型对仪器进行校准，这使得整个测量过程相对复杂且测试周期相对较长。因此，笔者将 12 种被试产品材料样本送往专业材料表面微观形貌检测机构对材料表面平均粗糙度进行测量。选取由 Zygo 公司开发的 NewView™ 7100 白光干涉仪对材料表面平均粗糙度的量值进行提取（图 4-6）。该白光干涉仪的 *Z* 轴测试分辨率达 0.1nm，*Z* 轴扫描范围可扩展到 20mm，能够对样本表面的细微差异进行纳米级的准确测量。

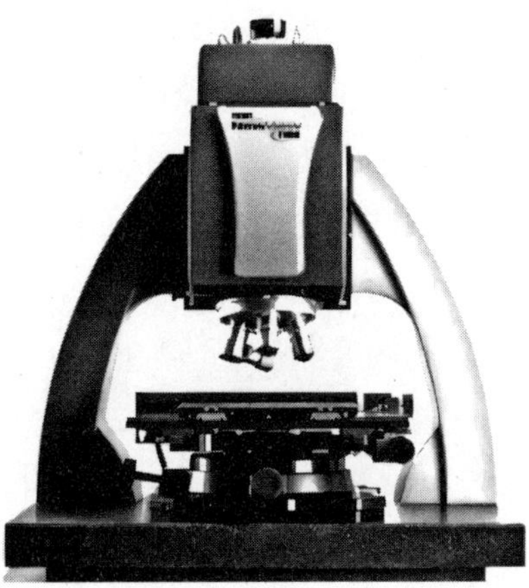

图 4-6　NewView™ 7100 白光干涉仪

为了获取更为精准的材料表面平均粗糙度数值，需要在送检前根据白光干涉仪对被测试件的要求对 12 种被试样本进行统一预处理。样品的预处理（也被称为前处理）是材料进行仪器检测前的重要环节之一。一般情况下，被试样件的尺寸需要符合仪器样品座的标准，同时必须保证检测试样全程保持干燥、无挥发性、无磁性、无毒且相对稳定的状态。NewView™ 7100 白光干涉仪要求被试产品材料样本表面粗糙度必须小于 300μm，且样本尺寸不得超过 50mm × 50mm × 5mm。由于本研究仅对表面平均粗糙度这一物理量进行捕捉，测试人员表示棉布及涤纶两类织物材料仅需保持原始厚度即可。但在定制其他样本过程中发现：当大理石及花岗岩两类石材厚度小于 5mm 时，会因样本尺寸过小而导致被测材料在切割过程中破裂。因此，除两类织物材料外，其余十项被试产品材料样本均被定制为 12mm × 12mm × 5mm 的统一尺寸（图 4-7）。此后，将直接对表面平均粗糙程度的量值进行提取。

图 4-7 12mm×12mm×5mm 被测材料样本

4.3.1.2 材料表面平均粗糙度测试结果

为尽量减少检测过程中产生的误差，检测人员在同一实验环境中对 12 种被试产品材料样本均分别进行了两次检测。本书后续所呈现的测量结果均为第一次的测试数据。图 4-8 展示了 12 种被试产品材料样本在白光干涉仪检测下的实时成像结果。由此可见，不同被试产品材料样本在表面纹理结构上存在明显差异，且 M1 及 M2 的表面形貌特征与其他被试产品材料样本的差异最为显著。此外，白光干涉仪可通过软件将材料表面微观形貌的扫描结果转化为能够清楚地反映材料起伏状况的表面轮廓图（图 4-9）。图中右侧纵坐标反映了材料表面在垂直方向中凸起高度与凹陷深度的幅度数值（该数值被用来计算 Ra 具体量值），并根据量值的变化幅度映射为不同颜色。其中，材料表面越粗糙则数值幅度变化越大，且颜色变化越丰富。结合图 4-9 材料表面轮廓图可简要推断：M7 表面最为光滑。然而，被测材料样本表面起伏状况并非绝对均匀，因此在辨别样本材料表面粗糙程度时，需要对表面轮廓图中纵坐标的极值与材料表面平均粗糙度数据进行综合判断。以 M5 为例，右侧纵坐标

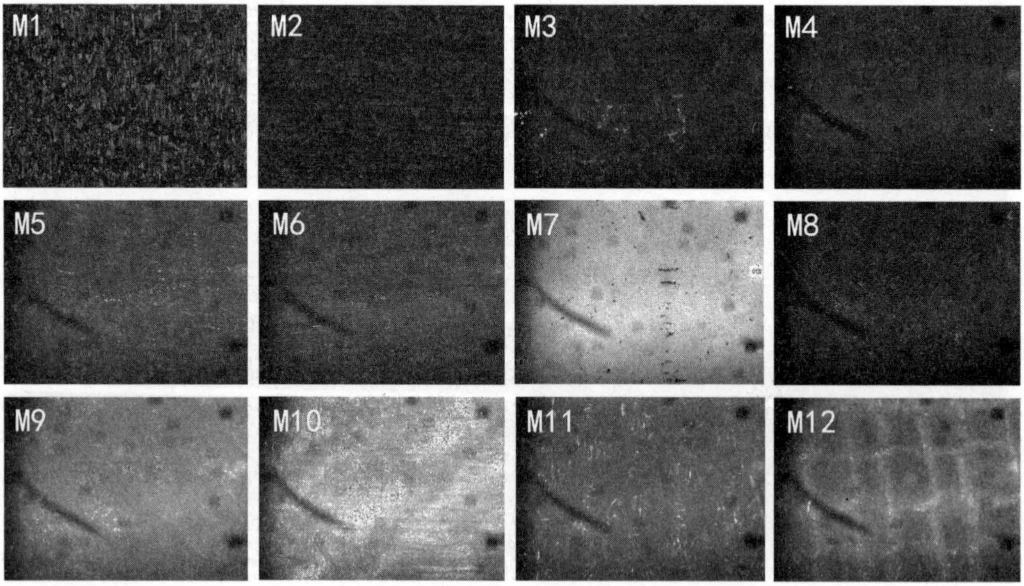

图 4-8 12 种被试产品材料样本的白光干涉图像

彩图

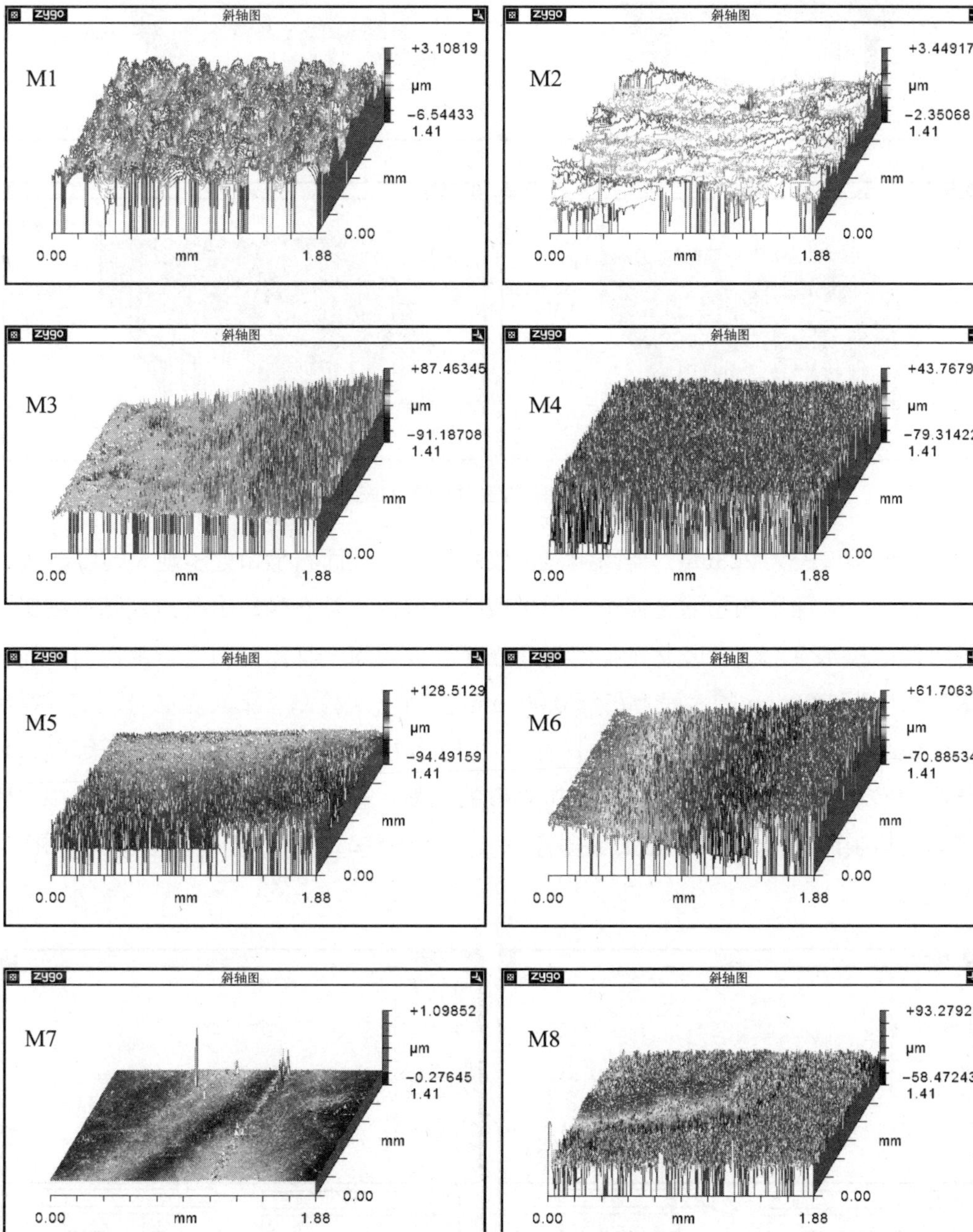

zygo
斜轴图
M1
+3.10819
μm
-6.54433
1.41
mm
0.00
0.00
mm
1.88
zygo
斜轴图
M2
+3.44917
μm
-2.35068
1.41
mm
0.00
0.00
mm
1.88
zygo
斜轴图
M3
+87.46345
μm
-91.18708
1.41
mm
0.00
0.00
mm
1.88
zygo
斜轴图
M4
+43.76798
μm
-79.31422
1.41
mm
0.00
0.00
mm
1.88
zygo
斜轴图
M5
+128.5129
μm
-94.49159
1.41
mm
0.00
0.00
mm
1.88
zygo
斜轴图
M6
+61.70636
μm
-70.88534
1.41
mm
0.00
0.00
mm
1.88
zygo
斜轴图
M7
+1.09852
μm
-0.27645
1.41
mm
0.00
0.00
mm
1.88
zygo
斜轴图
M8
+93.27923
μm
-58.47243
1.41
mm
0.00
0.00
mm
1.88

图 4-9

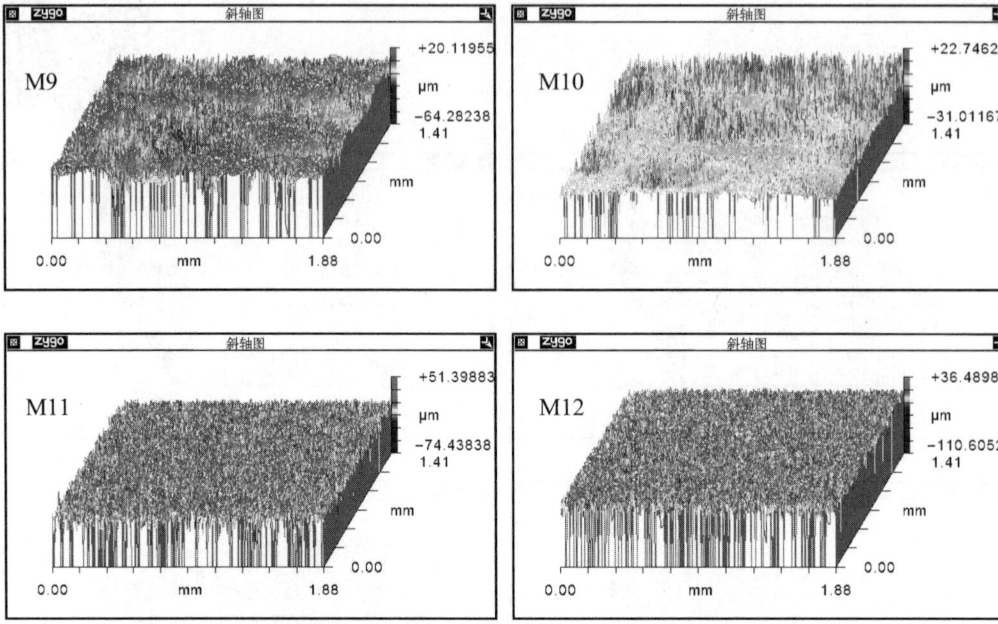

图 4-9　12 种被试产品材料样本的表面轮廓图

显示极值幅度差为 223μm，但图中显示仅被试样本表面右下角处出现大幅度起伏。

另外，表面平均粗糙度揭示了单位取样长度内，被测轮廓上各点到基准线距离绝对值的算术平均值。因此，在使用白光干涉仪对每一样本材料进行测量时，均在单位长度为 1.88mm 的表面上每隔 0.003mm 进行一次检测，单次测量可获取 639 组高度偏差数值。图 4-10 展示了一次测试中 12 种被试产品材料样本的表面纵向起伏高度偏差状况，并注明了表面平均粗糙度的均值。图中折线越平缓，说明在单位距离内材料表面起伏越小且 Ra 数值越小。反之，折线越陡峭则变化幅度越大且 Ra 数值越大。

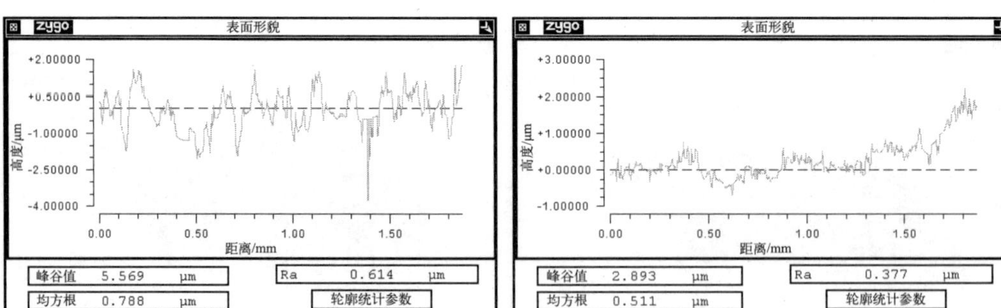

(a)M1　　(b)M2

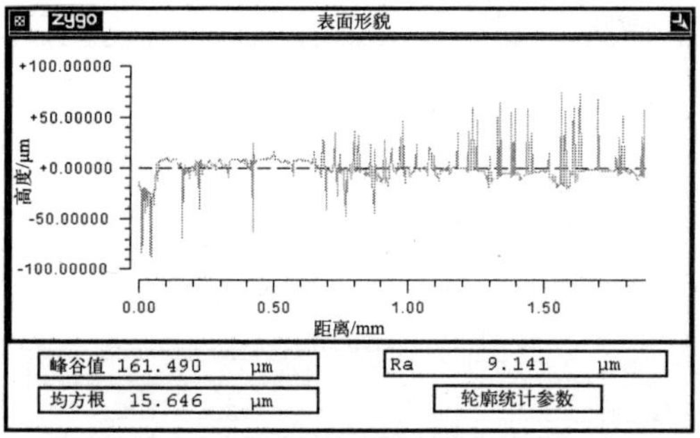

(c)M3

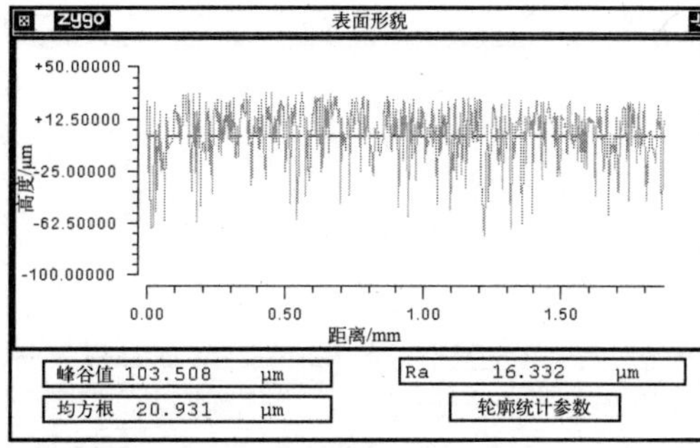

(d)M4

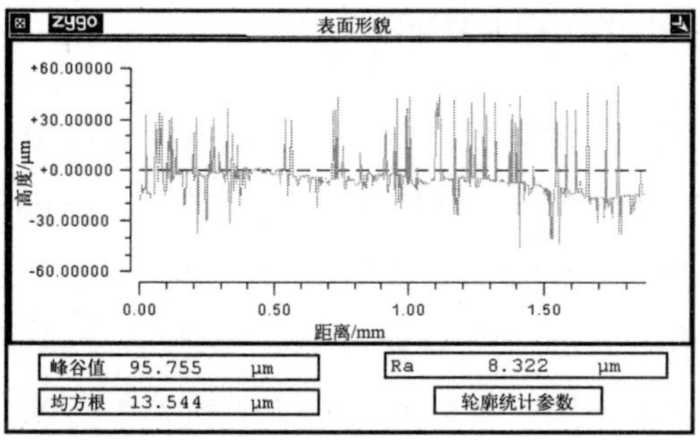

(e)M5

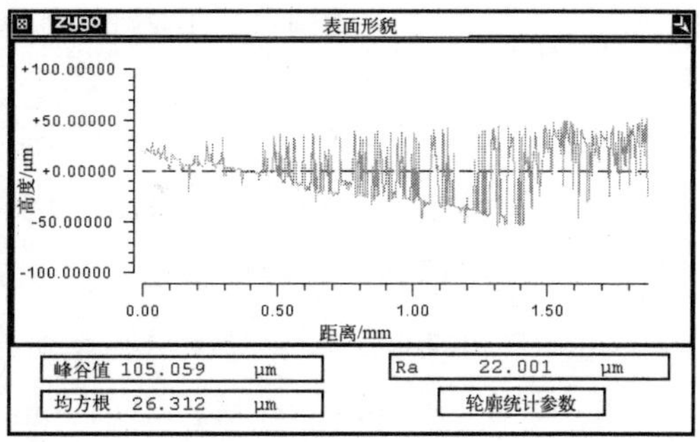

(f)M6

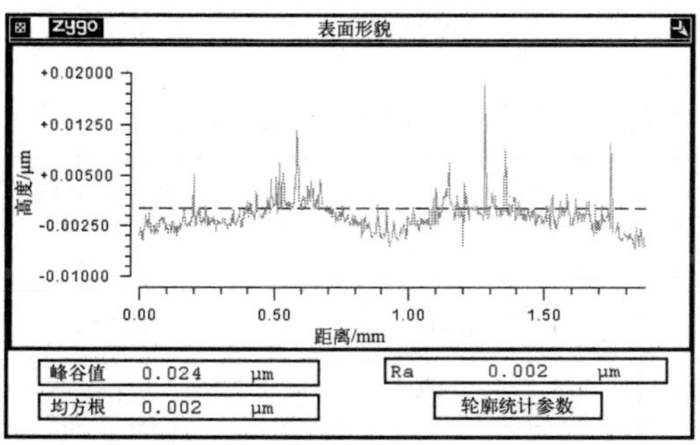

(g)M7

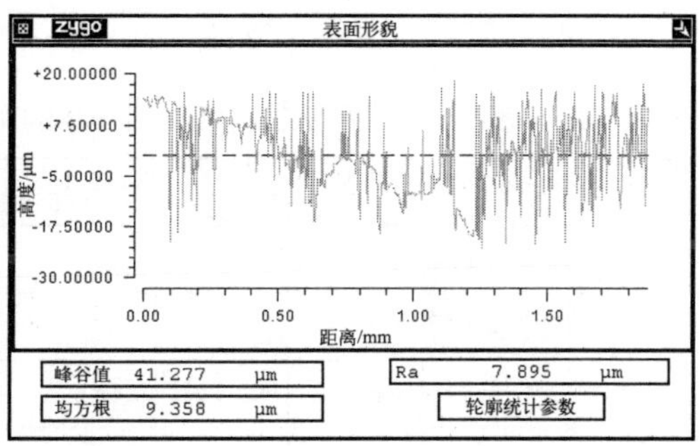

(h)M8

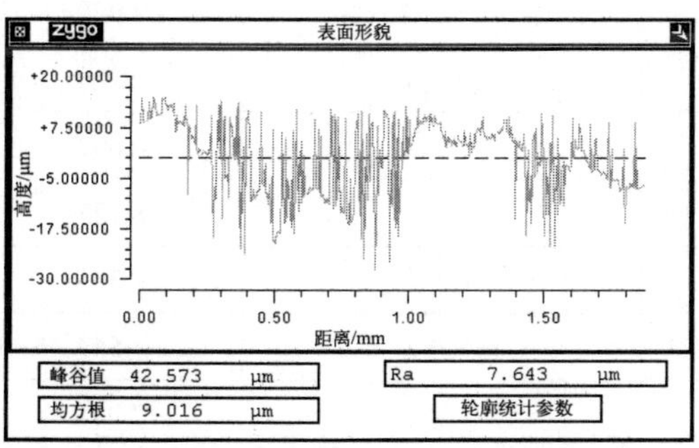

(i)M9

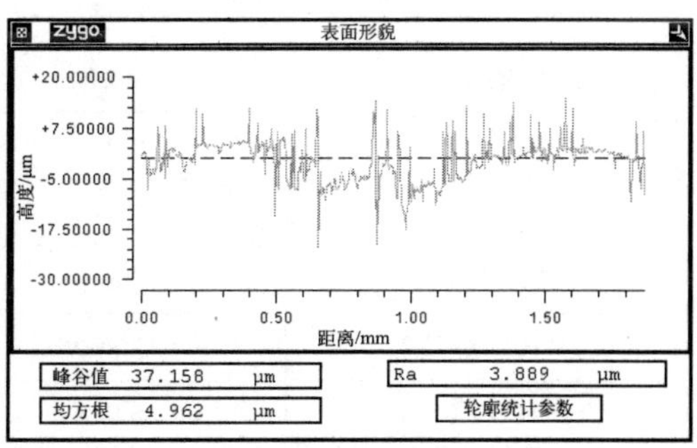

(j)M10

图 4-10

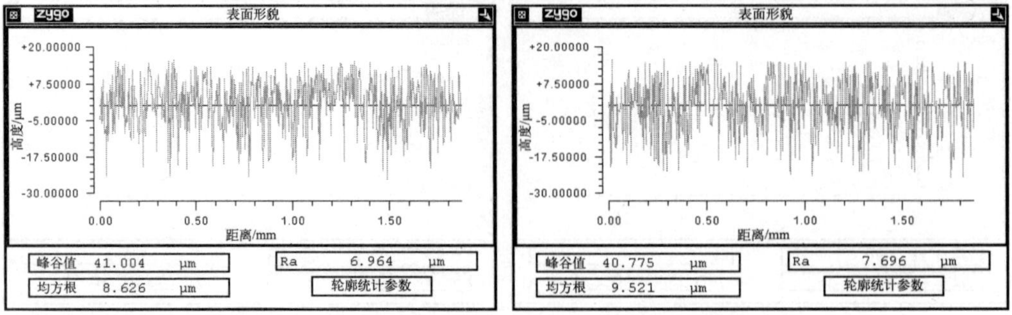

(k)M11　　　　(l)M12

图 4-10　12 种被试产品材料样本的表面轮廓高度差

表 4-5 展示了材料表面平均粗糙度的两次测量结果及其均值。其中，材料 M11（7.081μm）、M9（7.365μm）、M12（7.910μm）、M8（8.123μm）与 M3（8.868μm）五种材料表面粗糙程度较为相似，且 M7 表面最为光滑而 M6 最为粗糙。其次，从属于同一材料类型的被测样本材料具有相似的表面平均粗糙度量值。例如，同属于石材的 M2（0.393μm）与 M1（0.613μm），及同属于塑料的 M9（7.365μm）与 M12（7.910μm）。另外，虽然硼硅酸盐玻璃（M3）在日常产品设计过程中通常被认为是表面光滑的材料，但 Ra 数据却显示该材料表面比大多被试产品材料样本都粗糙。

表 4-5　12 种被试产品材料样本的两次表面平均粗糙度测量结果及其均值

材料编号	检测结果 1/μm	检测结果 2/μm	均值 /μm
M1（花岗岩）	0.614	0.612	0.613
M2（大理石）	0.377	0.408	0.393
M3（硼硅酸盐玻璃）	9.141	8.594	8.868
M4（松木）	16.332	12.122	14.227
M5（枫木）	8.322	11.534	9.928
M6(PVA)	22.001	21.620	21.811
M7（铜）	0.002	0.002	0.002
M8（铁）	7.895	8.351	8.123
M9(TPE)	7.643	7.086	7.365
M10（涤纶）	3.899	5.188	4.544
M11（棉布）	6.964	7.198	7.081
M12(PLA)	7.696	8.124	7.910

4.3.2 基于材料知识数据库的产品材料肤觉物理量量值表征

得益于计算机网络技术的飞速发展，国内外市场中已出现数量繁多的商用或国家研究机构材料知识数据库及平台。基于前文对 30 个国内外在线材料知识数据库的调研结果，笔者试图优先从 Material District、Stylepark Materials、寻材问料、Material Connexion、Inventables 和 Design Insite 六个包含产品设计中所需材料信息的数据库中提取以上 12 项目标产品材料物理量量值。但在材料物理量量值获取过程中发现：缺乏对应被试产品材料样本的信息，或是缺乏某一目标产品材料物理量量值等多种原因，导致最终仅能提取出极个别被试产品材料样本的目标产品材料物理量量值。

因此，综合材料知识数据库所包含的材料物理量类别及材料种类两项因素的考量，MatWeb 能满足研究中大部分产品材料肤觉物理量的量值提取工作。MatWeb 在 1996 年由一批工程师所创建，其目的在于降低传统搜索材料信息时所消耗的时间成本。该数据库收集了超过 155000 种材料及其性能数据，除了拥有丰富的材料物理量量值外，还能以材料类别、商用名称、供应商名称、分子构成以及 UNS 牌号为关键词对材料进行检索，以满足用户定制化的材料搜索需求。另外，MatWeb 还允许材料制造商和分销商免费上传和修改本公司所属的材料信息，为用户提供最新的材料数据。在查询某一种材料的物理量量值时，MatWeb 除了能清楚呈现各类材料物理量量值外，还能自动计算出由不同渠道上传的某一材料物理量的参考均值。除此之外，未注册和免费注册的用户可以使用大部分材料检索功能，并轻松调取研究过程中需要的材料信息。综上所述，MatWeb 材料知识数据库中材料物理量及其量值信息相对齐全，数据检索方式简洁且使用成本较低，能满足大部分目标产品材料物理量量值的获取。然而，MatWeb 的构建主要基于材料信息学所涵盖的材料物理量类别，且主要服务于新材料的研发和应用。因此，与当前大多材料知识数据库相似的是：对于表面平均粗糙度、光泽度、明度、色饱和度、红绿色品指数、黄蓝色品指数及色调角等描述材料表面特征的物理量仍旧缺乏。本书将使用该材料知识数据库提取 12 种被试产品材料样本的密度、弹性模量、比热容及热导率四类产品材料肤觉物理量量值，再基于材料物理量的关系间接推导出蓄热系数的具体量值。

MatWeb 材料知识数据库主要通过官方网站载入。为保证能尽可能获取相对完整且准确的材料物理量量值，需要注册成为 MatWeb 材料知识数据库的免费会员

(free registered member)，以将材料数据检索结果扩大到 1500 条并能够解锁使用该数据库的高级检索功能权限。

MatWeb 材料知识数据库为满足用户不同的材料信息提取需求，在官网主页面上共设计了三种不同的材料知识检索方式（图 4-11）：第一，可以通过材料性能（physical properties）、合金成分（alloy composition）及高级搜索（advanced search）的方式对材料信息进行定量搜索（quantitative searches）；第二，以材料类别（material type）、制造商名称（manufacturer name）、商品名称（trade name）及金属 UNS 编号（metal UNS number）为限定条件进行搜索；第三，用户可在搜索框中直接输入关键字或词组对材料信息自由搜索。其中，高级搜索功能可以通过关键字（text）、材料功能（property）及材料类别（material category）等内容的自由组合以实现不同的个性化检索需求（图 4-12）。被试产品材料样本及目标产品材料物理量都已确定，因此本研究将直接使用 MatWeb 材料知识数据库的高级检索功能对物理量量值进行提取。为避免对量值提取流程的重复描述，本书以被试产品材料样本 M1（花岗岩）为例，详细阐明材料密度、弹性模量、比热容及热导率四类物理量量值的获取步骤。

图 4-11　三种材料物理量量值提取方式

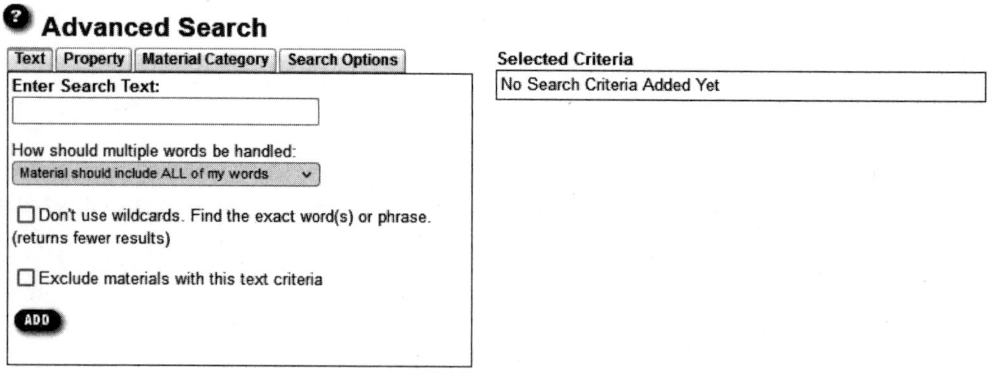

图 4-12　MatWeb 材料知识数据库高级搜索框

首先，在高级搜索功能中的Text选框中输入花岗岩的英文单词“granite”，点击“Add”将其添加为筛选条件之一。其次，切换至“Property”选框，并在下拉选框的“Physical”中选择“Density（密度）”“Mechanical”中选择“Modulus of Elasticity（弹性模量）”及“Thermal（热学）”中选择“Specific Heat Capacity（比热容）”与“Thermal Conductivity（热导率）”，并逐一点击“Add”将其添加至右侧筛选条件之中（图4-13）。免费注册用户仅能同时添加不超过三项的筛选条件，因此需要重复此筛选步骤，以完成四项目标产品材料物理量量值的获取工作。此外，点击右侧筛选框中的“Display Search Results”跳转至材料物理量相关数据展示页面，如图4-14所示。

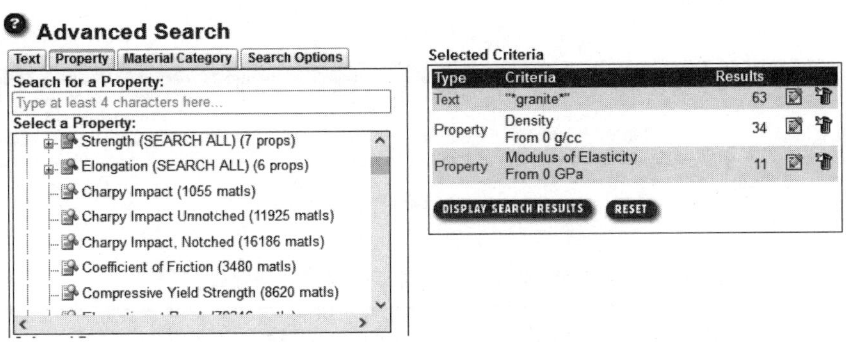

图4-13　高级搜索页面中已添加的筛选条件

Physical Properties	Metric	English	Comments
Density	2.54 - 2.66 g/cc	0.0918 - 0.0961 lb/in³	
Moisture Expansion	0.005 %	0.005 %	Bionite granite; Source: Barre, VT, USA
Porosity	0.1 - 4 %	0.1 - 4 %	
Permeability	1.0e-9 - 1.0e-6	1.0e-9 - 1.0e-6	Aggregation property, d (μ = (-log d))

Mechanical Properties	Metric	English	Comments
Hardness, Shore H	85 - 100	85 - 100	
Hardness, Mohs	5 - 7	5 - 7	
Abrasive Hardness	37 - 88	37 - 88	
Tensile Strength, Ultimate	7.00 - 25.0 MPa	1020 - 3630 psi	
Modulus of Elasticity	20.0 - 60.0 GPa	2900 - 8700 ksi	
Modulus of Rupture	0.00900 - 0.0379 GPa	1.31 - 5.50 ksi	
Transverse Strength	9.00 - 38.0 MPa	1310 - 5510 psi	
Compressive Strength	96.5 - 310 MPa	14000 - 45000 psi	
Impact Toughness	2.76 - 11.0 cm/cm²	7.00 - 28.0 in/in²	

Electrical Properties	Metric	English	Comments
Electrical Resistivity	10000 - 1.00e+9 ohm-cm	10000 - 1.00e+9 ohm-cm	

Thermal Properties	Metric	English	Comments
CTE, linear	3.70 - 11.0 μm/m-°C @Temperature 20.0 °C	2.06 - 6.11 μin/in-°F @Temperature 68.0 °F	
Specific Heat Capacity	0.210 - 0.350 J/g-°C	0.0502 - 0.0837 BTU/lb-°F	
Thermal Conductivity	1.20 - 4.20 W/m-K	8.33 - 29.1 BTU-in/hr-ft²-°F	

图4-14　材料物理量量值搜索结果

在材料物理量量值提取过程中需要注意的是：MatWeb 的材料物理量及其量值数据源于文献、供应商或制造商等多条信息上传渠道，这导致某些物理量量值呈现为某一数值范围而非单一标准数据。在此情况下，将优先提取数据展示页面中“Comments”的推荐数值（图 4-15）。若无推荐数值则取标注范围内的平均值作为对应材料的物理量量值进行提取。最终，从 MatWeb 材料知识数据库中共提取出 12 种被试产品材料样本在密度、弹性模量、比热容及热导率中的物理量量值，如表 4-6 所示。数据结果显示：同类别材料的材料物理量量值差异较小。花岗岩与大理石在密度与弹性模量几乎相同。此外，针对被试产品材料样本的密度值，木质材料（M4 与 M5）最低，金属材料（M7 与 M8）最高。金属材料在弹性模量及热导率中的量值明显高于其他材料。

Physical Properties	Metric	English	Comments
Density	1.02 - 2.00 g/cc	0.0368 - 0.0723 lb/in^3	Average value: 1.50 g/cc Grade Count:31
Filler Content	5.00 - 40.0 %	5.00 - 40.0 %	Average value: 16.9 % Grade Count:8
Water Absorption	0.100 - 1.00 %	0.100 - 1.00 %	Average value: 0.353 % Grade Count:15
Linear Mold Shrinkage	0.00100 - 0.00900 cm/cm	0.00100 - 0.00900 in/in	Average value: 0.00361 cm/cm Grade Count:23

图 4-15　材料物理量量值推荐数据

表 4-6　MatWeb 材料知识数据库提取的材料物理量量值

材料编号	密度 /（g/cm^3）	弹性模量 /GPa	比热容 /[kJ/(kg·K)]	热导率 /[W/(m·K)]
M1 花岗岩	2.81	60	0.35	4.21
M2 大理石	2.82	60	1.61	2.90
M3 硼硅酸盐玻璃	2.25	64	0.98	1.22
M4 松木	0.49	12.5	2.51	0.12
M5 枫木	0.38	10.10	2.51	0.14
M6 PVA	1.25	3.11	1.23	0.56
M7 铜	8.93	110	0.39	385.00
M8 铁	7.87	200	0.44	76.21
M9 TPE	1.14	0.28	1.30	3.00
M10 涤纶	1.33	15	1.34	0.08
M11 棉布	1.54	9.31	1.21	0.05
M12 PLA	1.23	2.27	1.95	0.04

4.3.3 基于物理量推导关系的蓄热系数量值表征

材料的热学性能是表征材料与热相互作用的宏观特性，比热容、热导率及蓄热系数是研究防热和隔热材料的技术依据。人类对于材料表面冷热体验的差异主要取决于皮肤和材料之间的热流传递速率即蓄热系数，且该物理量量值波动受材料自身密度、比热容及热导率等相关物理量的影响。物理量被用来描述物质的某些现象，除七类基本量外其他物理量均可通过物理量之间的关系由基本量及辅助量推导而出。材料蓄热系数作为目标产品肤觉材料物理量之一，无法从 MatWeb 数据库中直接提取，且在现有测试条件下也难以被直接测量。因此，材料蓄热系数量值将基于自身与密度、比热容及热导率之间的物理量关系推导而出。

在不同文献中，蓄热系数以不同的名称进行了表述：除前文所提及的蓄热系数（thermal effusivity）外，它还被译为储热系数（a coefficient of heat storage）、热敏系数（thermal susceptibility coefficient）、热活动系数（coefficient of thermal activity）、热同化系数（the coefficient of heat assimilation）、蓄热系数（coefficient of heat storage/ heat storage coefficient）及放热系数（effusivity）[184]。材料的蓄热系数具体定义为：有足够厚度的单一材料层，当一侧受到谐波热作用时，该侧表面温度将按同一周期波动，通过该侧表面的热流波幅与该侧表面温度波幅的比值为蓄热系数。材料的蓄热系数揭示了材料储存热量的能力，其量值越大表示该材料的储热稳定性越优异。材料蓄热系数一般分为表面蓄热系数和材料蓄热系数两类。其中，材料表面蓄热系数是指在周期性热作用下，1 小时内物体表面温度每升高或降低 1℃时 1m^2 表面积贮存或释放的热量。而材料蓄热系数通常适用于具有一定厚度且为均质的材料，并按照规定对此类具有一定厚度且为多层结构的材料进行逐层计算[185]。本书所涉及的被试产品材料样本仅为 5mm，且材料表面蓄热系数的逐层计算通常应用于较厚的建筑材料之中，因而本书将使用新修订的《民用建筑热工设计规范》（GB 50176—2016）中的式（3.4.7）对被试产品材料样本的表面蓄热系数进行推算。新修订的《民用建筑热工设计规范》（GB 50176—2016）与原版相比，对材料的热物理性能计算参数进行了调整，使得计算所得的参数与现实测量结果更为接近。新修订版中的公式清楚表达了蓄热系数、热导率、比热容及密度四者之间的函数关系[186]，如式（4-1）：

$$S=\sqrt{\frac{2\pi\lambda c\rho}{3.6T}} \tag{4-1}$$

式中，S 为材料的蓄热系数，W/（m^2 • K）；λ 为材料的热导率，W/（m • K）；c 为材料的比热容，kJ/（kg • K）；ρ 为材料的密度，kg/m^3；T 为温度波动周期，h，一般取 T=24h；π 为圆周率，取 π=3.14。

基于材料蓄热系数的具体公式，结合已获取的密度、比热容及热导率三类物理量量值，12 种被试产品材料样本的蓄热系数量值如表 4-7 所示。材料蓄热系数的大小揭示了当材料自身和外部环境处于非稳态时材料所能从外界环境中吸收的能量值。材料蓄热系数越大则材料热稳定性越强，则自身温度变化速率越慢，维持自身温度的能力越强。这也解释了 12 种被试产品材料样本中蓄热系数较高的铜（312.18）、铁（138.50）及大理石（30.94）等材料为何在现实生活中容易触发“冰冷”的感官体验。

表 4-7　12 种被试产品材料样本的蓄热系数推算结果

材料编号	蓄热系数 /［W/(m^2·K)］
M1 花岗岩	17.35
M2 大理石	30.94
M3 硼硅酸盐玻璃	13.98
M4 松木	3.28
M5 枫木	3.12
M6 PVA	7.91
M7 铜	312.18
M8 铁	138.50
M9 TPE	17.98
M10 涤纶	3.22
M11 棉布	2.60
M12 PLA	2.64

4.4　本章小结

本章详细描述了如何通过科学仪器测量、材料知识数据库及基于物理量之间关系推导三种方式提取出 12 种被试产品材料样本的视觉及肤觉物理量量值，具体数据汇总于表 4-8 中。本章所获取的 12 种被试产品材料样本的物理量量值将用于第 6 章与材料感知体验量化数据的相关性分析当中。

表 4-8　12 种被试产品材料样本的材料物理量量值

物理量	M1	M2	M3	M4	M5	M6	M7	M8	M9	M10	M11	M12
密度 /（kg/m^3）	2810	2820	2250	490	380	1250	8930	7870	1140	1330	1540	1230
弹性模量 /GPa	60	60	64	12.5	10.1	3.11	110	200	0.28	15	9.31	2.27
比热容 /［kJ/（kg·K）］	0.35	1.61	0.98	2.51	2.51	1.23	0.39	0.44	1.3	1.34	1.21	1.95
热导率 /［W/（m·K）］	4.21	2.9	1.22	0.12	0.14	0.56	385	76.21	3	0.08	0.05	0.04
蓄热系数 /［W/（m^2·K）］	17.35	30.94	13.98	3.28	3.12	7.91	312.18	138.5	17.98	3.22	2.6	2.64
表面平均粗糙度 /μm	0.613	0.393	8.868	14.227	9.928	21.811	0.002	8.123	7.365	4.544	7.081	7.910
明度	63.96	77.55	74.45	77.53	75.96	66.6	74.37	74.51	81	22.19	79.11	90.95
红绿色品指数	4.85	1.49	0.2	8.37	9.32	2.06	7.17	1.91	1.55	1.69	−4.35	1.54
黄蓝色品指数	−0.96	−1.17	−0.24	17.87	18.29	28.03	38.76	1	−1.24	−0.97	−14.69	−0.19
饱和度	5	1.91	0.31	19.76	20.54	28.1	39.71	2.16	1.98	1.95	15.32	1.54
色调角 /（°）	348.4	317.19	310.4	64.89	63.07	85.79	79.61	27.55	321.38	330.21	253.54	352.99
光泽度 GU	2.17	5.34	124.3	4.35	4.85	3	45.31	113.07	4.57	0.35	2.57	7.09

第5章

产品设计中材料感知体验的量化研究

本章将基于心理物理学的研究思路，对产品材料感知体验中的材料感官体验、材料知觉体验及材料情感体验研究的各要素分别进行提取和量化。最终通过混合研究方法获取受试人员对PVA、PLA、TPE、花岗岩、大理石、棉布、涤纶、铁、铜、松木、枫木与硅硼盐酸玻璃 12 种被试产品材料样本的材料感知体验量化数据。

5.1 产品材料感官体验的量化分析

5.1.1 产品材料感官体验要素的提取

感官体验源于眼睛、鼻子、嘴巴、耳朵或皮肤等器官在受到物理刺激后产生的简单感受，知觉及情感等复杂认知的产生都以感官体验为基础。为有效提取合适的材料感官体验要素，笔者邀请具有产品设计经验的受试者并通过五分制 Likert 量表从包括软硬程度、可弯曲程度、易碎程度、弹性、粗糙程度、冷暖程度、光反射程度、亮度、透明度、色彩丰富程度及色彩饱和度在内的 11 类感官体验要素中，筛选出被认为产品选材过程中最重要的材料感官体验要素。

5.1.1.1 实验问卷设计

问卷作为以自我报告形式对被试用户意见进行征询的工具，不仅实施成本较低且能快速收集大批量的用户数据。因此，问卷分析法将作为本书针对感知体验量化分析的主要研究方法之一，在正式实验开始前有必要对问卷内容进行科学且严谨的规划。为此，一项以“年龄阶段”及“从事产品设计工作时长”两类人口统计变量，以及材料感官体验要素评价为两个主要组成部分的问卷将用于筛选材料感官体验要素的工作中。其中，11 类材料感官体验要素及其图片均来自 Karana 教授关于材料体验的研究之中，且均根据英文原文进行了翻译。为便于受试人员筛选出最符合 12 种被试产品材料样本的材料感官体验要素，题项被设定为五分制 Likert 量表。其中，“1”至“5”分别对应“非常不重要”“比较不重要”“一般”“比较重要”“非常重要”五项。另外，笔者还邀请了产品设计领域的教授及博士研究生对问卷内容的合理性进行了评估，主要针对“题项文字表达是否准确”“语句内容是否通俗易懂”及“题项之间是否符合逻辑等问题”进行了全面审查。此后，本书对问卷中存在歧义的题项内容进行了调整并形成初始问卷（问卷见附录 A2）。为及时发现初始问卷中的问题并进行修正，该问卷通过“问卷星”平台发放给产品设计专业的研究生进行小样本测试。最终共获取 30 份有效问卷，并使用 SPSS25.0 对问卷的信度与效度进行了分析，结果显示：Cronbach’s α 系数为 0.821，KMO 值（是统计学中用于评估数据是否适合进行后续因子分析的关键指标，通过 KMO 值，可判断问卷内容是否达到最低接受标准）为 0.775，Bartlett 球形度检验值为 0.000（$P<0.05$）。这表明该初始问卷信度与效度均尚可，达到作为正式问卷并应用于后续材料感官体验要素筛选工作的基本要求。

5.1.1.2 具体实验流程

在正式评估阶段，已通过信效度检验的初始问卷除了通过微信群、微信朋友圈及 QQ 群等多个网络平台进行发布外，还使用滚雪球抽样法（snowball sampling）以拓展更多符合被试条件的潜在受试者参与到问卷填写之中。受试人员可以通过扫描二维码或点击链接的方式在“问卷星”平台中对问卷进行填写。为保证实验数据的有效性和准确性，问卷将仅发放给具有产品设计经验的学生、教师、专家及相关从业人员。此外，为了对参与问卷填写的受试者表示感谢并吸引更多的问卷填写者，问卷最后还设立了随机红包抽奖。另外，为避免问卷被重复填写，问卷被设置为“同一 IP 不允许重复填写”。在回答“产品设计中材料感官体验要素的重要程度”时，11 类材料感官体验要素将按照随机顺序进行排列。

5.1.1.3 实验结果

问卷的收集工作约持续两周，共回收问卷 295 份，大部分受试者完成问卷的总时长为 40～140 秒。为避免无效问卷对材料感官体验要素筛选结果的影响，填写时间少于 20 秒的问卷将被剔除。最终获取有效问卷 281 份，信度与效度的检测结果为：Cronbach’s α 系数为 0.913，KMO 值为 0.872，Bartlett 球形度检验值结果为 0.000（$P<0.05$）。这表明该问卷的信度及效度都极高，即该问卷能够准确反映受试者对于产品设计中材料感官体验要素重要程度的真实想法。在本次问卷填写的受试样本中，受试者均来自中国大陆：其中，具有 1～4 年产品设计经验的受试者共 187 人，5～7 年的受试者共 49 人，8～11 年共 14 人，12 年以上则共有 31 人。

筛选合适的材料感官体验的要素是本节的首要任务，针对问卷中“您认为以下感官体验要素的重要程度是？”的题项时，结果如图 5-1 所示。基于“非常重要”和“比较重要”两项评价标准，48.15% 的受试者认为材料的易碎程度是材料感官体验中最重要的元素，剩下依次为材料的软硬程度（39.51%）、色彩丰富程度（29.63%）、亮度（25.93%）、冷暖程度（25.93%）、粗糙程度（24.69%）、色彩饱和度（23.46%）、光反射程度（22.22%）、透明度（20.99%）、可弯曲程度（19.75%）与弹性（18.52%）（图 5-1）。

彩图

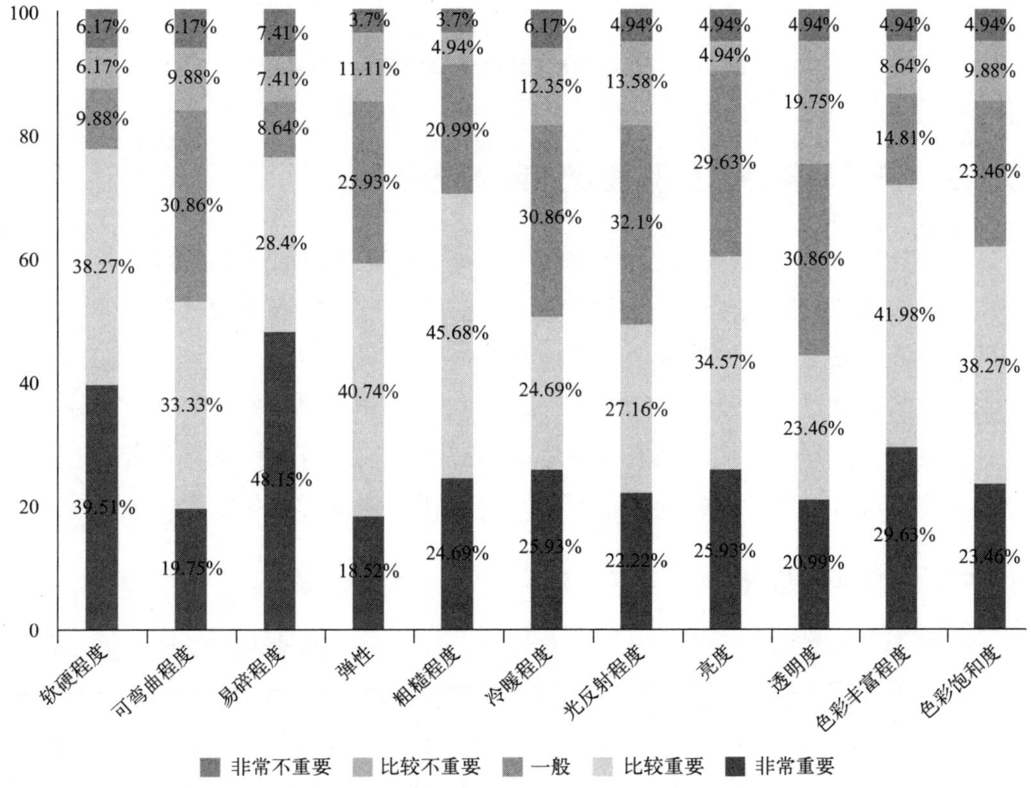

图 5-1　针对“材料感官体验要素的重要程度”的量化评分结果

此外，为全面论证受试人员在产品设计中对材料感官体验要素重要性的认知结果，笔者计算出 281 位受试人员对 11 项材料感官体验要素量化评分结果的各项平均值及整体平均值，并将均值分布绘制为折线图（图 5-2）。其中，材料的易碎程度（4.02）、软硬程度（3.99）、粗糙程度（3.83）、色彩丰富程度（3.83）及亮度（3.72）高于整体平均值（3.68）。因此，材料的易碎程度、软硬程度、粗糙程度、色彩丰富程度及亮度将作为被筛选出的材料感官体验要素应用于下一节的量化分析之中。

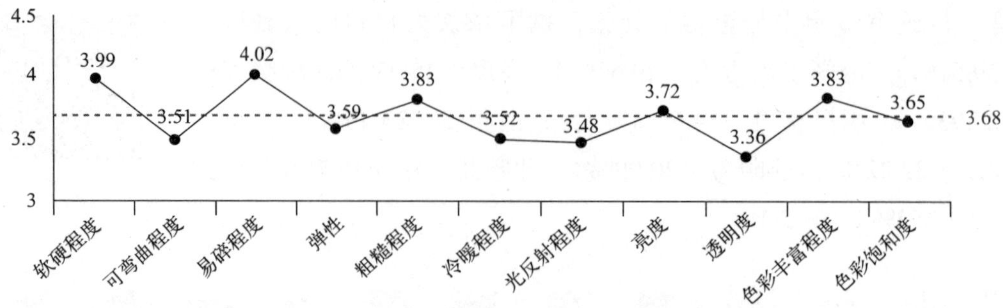

图 5-2　产品材料感官体验要素算术平均值结果

5.1.2　产品材料感官体验要素的量化流程

心理物理学专家 Stevens 已提出将感官体验直接转换为数据的感官体验量化方法，即要求体验者在与物质进行感官交互后通过不同分值直接解释实际感官体验在实验中的表征强度。本书将基于心理物理学的研究思路，以产品设计为研究背景，要求受试者仅通过观察及主动触摸的方式对 12 种被试产品材料样本在材料易碎程度、软硬程度、粗糙程度、色彩丰富程度及亮度五项材料感官体验要素上进行评估，最终获得材料感知体验模块中针对被试产品材料样本感官体验的量化数据。

5.1.2.1　实验问卷设计

一份由“年龄阶段”及“从事产品设计工作时长”两类人口统计变量及包含材料易碎程度、软硬程度、粗糙程度、色彩丰富程度及亮度五项材料感官体验要素在内的五分制语义差异量表两部分组成的问卷被用于量化实验之中（问卷见附录 A3）。为帮助受试者更容易理解不同表征强度的材料感官体验要素间的具体差异，笔者在五类材料感官体验要素量表的两极分别预设一组形容词，即“坚固的与易碎的（材料易碎程度）”“坚硬的与柔软的（软硬程度）”“粗糙的与光滑的（粗糙程度）”“色彩单一的与色彩丰富的（色彩丰富程度）”及“哑光的与强光的（亮度）”。例如，在判断某被试产品材料样本的易碎程度时，“1”意味着该材料非常坚硬，“5”则意味着非常易碎，其他材料感官体验要素评价方法以此类推，具体内容如表 5-1 所示。语义差异量表两极的形容词均由 Karana 教授针对材料体验相关研究中的英文原文翻译而来[187]。在正式测试过程中，问卷被打印成纸质文档发放给实验受试者，以便在实验中对感官体验进行及时的评估与记录。

表 5-1　产品材料感官体验要素中的两极词汇

材料感官体验要素	要素指标点	1	2	3	4	5	要素指标点
易碎程度	坚固的	○	○	○	○	○	易碎的
软硬程度	坚硬的	○	○	○	○	○	柔软的
粗糙程度	粗糙的	○	○	○	○	○	光滑的
色彩丰富程度	色彩单一的	○	○	○	○	○	色彩丰富的
亮度	哑光的	○	○	○	○	○	强光的

5.1.2.2　受试人员筛选

筛选合适的受试者能增加研究的可信度，参与材料感知体验实验的所有受试者均被要求必须具备产品设计经历。样本容量的大小将直接影响材料感知体验量化结果的可信度，因此有必要确定合适的受试样本容量。在探究材料感知体验与材料物理量的类似研究中，受试人数虽然略有不同但都获得了有效的实验成果：Wongsriruksa 等人招募了 40 名 18～65 岁的受试者；Chen 等人招募了 18 名 20～60 岁的受试者。此外，考虑到材料感知体验研究中需要评价的内容可能相对较多，为避免受试者等待时间过长而造成主观认知及情绪的波动，笔者认为招募 20～40 名实验受试者相对合适。另外，在实验过程中，随机分配（randomization or random assignment）作为最基础且有效的变量控制技术，它的应用能够确保每位受试成员拥有被同等分配的机会，极大程度降低了因受试者组间差异而造成的研究误差。此外，由于材料感知体验涉及材料感官体验、材料知觉体验及材料情感体验三部分的研究，同时参与三项实验任务易造成受试者身心疲劳并最终影响感知体验量化分析的准确度。依照随机分配的方式，笔者将统一招募的参与材料感知体验研究的受试者平均分配至材料感官体验、知觉体验研究及情感体验研究三组实验中。由于需要通过随机分配的方式将招募到的受试者平均分配至三组实验中，因此，参与材料感知体验实验的受试者总量必须为三的倍数。笔者在招募信息中对实验内容、实验持续时长及实验地点进行了详细描述，并告知每位完成实验的受试者将获得礼品一份。随后，通过微信朋友圈、微信群及 QQ 群发布关于招募材料感知体验实验受试者的相关信息，并通过滚雪球抽样方法希望能尽快招募到更多符合实验条件的受试者。招募信息自发布到截止共持续约三周，最终招募到 30 名受试者自愿参与到本次实验之中。在实验正式开始前，每名受试者将签署参与实验的书面同意书并表示自愿参与到实验当中。该同意书明确声明：本实验不涉及任何损害受试者身心健康的内容，所有数据将匿名收集并进行保密处理，且仅用于学术研究。为确保样本数量足以获取相对可靠的实验结果，实现后期产品设计中材料物理量与感知体验相关性的科学研究结论，研究中使用了样本量计算工具 Gpower 对量化研究中所需的受试人员数量进行了事后核验（post-hoc）。其中，效应量指标（effect size），衡量了不同情况下总体均值之间的差异大小，该数值越大则实验效应越明显。α err prob 是拒绝 H0（H0 为真）时的犯错概率，Power（1–β err prob）值反映了实验能够正确辨认研究中真实差异的能力，即统计检验力。当样本量为 30 时（sample size=30，α err prob=0.05，effect size=0.5），Power（1–β err prob）为 0.86；即当实验被试者总量为 30 时，可达到 0.86 的检验力，在心理学相关实验中能够获得相对科学且可靠的实验数据（图 5-3）。

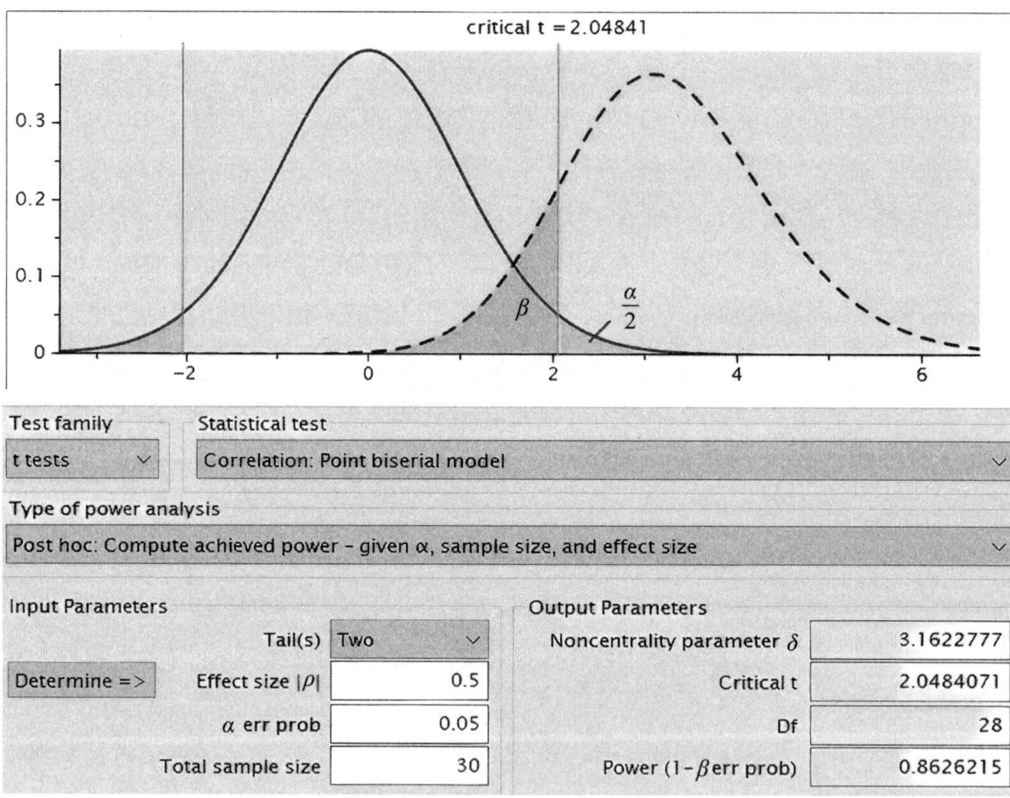

图 5-3　Gpower 样本量估算结果

招募的 30 位受试者通过随机抽签的方式被平均分配至材料感官体验、材料知觉体验及材料情感体验三组实验中，并被要求在实验正式开始前参加一项名为“三角测试（triangular test）”的培训。此训练持续约 40 分钟，笔者期间除了为被试者讲解实验的具体流程和注意事项外，更重要的是通过训练帮助受试者提高甄别样本材料细微差异的敏感度。“三角测试”参考了心理物理学中关于察觉物理量间差别阈限的测试原理，其主要训练目的在于让训练受试者能够通过观察和主动触摸的互动方式在三个给定的材料样本中准确识别出其中一项与另外两项在视觉或肤觉体验上有所差异的材料样本。同时，材料样本间表面的特征差异随时间推进逐渐减小，当受试者能够正确识别所有材料表面差异时则结束训练。为保证材料感知体验正式实验结果不受“三角测试”的影响，培训过程中使用的训练材料样本均不包含在正式实验中。

5.1.2.3 具体实验流程

笔者还对可能影响材料感官体验结果的实验环境进行了控制。实验全部流程将在光线充足、无异味且相对安静的环境内完成。实验中所使用的桌椅皆采用中性色彩，且实验房间内的温度和湿度将始终分别保持在 24℃和 50% 左右。由随机分配的 10 位受试者根据抽签顺序依次进入实验房间，平均年龄为 29.1（SD=1.91）；50% 的受试者拥有 1～4 年产品设计的经验，5～7 年占 40%。另外，为限制身体的大幅度活动，所有受试者被要求以双脚平放于地面，且双手平放于桌面上的姿势进行实验。受试者在实验过程中被要求始终佩戴型号为 3M-1426 的隔音耳罩来阻挡实验过程中可能产生的声音干扰（图 5-4）。12 种被试材料以随机顺序依次被平放在距受试者 15cm 的桌面上，受试者被要求通过观察与主动触摸的方式对材料进行体验，并基于实际体验在纸质问卷中根据材料编号进行评分。另外，已有研究证明手指指腹对于识别不同纹理的材料具有显著优势。因此，要求受试者在主动触摸过程中必须使用常用手的食指与中指指腹，并以从左至右滑动的动作形式与被试产品材料样本进行主动触摸。除此之外，指尖皮肤湿润状况影响着手指对接触表面的附着力，同时容易混淆个体对材料表面粗糙度差异的判断。因此，所有受试者需统一使用湿纸巾对实验手指进行擦洗，并再次使用普通纸巾使指腹达到干燥状态。在每位受试者完成实验后，相关研究人员都将使用酒精湿巾对被试产品材料样本表面进行处理，以去除实验过程中手指产生的多余油脂，避免影响后续受试者对材料表面感知体验的评估。单位受试者参与材料感官体验量化研究实验的时间持续 10～15 分钟。

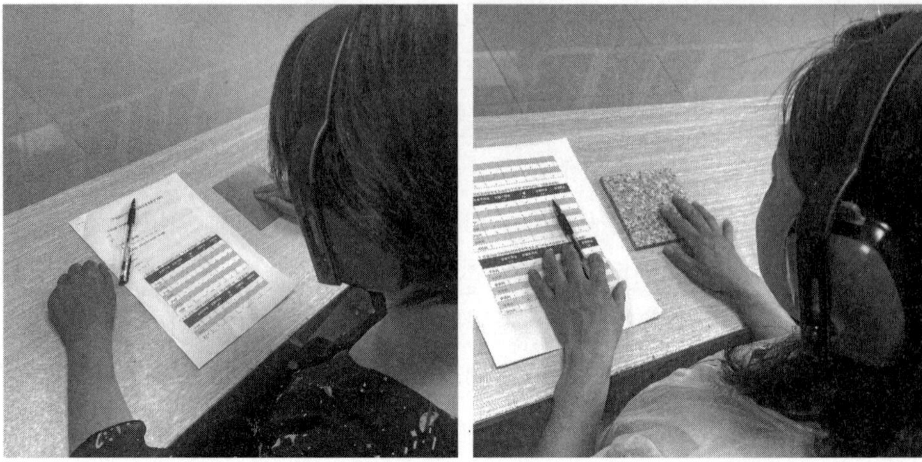

(a) 受试者A实验过程　　　　(b) 受试者B实验过程

图 5-4　产品材料感官体验量化实验过程

5.1.3　产品材料感官体验要素的量化结果

本节主要展示了 10 位受试者在对 12 种被试产品材料样本进行观察和主动触摸后，在材料易碎程度、软硬程度、粗糙程度、色彩丰富程度及亮度五类材料感官体验要素中的量化结果。本节首先报告了受试者对 12 种材料在五项材料感官体验要素的量化数据分布，并以受试者的评估均值作为被试产品材料样本在材料感官体验中的量化结果。其次，通过方差分析结果报告了 12 种材料在材料感官体验要素中是否存在显著差异，以试图推断材料感官体验差异与材料物理量可能存在的相关性。

首先，对问卷结果进行了信度及效度分析：Cronbach's α 系数为 0.67，KMO 值为 0.601 且 Bartlett 球形检验的结果 P 值为 0.000（小于 0.05），表明该问卷结果的信度与效度基本处于可接受范围内。笔者使用箱型图展示了实验受试者对 12 种被试产品样本材料在材料易碎程度、软硬程度、粗糙程度、色彩丰富程度及亮度五项材料感官体验要素的量化结果及数据分布状况。箱型图通常由最小值、下四分位数、中位数、上四分位数和最大值五类特征值组成，"□"被定义为中位数，"◆"被定义为超出四分位数间距数值 1.5 倍的异常值，测试结果如图 5-5 所示。

表 5-2 显示了 10 名受试者对 12 种被试产品材料样本在五项材料感官体验要素中的评估均值，即材料感官体验量化分析的最终结果。此外，笔者还绘制了 12 项

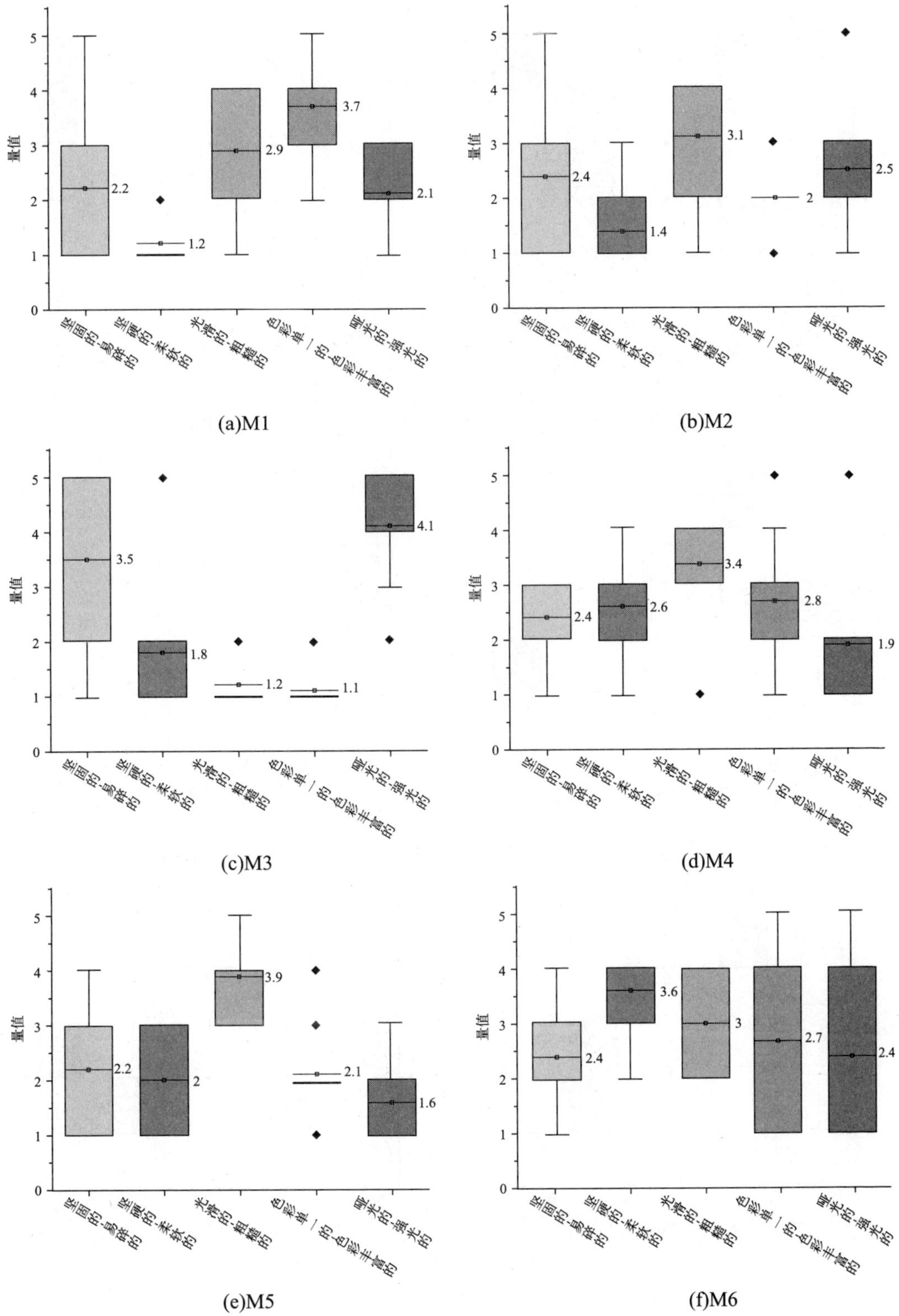
量值
坚固的-易碎的
坚硬的-柔软的
光滑的-粗糙的
色彩单一的-色彩丰富的
哑光的-亮光的
(a)M1
2.2
1.2
2.9
3.7
2.1
(b)M2
2.4
1.4
3.1
2
2.5
(c)M3
3.5
1.8
1.2
1.1
4.1
(d)M4
2.4
2.6
3.4
2.8
1.9
(e)M5
2.2
2
3.9
2.1
1.6
(f)M6
2.4
3.6
3
2.7
2.4

图 5-5

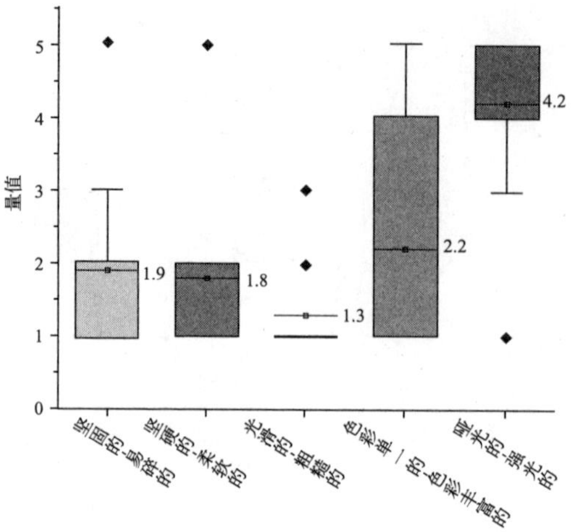

(g)M7

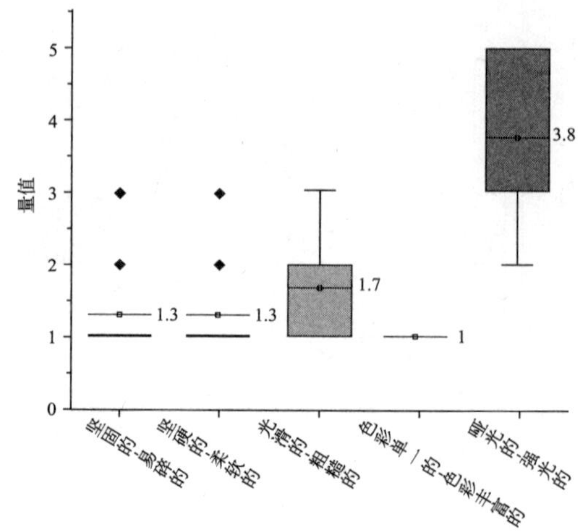

(h)M8

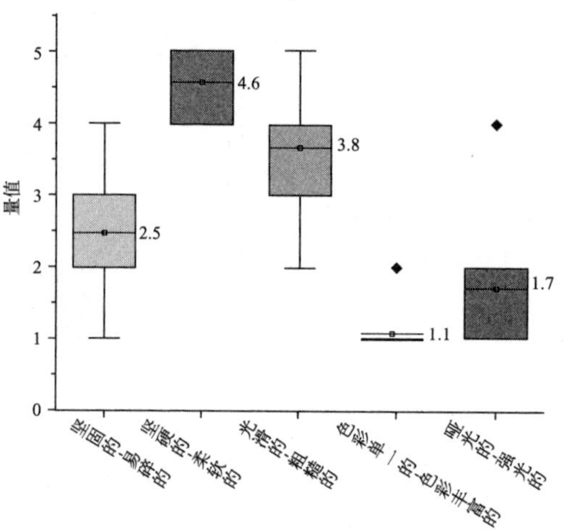

(i)M9

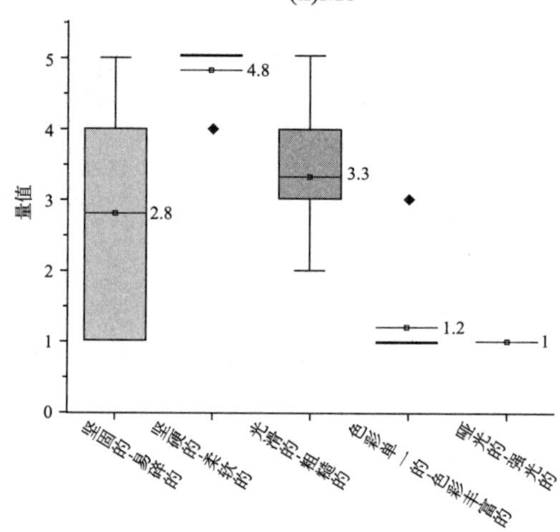

(j)M10

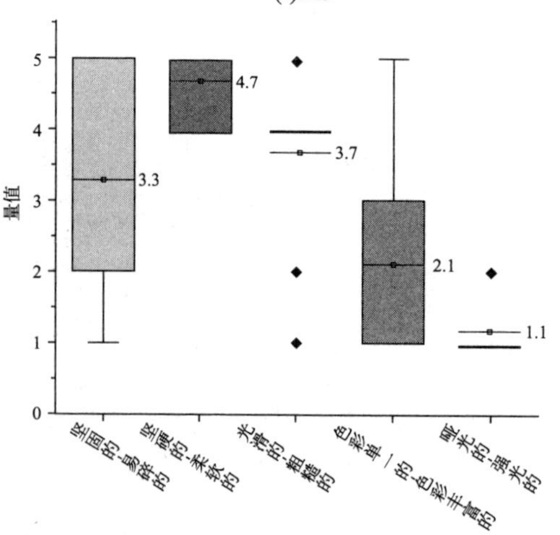

(k)M11

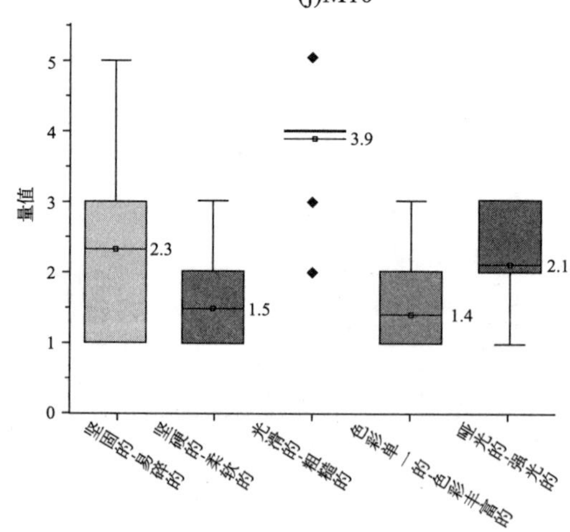

(l)M12

图 5-5　12 种被试产品材料样本的感官体验量化结果

材料感官体验要素在实验中的均分（图 5-6）。由该组数据可知：在对材料易碎程度评估中，M3 被认为是最易破碎的而 M8 则被认为是最坚固的样本材料；在材料软硬程度评估中，M10 被认为是最柔软的而 M8 则被认为是最坚硬的被试材料；受试者在判断样本材料的粗糙程度时，M5 及 M12 被认为具有相似的粗糙程度体验且都被认为是最粗糙的被试产品材料样本，M3 则被认为是表面最光滑的被试产品材料样本；M1 被普遍认为是色彩最丰富的，而 M8 则为色彩最单一的；M7 被受试者认为是所有被试产品材料样本中亮度最强的，而 M3 及 M8、M10 则被普遍认为是哑光的。

表 5-2　材料感官体验量化结果

感官体验要素	M1	M2	M3	M4	M5	M6	M7	M8	M9	M10	M11	M12
易碎程度	2.2	2.4	3.5	2.4	2.2	2.4	1.9	1.3	2.5	2.8	3.3	2.3
软硬程度	1.2	1.4	1.8	2.6	2.0	3.6	1.8	1.3	4.6	4.8	4.7	1.5
粗糙程度	2.9	3.1	1.2	3.4	3.9	3.0	1.3	1.7	3.8	3.3	3.7	3.9
色彩丰富程度	3.70	2.0	1.1	2.8	2.1	2.7	2.2	1.0	1.1	1.2	2.1	1.4
亮度	2.1	2.5	4.1	1.8	1.6	2.4	4.2	3.8	1.7	1.0	1.1	2.1

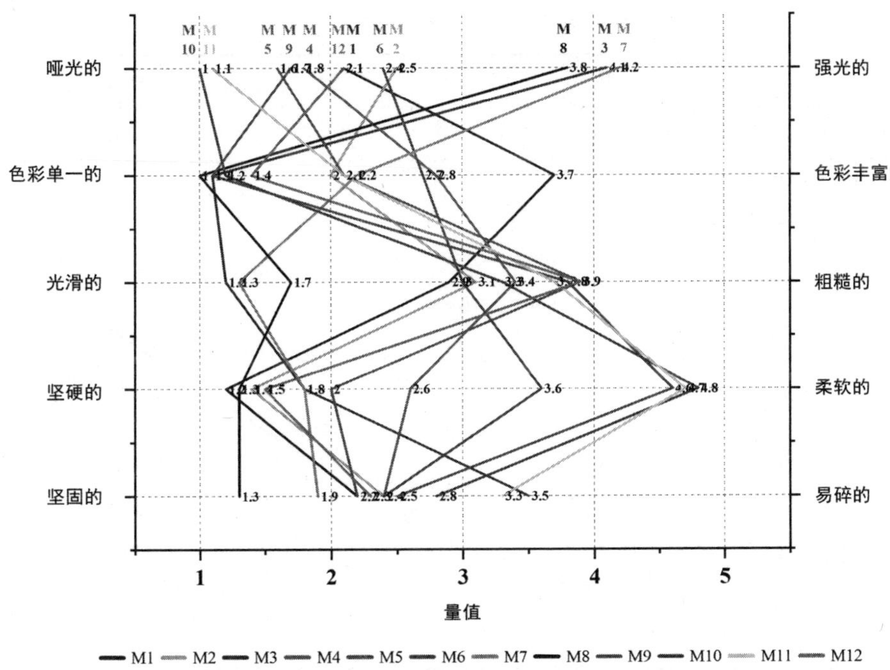

彩图

图 5-6　12 项被试材料在材料感官体验要素中的均分

但仅从图 5-6 折线图及表 5-2 中的算术平均数还不足以明确被试样本材料在材料感官体验要素之间的显著差异。本书使用 SPSS25.0 的随机区组方差分析法（analysis of variance，ANOVA）对不同样本材料与材料感官体验要素间在组内和组间的差异进行了分析。方差分析需要以测试数据服从正态分布为前提，因此使用 Shapiro-Wilk（S-W）数据分析法，并结合正态性检验直方图与概率图（probability-probability plot，通常称为 *P-P* 图）两种图示分析法对材料感官体验量化数据是否符合正态性分布进行了检验（表 5-3）。在数据分析过程中，若 P 值不呈显著性（P 值大于 0.05 或 0.01）则说明符合正态分布，反之则不符合。在现实研究中，数据通常很难满足标准的正态性分布，因此需要结合正态分布直方图及 *P-P* 图辅以判断。以易碎程度为例：在 S-W 检验中其 P 值为 0.447（$P>0.05$），数据满足正态性分布；*P-P* 图显示观测的累计概率（P）与正态累计概率（P）的拟合情况尚可，因此可判定其结果基本服从正态性分布的特征（图 5-7）。表 5-4 揭示了实验中不同被试样本材料和材料感官体验要素的组间效应检验的结果：12 项不同被试样本材料［F=0.409（判断组间差异是否显著的核心指标），$P_{材料编号}$=0.944］及 5 种不同材料感官体验要素（F=1.298，$P_{材料感官体验要素}$=0.285）的 P 值均大于 0.05，因此两者对受试者量化评估结果都无显著影响。

表 5-3　数据正态分布检测结果

变量名	样本量	中位数	平均值	标准差	偏度	峰度	S-W 检验
坚固的及易碎的	12	2.4	2.433	0.582	0.154	0.928	0.936(*P*=0.447)

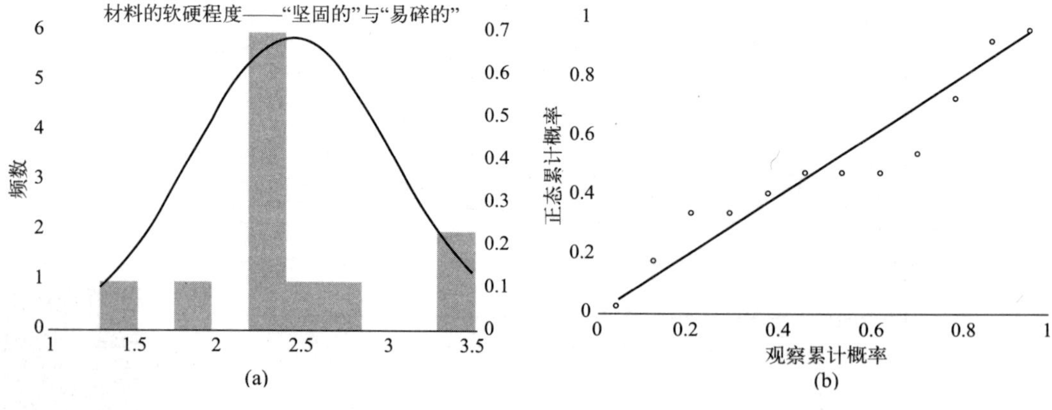

图 5-7　“材料软硬程度”正态性分布直方图（a）与“*P-P* 图”（b）

表 5-4　组间效应检验结果

源	Ⅲ类平方和	自由度	均方	F	显著性 P
修正模型	11.548	15	0.770	0.646	0.820
截距	362.604	1	362.604	304.376	0.000
材料	5.362	11	0.487	0.409	0.944
材料感官体验要素	6.187	4	1.547	1.298	0.285
误差	52.417	44	1.191		
总计	426.570	60			
修正后总计	63.966	59			

注：1. 因变量为量值。

2. 源指分解数据变异来源，明确各因素贡献，即数据变异被分解为不同部分。

修正模型：包含所有自变量（如材料、感官体验要素）的模型解释的变异。

截距：模型的常数项，反映因变量的基线均值。

材料、材料感官体验要素：自变量对变异的贡献。

误差：未被模型解释的组内变异（随机误差）。

总计：总变异（修正前）。

修正后总计：修正模型后的总变异（=修正模型变异+误差变异）。

另外，由表 5-2 可知，不同被试产品材料样本在五类感官体验要素的量化结果中呈各自明显特征。为挖掘材料感官体验量化结果中 12 种被试产品材料样本间的明显差异，并通过对比具有显著性差异的被试产品材料样本的材料物理量初步推断材料感官体验与材料物理量间的相关性，笔者使用单因素方差分析（analysis of variance，ANOVA）对已获取的材料感官体验量化结果进行了深入分析。使用方差分析法的重要前提包括以下三点：第一，被测数据需服从正态分布；第二，方差分析 P 值需呈显著性（即 $P<0.05$）；第三，被测数据需要进行方差齐性检验，以确定不同的事后分析方法。

研究中还使用了 Shapiro-Wilk（S-W）数据分析法并结合正态性检验直方图与概率图（probability-probability plot，P-P 图）两种图示对数据是否服从正态性分布进行判断。针对材料感官体验量化分析结果的正态性分布检测结果显示：材料易碎程度、软硬程度、粗糙程度、色彩丰富程度及亮度各项 P 值均大于 0.05；在正态分布直方图中均呈现钟形趋势（中间高，两边低）；各材料感官体验要素在 P-P 图中观测的累计概率（P）与正态累计概率（P）的拟合情况均尚可。以上测试结果均证明：材料感官体验量化结果满足正态分布。另外，该组数据的方差分析结果显示：F 为 2.292，P 为 $0.003<0.05$，表明方差分析结果有效，即不同被试产品材料样本

间在材料感官体验量化数据中确实存在显著差异。

此外，在单因素方差分析过程中自变量数量大于 2 时，需要通过事后检验以确定自变量内部间是否对数据评估结果存在显著差异和影响。在此之前，需要根据数据方差齐性的判定结果以确定事后检验的具体方法。笔者利用 Levene（莱文）方差齐性检验进行判定，其中 LSD 法的优势在于能够对均值间存在的细微差异进行精确捕捉。若方差为齐性，可使用 S-N-K（Student-Newman-Keuls）法或最小显著性差异法（least significant difference，LSD）对范围数值内的均值进行成对比较；若方差不齐，则通常需要使用 Tamhane T2（塔姆黑尼 T2）方法进行检测。多数情况，S-N-K 法与 LSD 法的结果通常保持一致，若存在差异则一般 LSD 法的结果更为精准。虽然LSD能够发现组内及组间细小的差异，但常因为过于灵敏而极易造成“假阳性”的错误判断。因此，当方差为齐时，将使用 S-N-K 法进行检验以确保研究结论无误。

Levene 方差齐性的检验结果显示：P 为 0.00（$P<0.05$），即受试者对 12 种被试产品材料样本的材料感官体验评估数据呈方差不齐的情况。表 5-5 展示了针对材料感官体验量化数据的塔姆黑尼 T2 分析结果：当显著水平为 0.05 时，被试产品材

表 5-5　塔姆黑尼 T2 分析结果

多重比较							
	材料编号		显著性	平均值差值	标准误差	95% 置信区间	
						下限	上限
塔姆黑尼T2	M8	M1	–0.5998	0.25519	0.75	–1.4852	0.2856
		M2	–0.4598	0.24532	0.987	–1.311	0.3914
		M3	–0.5198	0.28326	0.991	–1.504	0.4644
		M4	–0.83980①	0.23954	0.045	–1.6711	–0.0085
		M5	–0.5398	0.2398	0.832	–1.372	0.2924
		M6	–0.99980①	0.24306	0.005	–1.8432	–0.1564
		M7	–0.4598	0.28816	1	–1.4614	0.5418
		M9	–0.9198	0.2792	0.088	–1.8896	0.05
		M10	–0.7998	0.29357	0.4	–1.8206	0.221
		M11	–1.15980①	0.29301	0.01	–2.1787	–0.1409
		M12	–0.4198	0.25111	0.999	–1.291	0.4514

注：因变量为材料感官体验评分数据。

① 平均值差值的显著水平为0.05。

料样本 M8（铁）分别与 M4（松木）、M6（PVA）及 M11（棉布）在材料感官体验量化分析中呈显著差异。此外，为推断可能导致材料感官体验量化差异的材料物理量并初步挖掘感官体验与材料物理量间可能存在的关系，本书对 M8、M4、M6 及 M11 的材料物理量量值进行了比较，结果如图 5-8 所示。其中，M8 在弹性模量、热导率、蓄热系数、色调角及光泽度五项项量值上均与其他三项被试产品材料样本呈显著差异。这表明材料感官体验差异可能与材料自身的弹性模量、热导率、蓄热系数、色调角及光泽度五项材料物理量相关。

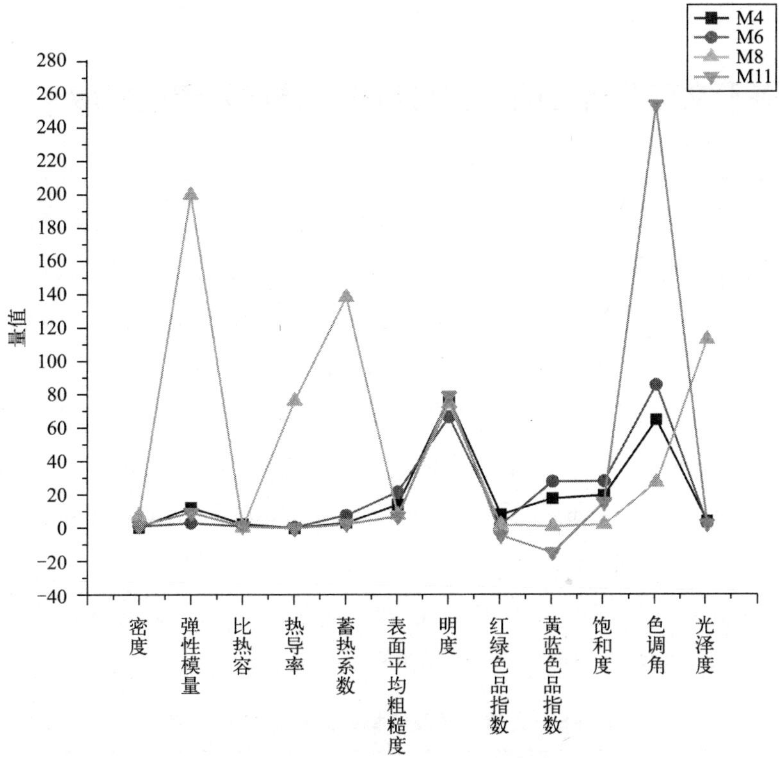

图 5-8　产品材料物理量量值差异

基于材料感官体验的单因素方差分析结果可知：受试者对被试产品材料样本 M8、M4、M6 及 M11 在材料感官体验量化分析实验中呈显著差异，且材料感官体验的差异可能与弹性模量、热导率、蓄热系数、色调角及光泽度五项物理量显著相关。但材料物理量与感官体验的具体关系尚不明确，仍需在后续相关性研究中进行深入讨论。

5.2 产品材料知觉体验的量化分析

知觉体验是含义、关系、语境、判断、记忆、个人过往经历、知识储备及社会文化背景等要素共同作用而产生的结果。知觉被视为观察者对刺激输入所引发的心理活动的解释，因此它往往在感官体验之后产生，且涉及更深层次的心理活动。这使得针对知觉的此类内部心理学研究本身就充满挑战。此外，解释产品设计中材料物理量与知觉体验相关性的研究相对较少，本节将通过相应研究方法筛选被试产品材料样本的知觉体验要素并对其量化数据进行采集。

5.2.1 基于文献分析法的产品材料知觉体验要素的提取

知觉体验通常难以具象，但材料知觉体验通常由形容词或意义相近的词组进行表征。本节主要任务在于通过减少表征材料知觉体验形容词数量，筛选出与 12 种被试产品材料样本相匹配的形容词作为材料知觉体验要素，以最大程度降低受试者在实验中因认知负荷过大而产生疲劳感。主要研究步骤如下：第一，从文献中提取出所有与材料知觉体验相关的形容词，并基于词汇出现频次进行初筛；第二，基于德尔菲专家法要求，邀请产品设计领域专家从初筛结果中再次筛选出符合 12 种被试产品材料样本的材料知觉体验的形容词作为备选材料知觉体验要素；第三，基于人类短时记忆理论知识，通过主成分分析法最终提取出五项适用于描述被试产品材料样本的材料知觉体验要素。

如表 5-6 所示，从相关文献中共提取出表达材料表达知觉体验的语形容词共 284 项（其中，涉及英文的形容词均已翻译为中文）。

表 5-6 文献中涉及的材料知觉体验形容词

文献名称	材料知觉体验语义词汇
木材表面视觉环境学特性分析Ⅱ.木材视觉量的解析	优美的，温暖的，明快的，上乘的，现代的，洋气的，刺激的，舒适的，豪华的，柔软的，沉静的，素雅的，大方的
基于改进的视觉物理量预测木材的环境学品质	明快的，温暖的，上乘的，现代的，豪华的，刺激的，优美的，大方的，自然的，舒适的
设计材料及加工工艺	自然的，人造的，高雅的，低俗的，时尚的，保守的，干净的，肮脏的，整齐的，杂乱的，鲜艳的，平淡的，感性的，理性的，浪漫的，拘谨的，协调的，冲突的，亲切的，冷漠的，自由的，束缚的，古典的，现代的，轻巧的，笨重的，精致的，粗略的，活泼的，呆板的，科技的，手工的，温暖的，凉爽的

（续表）

文献名称	材料知觉体验语义词汇
An Investigation into the Sensory Properties of Materials	舒适的，不舒服的，活泼的，愉快的，沉闷的，优雅的，丑陋的，现代的，传统的，雅致的，无味的，干净的，肮脏的，刺激的，无聊的，放松的，紧张的，灵活的，坚固的，安全的，危险的，清晰的，模糊的，吸引的，乏味的，快乐的，不快乐的，压抑的，强烈的，弱的，安抚的，刺激的，昂贵的，便宜的，橡胶状的，塑料状的，金属状的，哑光的，皮革状的，丝状的，木质状的，镜面状的，动物皮状的，泡沫状的，油性的，玻璃状的，蜂窝状的，陶瓷状的，石头状的
The Aesthetic and Perceived Attributes of Products	侵略性的，被动的，廉价的，昂贵的，经典的，时尚的，干净的，肮脏的，聪明的，愚蠢的，普通的，独家的，过度装饰的，最小的，精致的，粗犷的，沉闷的，性感的，优雅的，笨拙的，邪恶的，善良的，女性的，阳刚的，正式的，非正式的，友好的，恼人的，未来的，历史的，手工的，大量生产的，诚实的，欺骗性的，幽默的，严肃的，复杂的，质朴的，成熟的，年轻的，克制的，奢靡的，暂时的，永久的，软弱的，坚强的
Sensory Interaction with Materials	强迫的，舒适的，沉闷的，活泼的，开朗的，丑陋的，优雅的，传统的，不安全的，安全的
Meanings of Materials	傲慢的，和平的，自发的，沉默的，魅力的，通俗的，亲密的，严重的，粗鲁的，普遍的，活泼的，有趣的，不可预测的，动态的，出人意料的，与起居室相关的，私人的，友好的，家庭的，开朗的，神秘的，中立的，穷苦的，迟钝的，严肃的，冷漠的，粗俗的，敏感的，值得信赖的，艺术的，材料的，微妙的，嬉戏的，浪漫的，可爱的，颓废的，女性的，痛苦的，冷静的，传统的，优雅的，性感的，挑剔的，普通的，原始的，安全的，怀旧的，商业的，时尚的，食品的，复古的，工厂的，旧式装饰的，俗气的，现代的，专业的，玩具般的，丰富的，华而不实的，时尚的，奢华的，卫生的，未来主义的，高科技的
A Tool for Meaning Driven Materials Selection	男性化的，女性化的
User，Material，Product Interrelationships in Attributing Meanings	咄咄逼人的，冷静的，舒适的，超然的，优雅的，庸俗的，轻浮的，清醒的，未来的，怀旧的，阳刚的，女性的，平凡的，陌生的，性感的，不性感的，玩具般的，专业的
Perception of the Material Properties of Wood Based on Vision，Audition，and Touch	虚假的，真实的，便宜的，昂贵的，肮脏的，干净的，新的，旧的，易碎的，耐用的，普通的，稀有的，朴实的，世俗的，无聊的，有趣的
Material Selection by the of Diffuse Interface of Material Perception and Product Personality	激进的，被动的，廉价的，昂贵的，经典的，时尚的，硬的，软的，温暖的，冷处理的，持久的，沉闷，性感的，女性，阳刚的，幽默，严重，刺激，可爱的，成熟的，年轻的，怀旧的，未来主义的，激进的，被动的，廉价的，经典的，时尚的，硬的，软的，温暖的，冷处理，持久的，沉闷，性感的，女性，阳刚的，幽默，严重，刺激，可爱的，成熟，青春，怀旧的，未来派的

另外，为确保形容词在材料知觉体验研究中的一致性与典型性，笔者从表 5-6 中剔除了频次小于 2 的形容词。统计结果如图 5-9 所示，共筛选出 43 项形容词作为初选的材料知觉体验要素，具体包括：现代的、刺激的、舒适的、优雅的、时尚的、未来的、温暖的、活泼的、干净的、肮脏的、昂贵的、性感的、优美的、沉闷的、传统的、安全的、便宜的、普通的、女性的、阳刚的、手工的、怀旧的、成熟的、年轻的、开朗的、自然的、有趣的、冷漠的、浪漫的、可爱的、冷静的、明快的、上乘的、豪华的、大方的、丑陋的、无聊的、被动的、廉价的、经典的、精致的、友好的及严肃的。

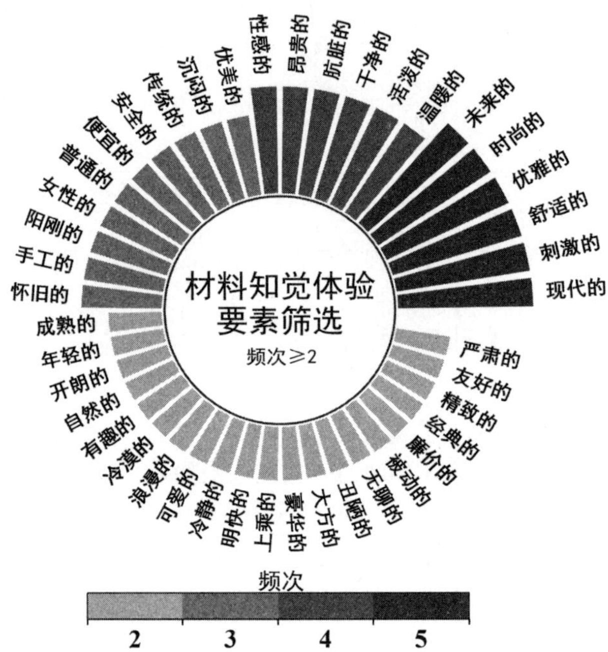

图 5-9　文献中出现频数不少于 2 次的材料知觉体验形容词

5.2.2　基于德尔菲法的产品材料知觉体验要素筛选

为进一步减少受试用户在材料知觉体验量化过程中的认知负担，笔者利用德尔菲法（Delphi method）并基于产品设计专家的意见剔除既无法对被试产品材料样本知觉体验进行准确描述，同时又不适合描述产品表面材料知觉特征的冗余词汇。德尔菲法也被称为专家调查法，其本质是一种通过征求专家意见对研究问题进行再归纳的反馈函询方法。10 位产品设计专家（平均年龄 34.7 岁，SD=3.96）受邀参与材料知觉体验要素的筛选工作，他们通过对被试样本材料的观察与主动触摸逐一判断从文献中筛选出的 43 项形容词是否适用于描述 12 项可能被用于产品表面的被试产品材料样本的实际知觉体验。在此过程中，受试专家被要求使用五分制 Likert 量表对材料知觉体验要素的符合程度依次进行评估：其中，“1”代表非常不符合，“2”代表比较不符合，“3”代表一般符合，“4”代表比较符合而“5”则代表非常符合（问卷见附录 A4）。另外，深度访谈法作为德尔菲法中常用的研究策略之一，可以通过此类回顾性口头报告（retrospective verbal report）的形式揭示参与者特别的认知结果。因此，为捕捉问卷中未出现的材料知觉体验要素，研究人员对 10 名产品设计专家依次进行了访谈，并通过访谈记录的整理考虑是否对材料知觉体验要素进行适当的补充和删减。

首先对受访产品设计专家填写的量表进行了信度及效度检测：Cronbach's α 系数值为 0.774，KMO 检验值为 0.82，在 Bartlett 球形度检验中 P 值为 0.000（$P<0.05$），以上数据表明该量表信效度均较好。通过分值累加的方式，获得了受试专家针对 12 种被试产品材料样本在 43 项材料知觉体验要素中的评估总分。结果图 5-10 所示：其中，“干净的（467）”被认为是最能够明确描述受试者对 12 种被试产品材料样本的真实体验，而“肮脏的（217）”则被认为是最不适合。为确保材料知觉体验要素筛选的准确度，本节选取总分大于 400（即满分的 80%）的形容词作为初筛材料知觉体验要素，即“干净的”“友好的”“安全的”“大方的”“舒适的”“经典的”“现代的”“成熟的”“优雅的”“冷静的”“女性的”及“优美的”共 12 项。

另外，研究人员在受试专家完成问卷后对其进行了简单的自由访谈，以尝试获取问卷中可能尚未提及的材料知觉体验要素。经受试专家同意，访谈全程将由手机进行录音并最终以文字形式汇入 Word 文档中。研究中剔除了访谈过程中的日常用语及具有相同意义的形容词。针对“您在与 12 种受试材料的互动中，是否引发了哪些特殊的知觉体验？”一题的访谈内容整理如下。

在谈及材料 M1（花岗岩）时，有专家表示该材料让人联想《冰雪奇缘》中的守卫石像，整体呈庄重与秩序感。对于 M2（大理石）而言，有专家表示该材料是现代且时尚的，但也有专家认为大理石给人以沉重或经典的知觉体验。此外，专家们对 M4（松木）及 M5（枫木）的知觉体验描述较为相似：他们均认为这两种材料令人联想起古老祠堂或木质玩偶，均体现出雅致、经典且舒适的知觉体验。另外，有两位专家还提出：M4 具有浓烈的松木气味。此外，受试专家表示 M6（PVA）让人联想起劣质零件及粗糙的机器人原型，而还有专家表示：M6 材料本身呈土黄色，使人容易联想起黄糖或“深埋土中千年的”牙齿和骨头。M7（黄铜）被赋予了丰富的知觉体验，包括“蒸汽时代的”“耐用的”“奢靡的”及“豪华的”等。另外，M10（涤纶）与 M11（棉布）触发的知觉体验都较为相似，包括“柔软的”“顺滑的”及“温暖的”等。但由于 M10 为黑色，受试专家认为 M10 的知觉体验还应包括“硬朗的”。

彩图

综上所述，虽然在自由访谈中获取了专家针对被试产品材料样本独特的知觉体验，但大部分材料知觉体验缺乏一致性，故不考虑新增材料知觉体验要素。

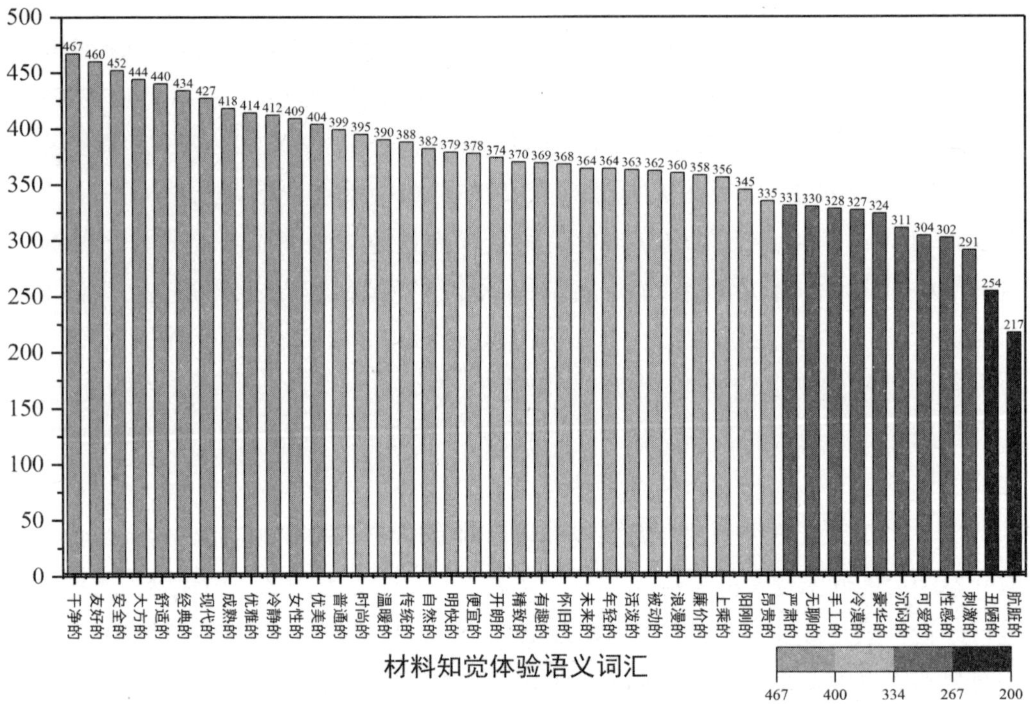

图 5-10　43 项材料知觉体验语义词汇总分

5.2.3　基于主成分分析法的产品材料知觉体验要素再提炼

主成分分析作为因子分析的特例，它基于数据降维的核心思想将错综复杂的多种变量综合为较少的几个主要因子，以再现原始变量与因子之间的相互关系并进行有效分类。由于人类短时记忆的平均容量为 5～9 个，为最大程度降低受试者在实验过程中的认知负荷，并同时保证筛选出的材料知觉体验要素能够维持原有的词义，主成分分析法将应用于对上一小节已提取出的 12 种材料知觉体验要素再优化的任务之中。由于上一小节已获取受试专家针对材料知觉体验要素的评估结果，本小节将直接使用该数据进行主成分分析。

在进行主成分分析前，首先需要对专家量化结果进行 KMO 和 Bartlett 球形检验，结果显示：KMO 数值为 0.805，Bartlett 球形检验的结果显示 P 值为 0.00（$P<0.05$），这表明该组数据非常适合执行材料知觉体验要素的主成分分析。KMO 数值在 0.7 以上，且 Bartlett 球形检验 P 值同时小于 0.05（或 0.01）时才可进行主成分分析。首先对专家量化结果进行 KMO 和 Bartlett 球形检验，结果显示：KMO 数值为 0.718，Bartlett 球形检验的结果显示 P 值为 0.00（<0.05），满足主成分分析要求。通过 SPSS25.0 中特征值为 1 的默认主成分分析法获得以下数据：首先，当初始变量信息为 1 时，7 项材料知觉体验要素中仅“友好的”一项能被提取出 0.837 的信息总量，且其他要素可提取出的有效数据均相对较少，数据如表 5-7 所示；其次，累积贡献值揭示了提取出的主成分能够在多大程度上解释初始内容，当要求特征值大于 1 时，主成分分析法仅能提取 2 个主成分，且累积贡献值仅能达到 57.821%，如表 5-8 所示。

表 5-7　特征值大于 1 时的公因子方差数据表

要素	初始	提取	要素	初始	提取
干净的	1.000	0.630	舒适的	1.000	0.647
友好的	1.000	0.837	经典的	1.000	0.286
安全的	1.000	0.562	现代的	1.000	0.508
大方的	1.000	0.577			

表 5-8　特征值大于 1 的总方差解释表

成分	初始特征值			提取载荷平方和		
	总计	方差百分比 /%	累积贡献率 /%	总计	方差百分比 /%	累积贡献率 /%
1	2.875	41.065	41.065	2.875	41.065	41.065
2	1.173	16.757	57.821	1.173	16.757	57.821
3	0.981	14.020	71.841			
4	0.695	9.923	81.764			
5	0.611	8.728	90.492			
6	0.428	6.119	96.611			
7	0.237	3.389	100.000			

一般而言，新构建主成分的累积贡献率越大则对原始信息的总结能力越强，且当累计贡献率达到 80% 以上时，可达到既不会损失过多原始信息又能减少变量的目标。根据碎石图 5-11 可知：当主成分因子个数为 5 时其折线坡度已趋于平缓，这表明将现有材料知觉体验要素数量调整为 5 项时更为合适。因此，在 SPSS25.0 中将主成分因子分析数量调整为 5，并进行了重新计算：其中，除“干净的”一项提取率相对较低外，其他材料知觉体验要素的提取率都相对较高（表 5-9），且该提取方法能够概括原数据 90.492% 的内容（表 5-10）。另外，通过因子载荷系数可以分析出每个变量与主成分的对应关系，研究使用 Kaiser 最大方差法对因子进行了 5 次旋转和迭代，直至所有变量与主成分的对应关系基本吻合。一般而言，当数值大于 0.4 时，则被认为要素与主成分相关，研究中将参考经旋转后的成分矩阵来判断各主成分各要素的组成关系。经由主成分分析法，原数据被提取为 5 个主成分（表 5-11）：主成分 1 包括“优雅的”“舒适的”“友好的”“优美的”及“大方的”。主成分 2 由“干净的”“冷静的”与“安全的”组成。主成分 3 则由“安全的”与“友好的”组成。主成分 4 与主成分 5 分别由“现代的”及“经典的”单独组成。因此，基于各部分的主要成分，主成分 1 可以概括为“惬意的”，主成分 2 可总结为“利落的”，而主成分 3 可总结为“安心的”。因此，材料知觉体验要素最终可以提炼为“惬意的”“利落的”“安心的”“现代的”和“经典的”共 5 项。

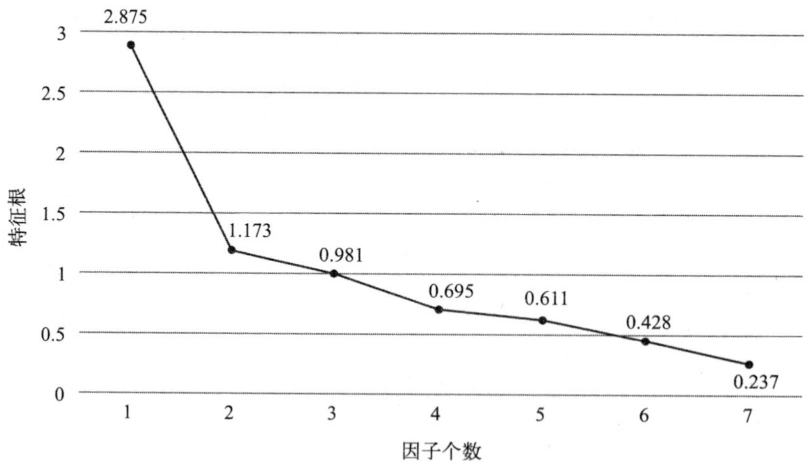

图 5-11　主成分分析碎石图

表 5-9　主成分因子数量为 5 时的公因子方差数据表

要素	初始	提取	要素	初始	提取
干净的	1.000	0.768	舒适的	1.000	0.918
友好的	1.000	0.845	经典的	1.000	0.981
安全的	1.000	0.984	现代的	1.000	0.980
大方的	1.000	0.859			

表 5-10　主成分因子数量为 5 时的总方差解释表

成分	初始特征值			提取载荷平方和			旋转载荷平方和		
	总计	方差百分比 /%	累积贡献率 /%	总计	方差百分比 /%	累积贡献率 /%	总计	方差百分比 /%	累积贡献率 /%
1	2.875	41.065	41.065	2.875	41.065	41.065	1.644	23.488	23.488
2	1.173	16.757	57.821	1.173	16.757	57.821	1.490	21.293	44.780
3	0.981	14.020	71.841	0.981	14.020	71.841	1.126	16.088	60.868
4	0.695	9.923	81.764	0.695	9.923	81.764	1.045	14.928	75.796
5	0.611	8.728	90.492	0.611	8.728	90.492	1.029	14.696	90.492
6	0.428	6.119	96.611						
7	0.237	3.389	100.000						

表 5-11　旋转后的成分矩阵

要素	主成分				
	1	2	3	4	5
现代的	–0.109	0.080	0.033	0.822	0.079
舒适的	0.792	0.034	–0.180	–0.183	–0.330
优雅的	0.850	–0.261	0.049	0.131	0.113
干净的	0.343	0.505	–0.163	0.338	0.249
优美的	0.745	–0.360	0.190	0.235	0.122
安全的	0.239	0.420	0.648	–0.179	–0.228
女性的	0.134	0.140	–0.370	0.030	–0.242
成熟的	0.306	–0.076	0.073	–0.527	0.306
冷静的	–0.129	0.470	–0.066	0.241	0.389
大方的	0.610	–0.190	0.154	0.399	0.239
经典的	0.320	–0.033	–0.103	–0.536	0.740
友好的	0.748	0.295	0.434	–0.186	–0.269

5.2.4 材料知觉体验要素的量化结果

包括“惬意的”“利落的”“安心的”“经典的”与“现代的”在内的五项要素将应用于材料知觉体验要素量化问卷的构建之中。该问卷除包含“年龄阶段”及“从事产品设计工作时长”外，还包括由五项料知觉体验要素组成的五分制 Likert 量表（问卷见附录 A5）。参与材料知觉体验量化分析的 10 位受试者均已接受并通过“三角测试”培训，其中：受试者平均年龄为 31.8 岁（SD=2.09）；40% 的受试者拥有 1～4 年的产品设计的经验，5～7 年则占 60%。受试者依照抽签顺序依次进入实验房间，该环境设置均与材料感官体验量化实验保持一致，且在实验过程中均被要求以产品设计为背景进行量化分析。

首先对问卷的信度和效度进行了检测：Cronbach's α 系数为 0.61，KMO 值为 0.635，Bartlett 球形检验的显示 P 值为 0.000（小于 0.05）。因此，该问卷在信度与效度上均处于尚可接受的范围内。10 位受试者对 5 项材料知觉体验要素在 12 种被试产品材料样本中的表现进行了评估，结果如图 5-12 所示。材料知觉体验量化结果将以表 5-12 中的量化均值展现。由此发现：材料 M1（花岗岩）被认为表达了“经典的”知觉体验，而“惬意的”被认为不适合描述该材料；“利落的”被大部分受试者认为符合大理石（M2）的知觉体验；材料 M3（硼硅酸盐玻璃）被认为是“现代的”，且令人最不“安心的”；松木（M4）及枫木（M5）作为木质材料都被认为是“经典的”，而非“现代的”；M6（PVA）则是在所有被试材料中被认为最不符合“经典的”这一知觉体验描述的材料；M7（铜）被认为最不符合“惬意的”和“安心的”；另外，M8（铁）被认为是“现代的”；M9（TPE）作为相对柔软的

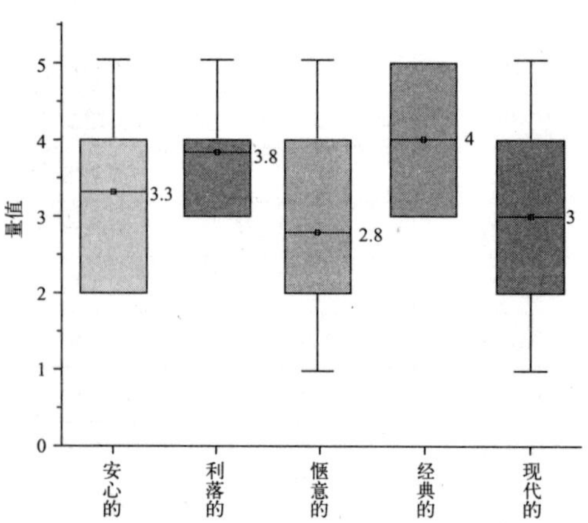

(a)M1

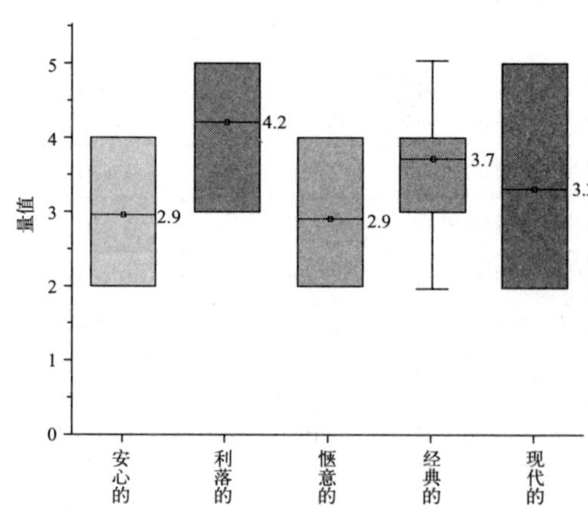

(b)M2

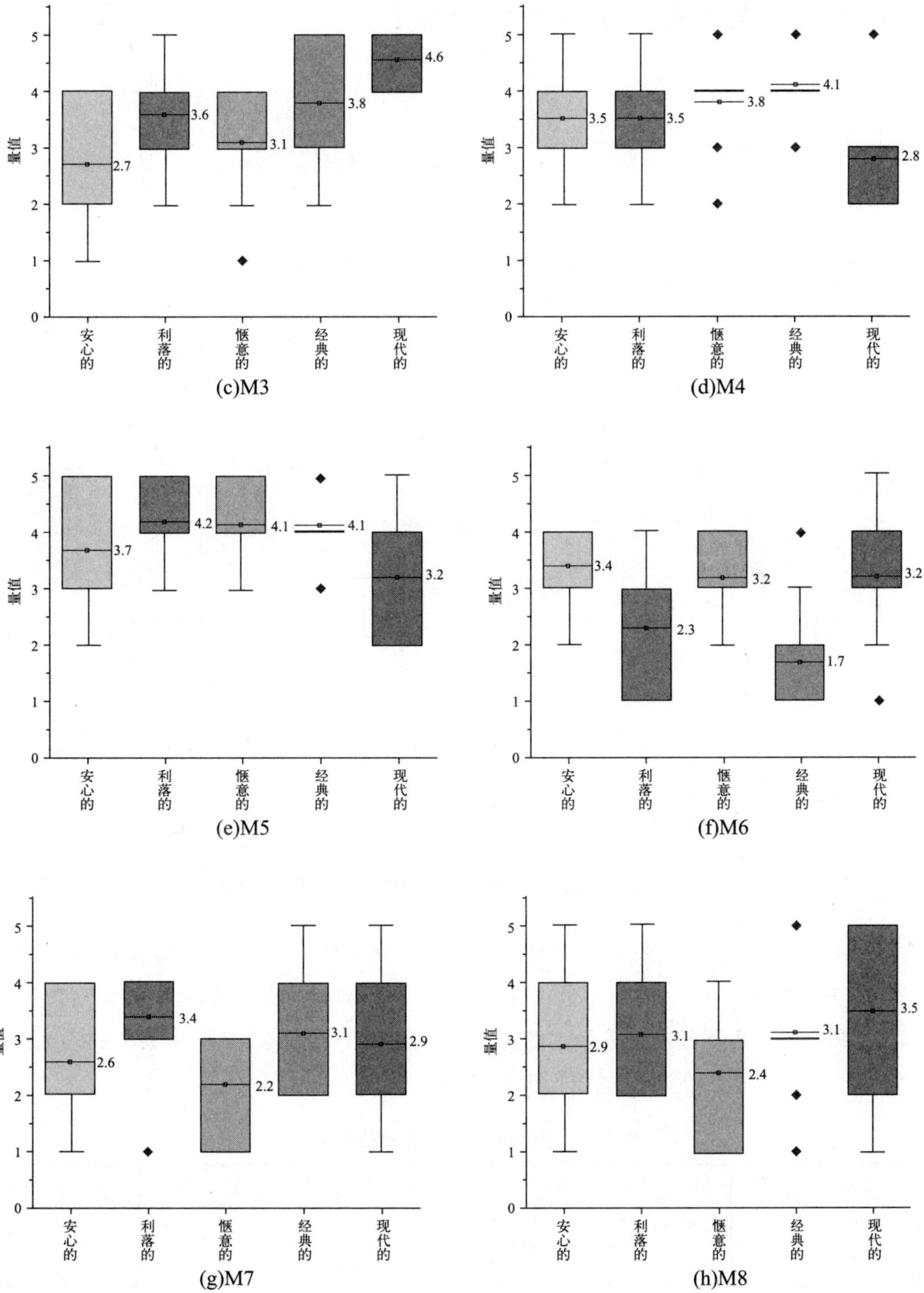

图 5-12

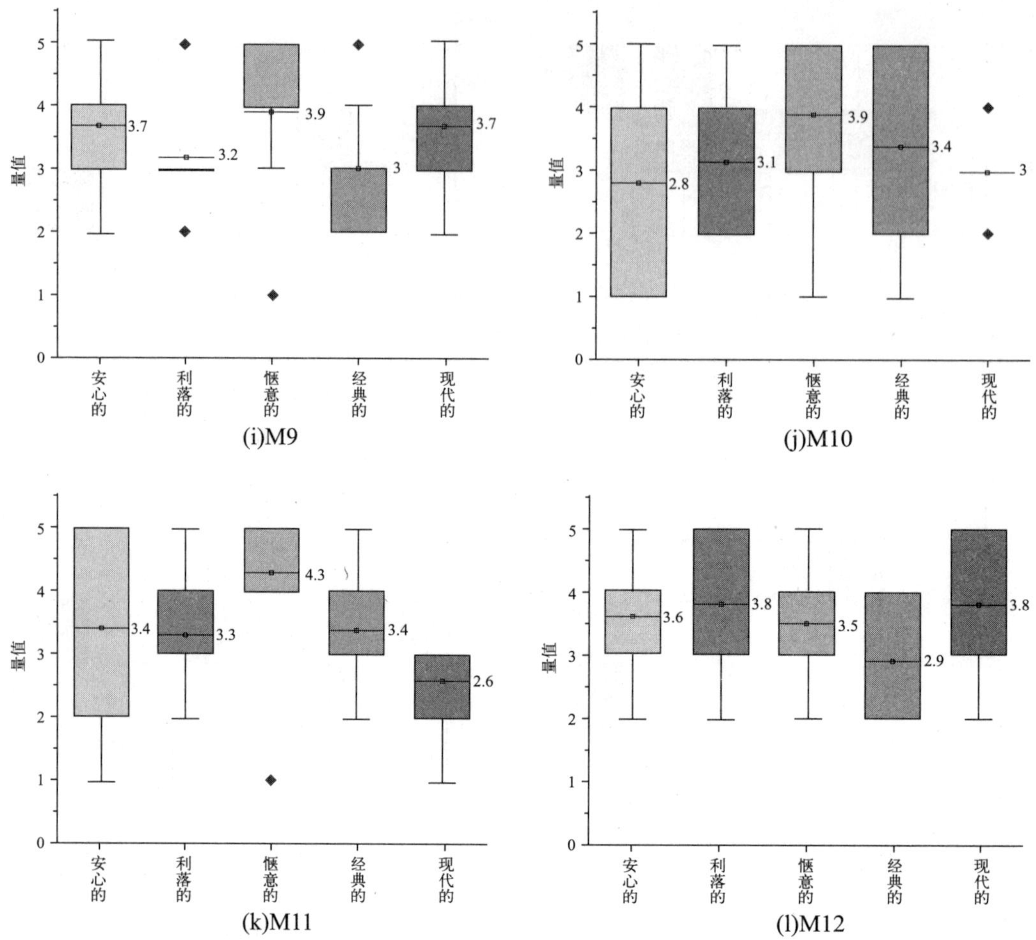

图 5-12　12 种被试产品材料样本的材料知觉体验量化结果

弹性塑料，被认为是“惬意的”；M10（涤纶）及 M11（棉布）呈现较明显的“惬意的”知觉体验，但 M10 在“安心的”、M11 在“现代的”中的表现均相对欠佳；M12（PLA）作为现代产品表面主要应用材料之一，在各知觉体验要素上的表现都相对尚可，且“现代的”知觉体验最为显著。

表 5-12　产品材料知觉体验量化结果

要素	M1	M2	M3	M4	M5	M6	M7	M8	M9	M10	M11	M12
安心的	3.3	2.9	2.7	3.5	3.7	3.4	2.6	2.9	3.7	2.8	3.4	3.6
利落的	3.8	4.2	3.6	3.5	4.2	2.3	3.4	3.1	3.2	3.1	3.3	3.8
惬意的	3.8	2.9	3.1	3.8	4.1	3.2	2.2	2.4	3.9	3.9	4.3	3.5

（续表）

要素	M1	M2	M3	M4	M5	M6	M7	M8	M9	M10	M11	M12
经典的	4.0	3.7	3.8	4.1	4.1	1.7	3.1	3.1	3.0	3.4	3.4	2.9
现代的	3.0	3.3	4.6	2.8	3.2	3.2	2.9	3.5	3.7	3.0	2.6	3.8

针对材料知觉体验要素筛选与量化结果可以发现以下规律。首先，专家在访谈过程中几乎没有提及任何包含负面信息的知觉体验形容词。其次，材料知觉体验的生成具有一定的线性逻辑，即受试者通常会率先联想起某一具象事物，再逐渐延伸为某一知觉体验形容词。再次，受试专家在访谈中提及松木所散发的特殊气味，这表明嗅觉可能也是引发材料某一知觉体验的重要感官模态。

另外，本书通过单因素方差分析法挖掘了材料知觉体验量化结果间的显著差异，以推测材料知觉体验是否与某些材料物理量相关。方差分析步骤与上一节一致，即依次进行正态性分布检测、方差显著性及齐性检测。经数据检验显示：材料知觉体验量化数据虽未满足绝对正态，但基本可接受为正态分布，并允许进行后续方差分析任务。另外，方差显著性及方差齐性检验结果表明：F 为 5.028，P 值为 0.00（$P<0.05$），即材料知觉体验量化分析结果存在显著性差异且方差为齐。表 5-13 展

表 5-13　S-N-K 法的被试产品材料样本与材料知觉体验要素的组间效应检验结果

材料知觉体验评分数据						
	材料编号	个案数	Alpha 子集的显著性为 0.05			
			1	2	3	4
S-N-K①	M6	50	2.66			
	M7	50	2.96	2.96		
	M10	50	3.10	3.10	3.10	
	M8	50	3.14	3.14	3.14	
	M11	50	3.24	3.24	3.24	3.24
	M1	50		3.42	3.42	3.42
	M9	50		3.46	3.46	3.46
	M2	50		3.56	3.56	3.56
	M4	50		3.58	3.58	3.58
	M12	50		3.64	3.64	3.64
	M3	50			3.80	3.80
	M5	50				3.88
	显著性		0.080	0.070	0.054	0.092

注：将显示齐性子集中各个组的平均值。

① 使用调和平均值样本大小=50.000。

示了 S-N-K 法的被试产品材料样本与材料知觉体验要素的组间效应检验结果：在组 1 中，M1、M9、M2、M4、M12、M3 及 M5 的材料知觉体验量化数据存在显著差异；在组 2 中，M6、M3 及 M5 呈显著差异；在组 3 中，M6、M7 及 M5 存在显著差异；在组 4 中，M6、M7、M10 及 M8 存在显著差异。

随机区组设计方差分析方法将被应用于进一步探究材料知觉体验量化数据间的差异。此外，分析过程中还将结合 S-N-K 法对被试材料样本及材料知觉体验要素的组内和组间进行多样本均数的多重比较。首先，通过 S-W 法对数据结果是否呈正态性分布进行了分析，结合 S-W 显著性及 *P-P* 图结果可知：虽该组数据并未满足绝对正态，但基本可接受为正态分布并允许进行后续方差分析。被试材料样本与材料知觉体验要素的组间效应检验结果如表 5-14 所示，12 项被试样本材料（F=2.957，P=0.000＜0.05）对于量化结果的影响相较于 5 项材料知觉体验要素（F=1.460，P=0.231＞0.05）更为显著。因此，有必要通过事后检验对呈显著性的要素展开进一步分析。被试样本材料相关数据的方差齐性检验显示（表 5-15）：P 值为 0.988（P＞0.05）可计为齐性方差。

表 5-14　被试材料样本与材料知觉体验要素的组间效应检验结果

源	Ⅲ类平方和	自由度	均方	F	显著性 P
修正模型	7.765	15	0.518	2.558	0.008
截距	682.898	1	682.898	3373.765	0.000
材料	6.583	11	0.598	2.957	0.005
材料知觉体验要素	1.182	4	0.296	1.460	0.231
误差	8.906	44	0.202		
总计	699.569	60			
修正后总计	16.671	59			

注：因变量为量值。

表 5-15　被试材料样本与材料知觉体验要素的组间方差齐性检验

	莱文统计	自由度 1	自由度 2	显著性 P
基于平均值	1.278	16	37	0.262
基于中位数	0.343	16	37	0.988
基于中位数并具有调整后自由度	0.343	16	15.364	0.980
基于剪除后平均值	1.187	16	37	0.322

在此之后，需要通过 S-N-K 事后检验方法对组内各要素的差异性进行检验，结果如下。基于 S-N-K 方差分析结果，图 5-13 揭示了组 1、组 2、组 3 及组 4 内呈显著差异的被试样本材料的物理量量值的差异。其中，组 1 显示弹性模量、色调角及光泽度被认为是造成花岗岩、大理石、硼硅酸盐玻璃、松木、枫木及 PLA 六种被试产品材料样本间呈组内显著差异的材料物理量。在组 2 中，硼硅酸盐玻璃、枫木及 PVA 同样在弹性模量、色调角及光泽度存在显著差异。在组 3 中，枫木、PVA

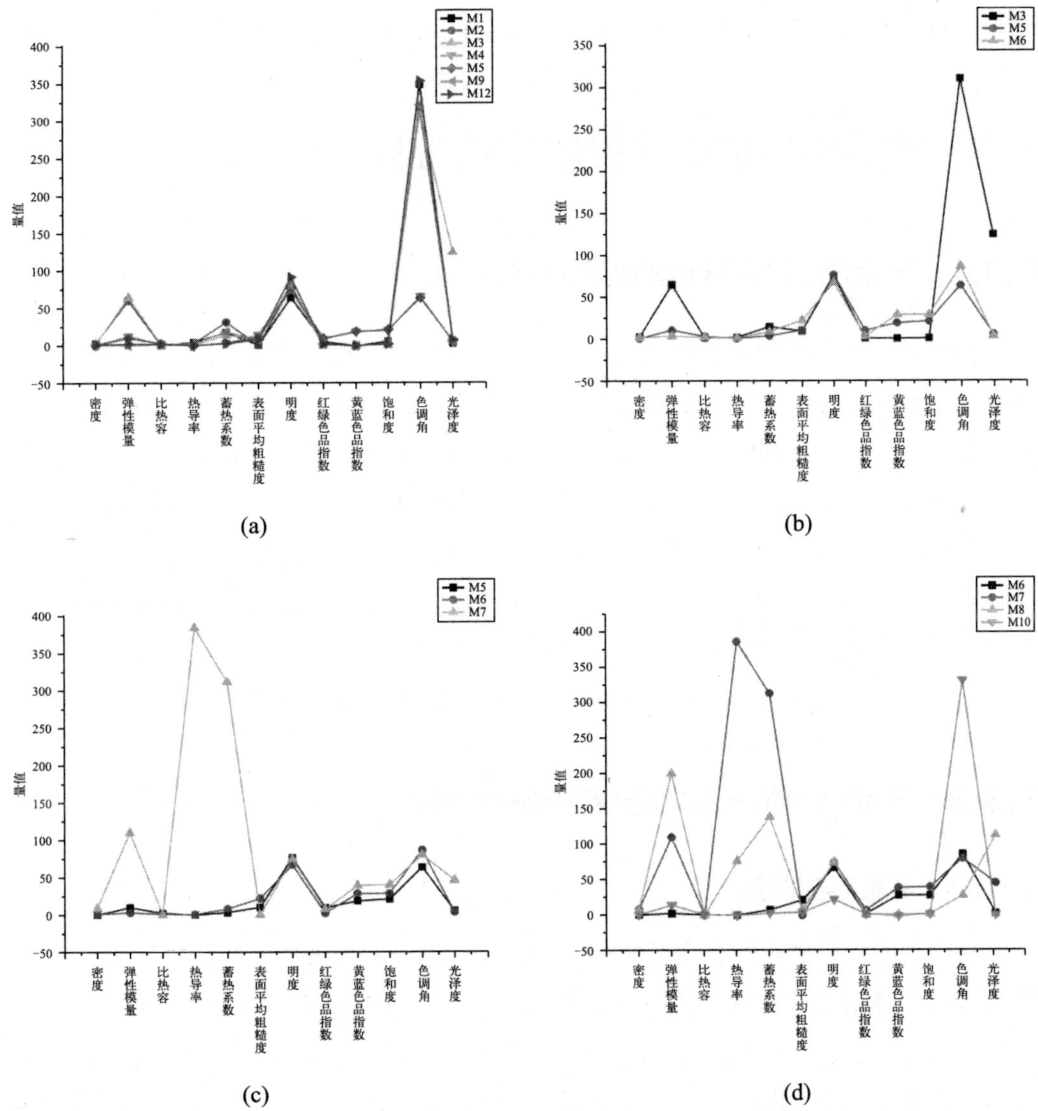

图 5-13　材料物理量均值差异

及铜则被认为在弹性模量、热导率、蓄热系数、色调角及光泽度上存在显著差异。在组 4 中，则显示 PVA、铜、铁与涤纶在弹性模量、热导率、蓄热系数、色调角及光泽度上存在显著差异。由此可见，受试用户对于 12 种被试产品材料样本的知觉体验评估差异可能与弹性模量、热导率、蓄热系数、色调角及光泽度相关。此外，以上五项材料物理量也是造成材料感官体验量化差异的主要因素。进一步证实了材料感官体验与材料知觉体验间可能存在的密切关系。同时，弹性模量、色调角与光泽度一定程度上表征了材料的软硬程度、色彩丰富程度及亮度等感官体验，进一步确定了材料感官体验与材料知觉体验间可能存在某种特别的联系。

5.3 产品材料情感体验的量化分析

5.3.1 产品材料情感体验要素的提取

良好的情感体验有益于提高用户对产品的认同感，材料情感体验作为材料感知体验的重要部分揭示了不同材料所引发的情感差异。情感研究方法主要分为“离散型”及“连续型”两种，而“离散型”的情感研究方法更适用于材料情感体验的研究。PrEmo 已被证实能够对产品及其材料所引起的个体情感差异进行准确分析。因此，PrEmo 中包括高兴、钦佩、自豪、期待、满意、着迷、渴求、悲伤、害怕、羞耻、轻蔑、气愤、无聊及厌恶在内的 14 种情感标签将被直接提取为材料情感体验要素并应用于量化实验当中。此外，笔者将在受试者完成量化分析问卷填写的基础上对其进行访谈，试图捕捉量化实验中未涉及的特殊材料情感体验。

5.3.2 产品材料情感体验要素的量化流程

5.3.2.1 实验问卷的设计

材料情感体验量化问卷主要涵盖两个部分：第一，涉及“年龄阶段”及“从事产品设计工作时长”的两项人口统计变量；第二，包括高兴、钦佩、自豪、期待、满意、着迷、渴求、悲伤、害怕、羞耻、轻蔑、气愤、无聊及厌恶 14 种情感体验要素在内的五分制 Likert 量表。受试者被要求在与 12 项被试产品材料样本逐一进行观察和主动触摸后，在量表题项中通过“1”至“5”五项分值（分别对应“非常不符合”“比较不符合”“一般”“比较符合”及“非常符合”）判断实际体验与材料情感体验要素间的相符程度（问卷见附录 A6）。另外，为便于受试者区分和理解 14 项材料情感体验要素间的差异，问卷在需要进行量化评估的题项中均附有原版 PrEmo 中的人物情感插图。

5.3.2.2 具体实验流程

情感测量结果极易受实验内容、所处实验环境及自身经历等多重因素的影响而产生偏差。为尽可能降低受试者因情感波动而产生的材料情感体验测量误差，实验环境除了保持适当的温度、湿度及照明条件外，还去除了房间中多余的装饰物，并选用中性色的测试桌椅（以上实验环境均与材料感官体验及材料知觉体验量化实验的环境均保持一致）。但需要强调的是：手指指腹湿润程度的差异不仅影响个体对材料表面形貌特征的辨别能力，还容易混淆受试者对被试产品材料样本真实的情感体验。因此，每位受试者在正式实验开始前都必须先使用湿纸巾对手部进行擦洗，并随后使用普通纸巾令手部恢复到干燥状态，以尽量保证受试者指腹处于相对统一的湿润程度。

经由随机分配至本组实验的 10 位受试者均已接受并通过“三角测试”的培训，其中：受试者平均年龄为 32.5 岁（SD=2.95）；40% 的受试者拥有 5～7 年的产品设计经验，1～4 年的占 30%，12 年以上的占 20%，而 8～11 年的仅占 10%。所有受试者通过抽签的方式决定依次进入实验房间的顺序。与被试产品材料样本的正式互动之前，每位受试者还需使用腹式呼吸法对呼吸频率进行调整，以达到情感相对平稳的状态。研究人员记录每位受试者在使用腹式呼吸法时的呼吸频率，当受试者使用腹式呼吸达到每分钟至少 8 次时即可开始实验。受试者被要求通过观察及主动触摸的方式对距离 15cm 且以随机顺序平放在桌面上的 12 种被试材料依次进行互动，受试者的实验姿势等相关要求均与材料感官体验及材料知觉体验量化实验保持一致。此外，情感体验的最显著特征在于即时发作快，且持续时间短。考虑到不同被试产品材料样本在测试期间可能对情感体验相互干扰，同时考虑到受试者在测试全程中佩戴静音耳罩的因素，笔者制定了相对特殊的材料情感体验测试流程，具体流程如图 5-14 所示。在此过程中，每位受试者在完成一项被试产品材料样本的体验并填写完问卷后，被要求向研究人员举手示意，将双手自然平放于桌面之上，并再次使用腹式呼吸法进入 30 秒“静置期”；笔者利用计时器进行记录，当“静置期”结束后，举手并示意受试者可进入下一项被试产品材料样本的测试之中。为相对准确地捕捉受试者的材料情感体验，10 名受试者被要求与每一项样本材料互动后立刻填写问卷，并不允许二次修改。最后，受试者在完成所有被试产品材料样本的材料情感体验量化评估后，将接受简单的事后访谈，且整个访谈过程将使用手机进行实时录音并最终汇成文字。

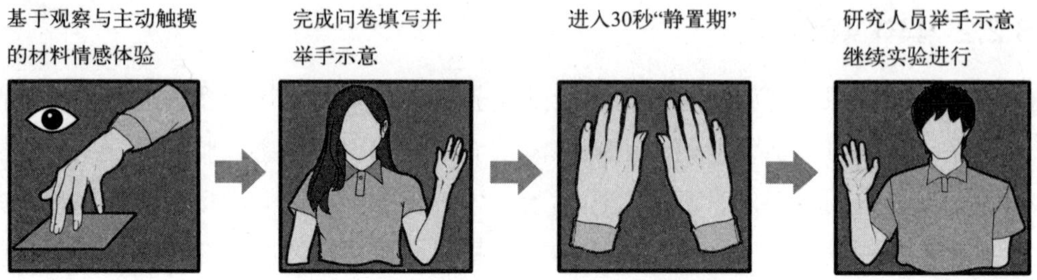

图 5-14　材料情感体验量化分析实验流程

5.3.3　产品材料情感体验的量化结果

每位受试者在材料情感体验量化过程中的测试时长维持在 633～1038 秒间 [Mean=825.9（该实验中测试时长的平均值），SD=163.11]。材料情感体验量化问卷的信度和效度检测结果如下：Cronbach’s α 系数为 0.803，KMO 值为 0.852，且 Bartlett 球形检验的结果显示 P 值为 0.000（小于 0.05），这意味着该问卷的信度和效度都表现极佳，即问卷结果可以准确地反映受试者对于 12 种被试产品材料样本的真实情感体验。

受试者对 12 种被试产品材料样本的评估数据结果如图 5-15 所示。材料情感体验量化结果为各要素的评估均值，如表 5-16 所示。基于量化结果可知：被试产品材料样本所引起的厌恶、无聊、气愤、轻蔑、羞耻、害怕与悲伤 7 种负面情感明显低于高兴、钦佩、自豪、期待、满意、着迷及渴求 7 种积极情感；此外，积极情感的量化评估均值在“一般（3）”至“非常符合（5）”范围之内，即大部分受试者认为被试产品材料样本均呈现出相对明显的积极情感体验。另外，不同被试产品材料样本的情感体验差异如下：对于 M1（花岗岩）而言，“满意”最能表征受试者对于该材料的情感体验，且“钦佩”与“自豪”，“着迷”与“渴求”，以及“厌恶”“无聊”与“害怕”几组情感体验要素在该材料中表现无异；M2（大理石）被认为是最令人“满意”“期待”和“钦佩”的，但在“轻蔑”及“羞耻”中得分最低；另外，M3（硼硅酸盐玻璃）被普遍认为是“高兴”的；M4（松木）与 M5（枫木）

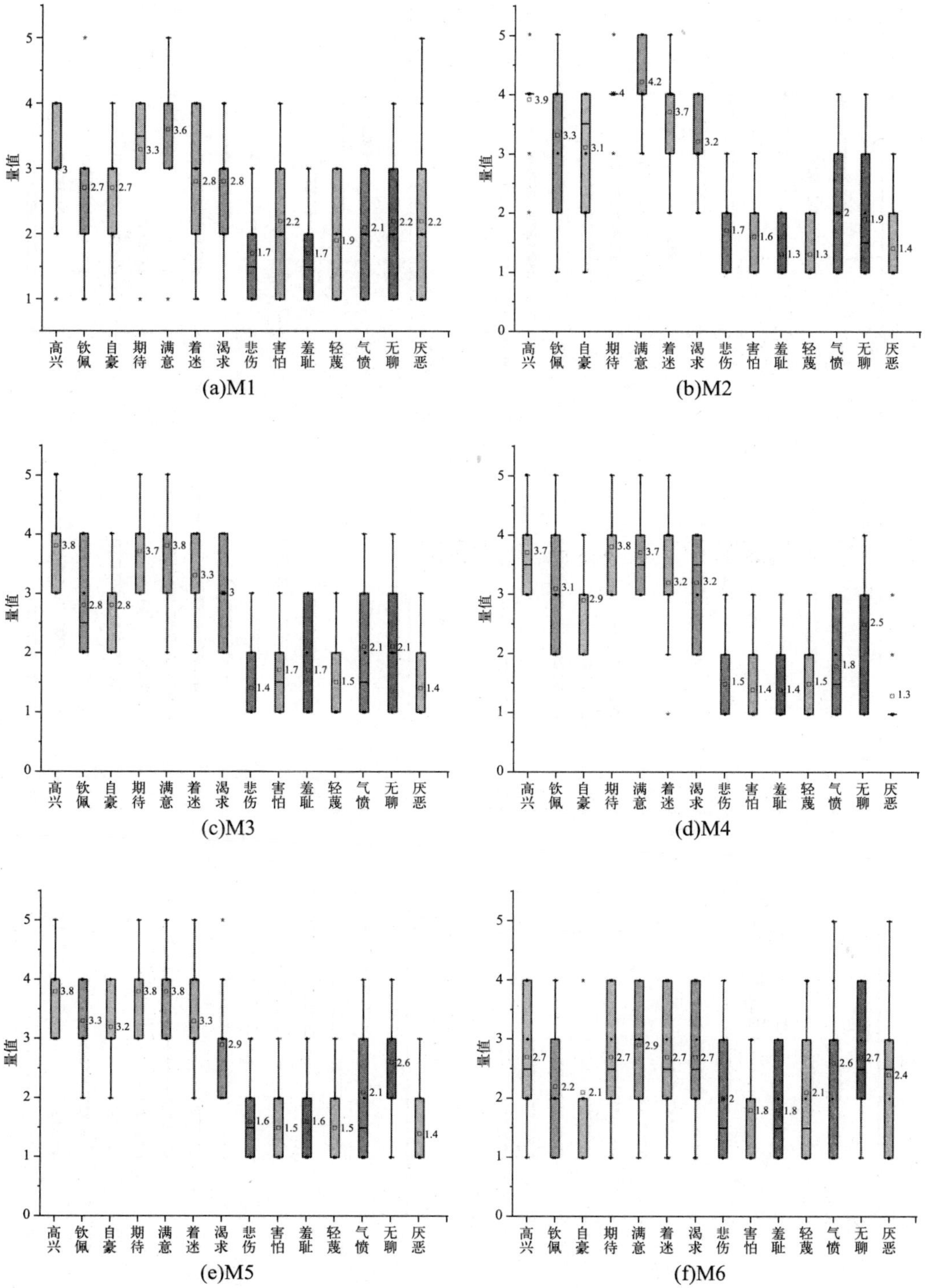

图 5-15

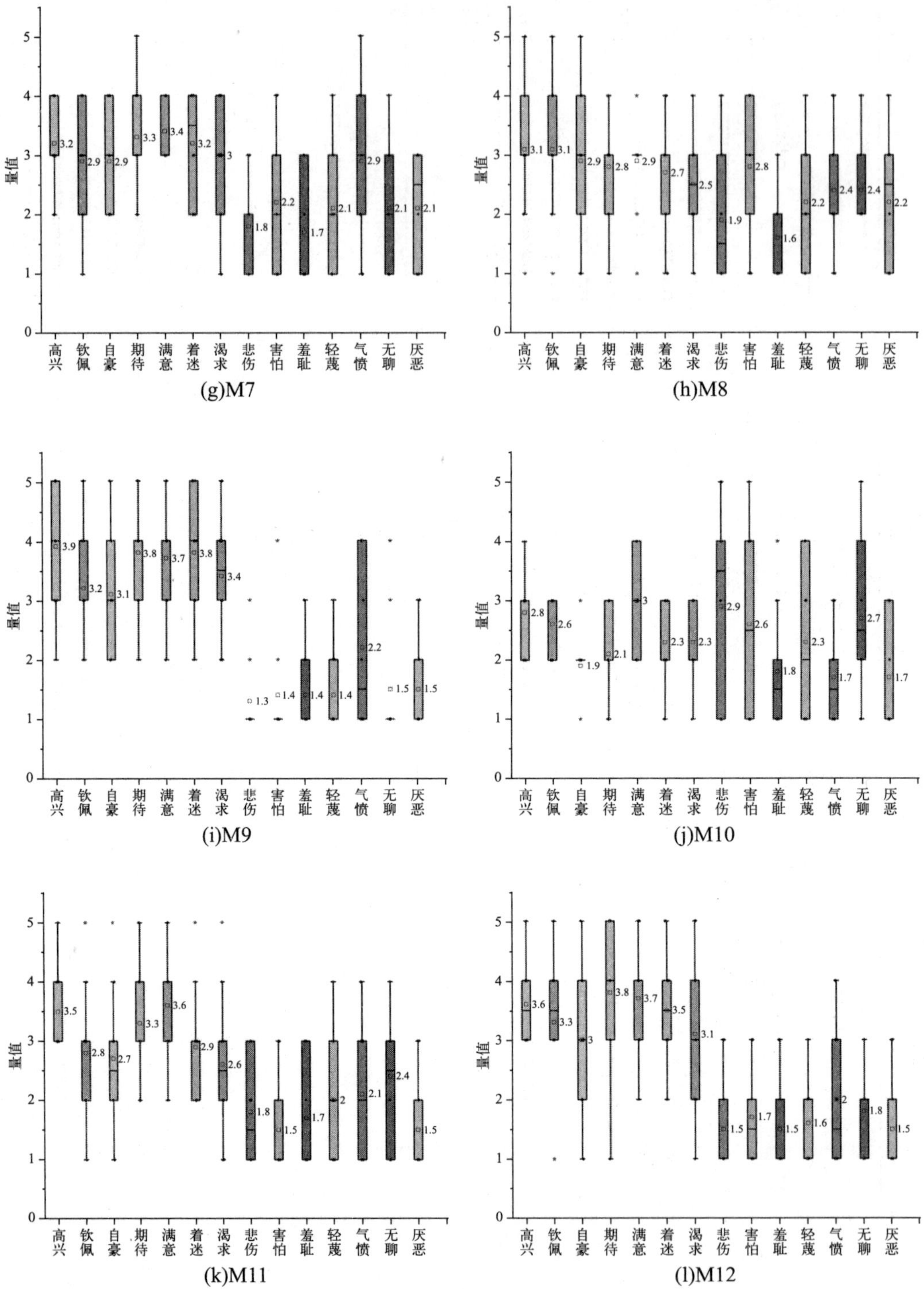

图 5-15　12 种被试材料的情感体验量化结果

表 5-16　产品材料情感体验量化结果

情感体验要素	M1	M2	M3	M4	M5	M6	M7	M8	M9	M10	M11	M12
高兴	3.0	3.9	3.8	3.7	3.8	2.7	3.2	3.1	3.9	2.8	3.5	3.6
钦佩	2.7	3.3	2.8	3.1	3.3	2.2	2.9	3.1	3.2	2.6	2.8	3.3
自豪	2.7	3.1	2.8	2.9	3.2	2.1	2.9	2.9	3.1	1.9	2.7	3.0
期待	3.3	4.0	3.7	3.8	3.8	2.7	3.3	2.8	3.8	2.1	3.3	3.8
满意	3.6	4.2	3.8	3.7	3.8	2.9	3.4	2.9	3.7	3.0	3.6	3.7
着迷	2.8	3.7	3.3	3.2	3.3	2.7	3.2	2.7	3.8	2.3	2.9	3.5
渴求	2.8	3.2	3.0	3.2	2.9	2.7	3.0	2.5	3.4	2.3	2.6	3.1
悲伤	1.7	1.7	1.4	1.5	1.6	2.0	1.8	1.9	1.3	2.9	1.8	1.5
害怕	2.2	1.6	1.7	1.4	1.5	1.8	2.2	2.8	1.4	2.6	1.5	1.7
羞耻	1.7	1.3	1.7	1.4	1.6	1.8	1.7	1.6	1.4	1.8	1.7	1.5
轻蔑	1.9	1.3	1.5	1.5	1.5	2.1	2.1	2.2	1.4	2.3	2.0	1.6
气愤	2.1	2.0	2.1	1.8	2.1	2.6	2.9	2.4	2.2	1.7	2.1	2.0
无聊	2.2	1.9	2.1	2.5	2.6	2.7	2.1	2.4	1.5	2.7	2.4	1.8
厌恶	2.2	1.4	1.4	1.3	1.4	2.4	2.1	2.2	1.5	1.7	1.5	1.5

作为木质材料，皆被认为是令人“期待”的，且 M4 在“害怕”一项中得分最低；M6（PVA）引发的情感体验相差甚微，例如“高兴”“着迷”“渴求”“期待”与“无聊”均获得相同分数；M7（铜）和 M8（铁）作为金属材料，被普遍认为不符合“羞耻”这一情感体验要素的描述，但 M7 更令人感到“满意”，M8 则被认为是“钦佩”和“高兴”的；此外，M9（TPE）是所有受试材料中最令人“着迷”的，同时也被认为是引发负面情感相对最少的被试产品材料样本；M10（涤纶）作为常见的织物材料被认为是“悲伤”的，且该材料在“着迷”及“渴求”两项中评分最低；同为织物的 M11（棉布）则被广泛认为是令人“满意”的；最后，受试者认为“期待”较符合对 M12（PLA）的情感体验描述。

此外，单因素方差分析被应用于检测 12 种被试产品材料样本在材料情感体验量化分析中是否存在显著差异。综合 S-W 显著性、正态性直方图及 *P-P* 图结果可知，材料情感体验评估数据基本服从正态性分布。但在方差齐性检验结果显示：F为 0.737，P 为 0.704（$P>0.05$），即方差均值间差异在统计学中不显著，无须进行事后检验。以上数据分析结果表明，由不同被试产品材料样本引起的情感体验差异并不显著，因而无法从现有评估数据中推断材料情感体验与材料物理量的相关性。

通过材料情感体验要素的量化研究结果可以发现以下规律及问题。首先，量化分析结果显示：表达积极情感要素的得分明显高于消极情感体验要素，这意味着表达积极情感的情感体验要素在实验中的认同度更高，产品设计人员可能更偏向于使用积极的情感体验要素对材料体验进行表征。其次，大部分材料情感体验要素的得分分布在 1（非常不符合）至 3（一般）之间。同时，方差分析结果显示：材料情感体验评分不存在显著差异，这表明尽管在实验中设置了以产品设计背景作为前提，但单纯由瞬时材料体验所唤起的情感体验总体偏弱。只有在少数情况下，个别受试者表现出强烈的情感体验，但此类情感的产生是否与材料某种属性、受试者对材料的熟悉程度或是个人设计经历等其他因素相关还尚未可知。此外，“满意”与“厌恶”在评估过程中常会获得最高或最低分值，这可能与该情感体验要素在产品设计或日常生活中的出现频率有关。材料情感体验的产生源于与具体产品或对现实生活中某些事物的联想，而在此类通过自由回忆进行认知判断的任务中，词频是影响情感体验的主要因素[188]。因此，在后续针对材料情感体验要素筛选的过程中，需要对词频、词长及记忆的难易度等特征进行谨慎考量，以避免产生情感体验的测量误差。最后，材料情感体验可能与材料粗糙程度、软硬程度、光泽度及色彩丰富程度相关。例如，表面光滑、柔软且光泽度较高的材料通常能给人以愉悦的情感体验，而饱和度过高或过低都更容易引发悲伤或厌恶的负面情感。这表明材料情感体验与材料感官体验间可能存在某种关联，有必要使用相关性分析法对要素间的具体关系进行深入剖析。

另外，受试者在完成问卷评估后将被要求进行短暂的开放式访谈，其目的在于对量化实验结果加以补充。开放式访谈以“您在实验过程中对 12 种被试产品材料样本有何特殊情感体验？”为访谈问题，表 5-17 展示了整理后的访谈内容。由此访谈内容可以发现：材料情感体验的触发可能与具体产品或事物密切相关。此外，在访谈过程中还有受试者表示：“害怕”“羞耻”“轻蔑”和“厌恶”等负面情感在产品设计中的材料情感体验中很难表现出来。

表5-17 开放式访谈结果

被试产品材料样本编号	描述内容
M1 花岗岩	① 常见材料； ② 机器人的脚； ③ 略显无聊； ④ 花纹和颜色密集； ⑤ 令人害怕
M2 大理石	① 大气； ② 高级； ③ 灰白色，雅致； ④ 坚固且耐用，表面光滑，舒适
M3 硼硅酸盐玻璃	① 害怕； ② 心情舒畅
M4 松木	① 廉价机器零件； ② 视觉疲劳
M5 枫木	① 温暖，安心
M6 PVA	① 期待其应用； ② 指尖有触觉反馈，满意的
M7 铜	① 色彩饱和度高，俗气的； ② 厌恶； ③ 气愤
M8 铁	① 金属零配件，无聊的； ② 重装武器，自豪； ③ 亮度太强，略微刺眼，令人不太舒适
M9 TPE	① 解压，令人开心； ② 表面柔软，令人安心； ③ 机器人皮肤，放松的，愉悦的
M10 涤纶	① 黑色，沉重的、悲伤的； ② 劣质服装，讨厌的
M11 棉布	① 舒适的
M12 PLA	① 令人期待的

5.4 本章小结

本章主要通过混合研究方法对材料感知体验中的材料感官体验、材料知觉体验及材料情感体验要素分别进行了提取，并通过实证分析法邀请受试人员对各项材料感知体验要素进行打分并对其量化。表 5-18 汇总了 12 种被试产品材料样本在感知体验中的量化结果，该数据将用于与产品材料视觉与肤觉物理量量值的相关性分析工作中，以确定材料物理量与感知体验间的具体关系。此外，研究中使用单因素方差分析法对已获取的材料感官体验、材料知觉体验及材料情感体验与材料物理量间的关系进行了初步推断，结果显示：

① 被试产品材料样本在材料感官体验与材料知觉体验上的差异可能与弹性模量、热导率、蓄热系数、色调角及光泽度五项物理量均显著相关，这也表明材料感官体验与材料知觉体验间可能也存在某种联系；

② 材料情感体验的方差分析结果显示：由不同被试产品材料样本引起的情感体验差异并不显著，即材料情感体验与材料物理量的相关性并不明显。

然而，单因素方差分析结果仅为相关性分析提供数据参考，材料物理量与感知体验的具体关系仍需利用后续具体相关性研究方法进行深入探究。

表 5-18　12 种被试产品材料样本的感知体验量化数据

感知体验		M1	M2	M3	M4	M5	M6	M7	M8	M9	M10	M11	M12
材料感官体验	易碎程度	2.4	2.4	3.5	2.4	2.2	2.4	1.9	1.3	2.5	2.8	3.3	2.3
	软硬程度	1.4	1.4	1.8	2.6	2.0	3.6	1.8	1.3	4.6	4.8	4.7	1.5
	粗糙程度	3.1	3.1	1.2	3.4	3.9	3.0	1.3	1.7	3.8	3.3	3.7	3.9
	色彩丰富程度	2.0	2.0	1.1	2.8	2.1	2.7	2.2	1.0	1.1	1.2	2.1	1.4
	亮度	2.5	2.5	4.1	1.8	1.6	2.4	4.2	3.8	1.7	1.0	1.1	2.1
材料知觉体验	安心的	3.3	2.9	2.7	3.5	3.7	3.4	2.6	2.9	3.7	2.8	3.4	3.6
	利落的	3.8	4.2	3.6	3.5	4.2	2.3	3.4	3.1	3.2	3.1	3.3	3.8
	惬意的	3.8	2.9	3.1	3.8	4.1	3.2	2.2	2.4	3.9	3.9	4.3	3.5
	经典的	4.0	3.7	3.8	4.1	4.1	1.7	3.1	3.1	3.0	3.4	3.4	2.9
	现代的	3.0	3.3	4.6	2.8	3.2	3.2	2.9	3.5	3.7	3.0	2.6	3.8

（续表）

感知体验		M1	M2	M3	M4	M5	M6	M7	M8	M9	M10	M11	M12
材料情感体验	高兴	3.0	3.9	3.8	3.7	3.8	2.7	3.2	3.1	3.9	2.8	3.5	3.6
	钦佩	2.7	3.3	2.8	3.1	3.3	2.2	2.9	3.1	3.2	2.6	2.8	3.3
	自豪	2.7	3.1	2.8	2.9	3.2	2.1	2.9	2.9	3.1	1.9	2.7	3.0
	期待	3.3	4.0	3.7	3.8	3.8	2.7	3.3	2.8	3.8	2.1	3.3	3.8
	满意	3.6	4.2	3.8	3.7	3.8	2.9	3.4	2.9	3.7	3.0	3.6	3.7
	着迷	2.8	3.7	3.3	3.2	3.3	2.7	3.2	2.7	3.8	2.3	2.9	3.5
	渴求	2.8	3.2	3.0	3.2	2.9	2.7	3.0	2.5	3.4	2.3	2.6	3.1
	悲伤	1.7	1.7	1.4	1.5	1.6	2.0	1.8	1.9	1.3	2.9	1.8	1.5
	害怕	2.2	1.6	1.7	1.4	1.5	1.8	2.2	2.8	1.4	2.6	1.5	1.7
	羞耻	1.7	1.3	1.7	1.4	1.6	1.8	1.7	1.6	1.4	1.8	1.7	1.5
	轻蔑	1.9	1.3	1.5	1.5	1.5	2.1	2.1	2.2	1.4	2.3	2.0	1.6
	气愤	2.1	2.0	2.1	1.8	2.1	2.6	2.9	2.4	2.2	1.7	2.1	2.0
	无聊	2.2	1.9	2.1	2.5	2.6	2.7	2.1	2.4	1.5	2.7	2.4	1.8
	厌恶	2.2	1.4	1.4	1.3	1.4	2.4	2.1	2.2	1.5	1.7	1.5	1.5

第6章

产品设计中材料物理量与感知体验关系模型的构建与应用

探讨材料物理量与感知体验两者关系并构建相关理论模型是本书的核心目标。本章将基于已提取的材料物理量量值及感知体验量化数据，通过相关性分析法对产品设计中材料物理量及材料感知体验两两要素间的关系进行分析，基于要素间的相关性系数构建材料知识映射模型。此外，为进一步深化理论模型的应用价值，本章还阐述了基于材料知识映射模型的面向产品设计的产品材料推介平台的设计及构建过程。最后，通过面向学龄前儿童的社交机器人表面材料筛选的产品设计案例对基于材料知识映射模型的产品材料推介平台在提高设计师产品材料选择效率上的有效性和科学性进行论证。

6.1 产品材料物理量与感知体验关系模型的构建

本节将基于组间相关性分析结果解释如何构建产品设计中材料物理量与感知体验关系的材料知识映射模型。

在开展相关性分析前需要注意：材料物理量会因单位不同而容易造成各物理量间量值数据差距过大的问题。因此，为提高相关性分析及后续理论模型构建的准确度，有必要对材料物理量量值进行标准化处理（即统计数据的指数化），以确保所有数据处于同一数量级之中。Z-Score 标准化（也被称为 Z 标准化）即 SPSS 默认的数据标准化方法，也是最常用的数据标准化方法之一。Z-Score 数据标准化能够将不同量级的数据转化为同一量级，本质上是将数据按比例进行缩放，并使数据从属于一个特定的数值区间内。因此，研究中首先对 12 种产品视觉与肤觉材料物理量及其量值进行了 Z-Score 数据标准化处理。

其次，相关性分析对被检数据有着严格的要求：当计量资料满足正态分布时，需要通过 Pearson 相关性系数进行计算；反之，则需要使用 Spearman 相关性系数进行计算。综合 S-W 检测数据、正态性直方图及 *P-P* 图结果，12 种材料物理量量值及 24 项材料感知体验要素量化数据的分析结果均显示以上数据已基本满足正态性分布。因此，使用 SPSS 的 Pearson 相关系数对 12 种材料物理量与 24 项材料感知体验要素之间的关系进行了分析，该数据分析结果不仅揭示了材料物理量与感知体验间的相关性程度，还展示了材料物理量及材料感知体验各自组内要素间的相关性。一般而言，相关性系数的绝对值越大则相关性越强。根据相关性系数大小可将其划分为不相关（$-0.30 < r_{相关系数} < 0.30$）、完全正相关（$r_{相关系数}=1$）、强正相关

（$0.75 \leqslant r_{相关系数} < 1$）、弱正相关（$0.75 < r_{相关系数} \leqslant 0.30$）、完全负相关（$r_{相关系数} = -1$）、强负相关（$-1 < r_{相关系数} \leqslant -0.75$）及弱负相关（$-0.75 < r_{相关系数} \leqslant -0.30$）7 类。此外，在解读要素间的相关性时，相关性系数需满足显著性。本书研究中选择 $P < 0.05$ 作为判断材料物理量与感知体验两者是否显著相关的标准。笔者基于 Pearson 相关系数绘制了要素间的相关性热图（图 6-1）。两两要素间的绝对值越大则说明两者间相关性越密切，且图中颜色越深。此外，图示中椭圆形方向也进一步解释了要素间的正负相关性。

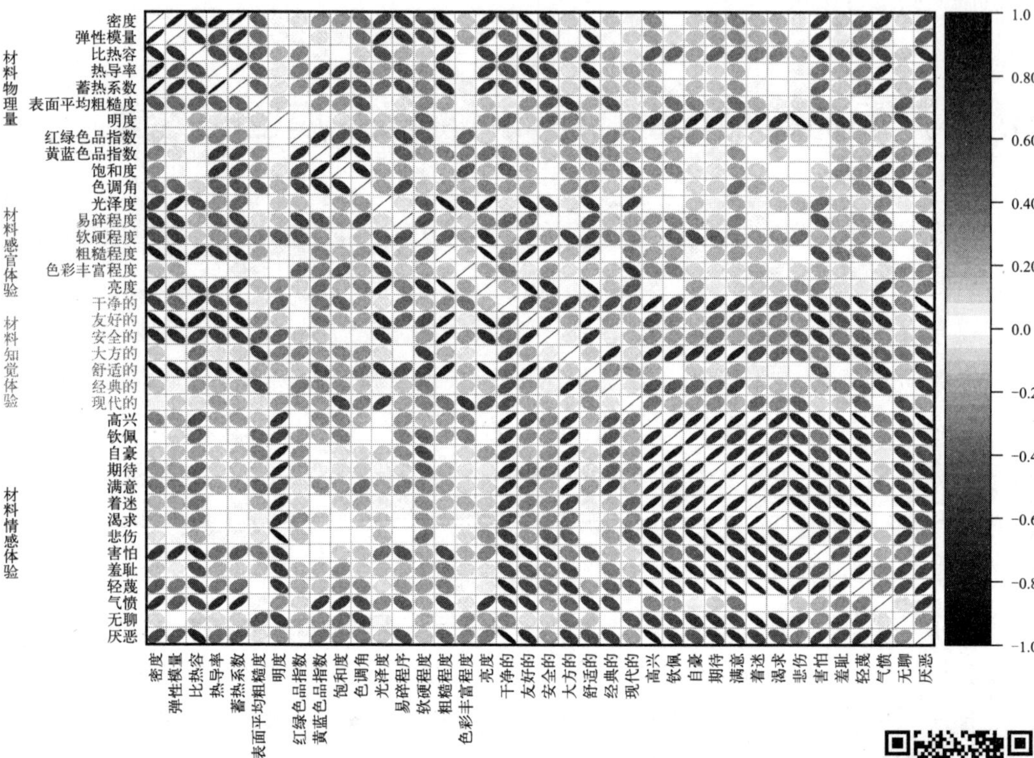

图 6-1　产品材料物理量与感知体验的相关性热图

彩图

6.1.1　产品材料物理量与材料感官体验的关系研究

为进一步增加要素间相关性数据的可读性，基于相关性热图及其显著性结果，绘制了产品材料物理量分别与材料感官体验要素、材料知觉体验要素及材料情感体验要素间的相关系数表格（结果仅保留小数点后两位数，且与相关性热图中颜色相对应），具体相关性如下。

如表 6-1 所示，在材料物理量与材料感官体验要素的相关性分析结果中，材料软硬程度及色彩丰富程度不与任何材料物理量相关，材料粗糙程度与亮度均和密度（380～8930kg/m^3）、弹性模量（0.28～100GPa）、比热容［0.35～2.51 kJ/（kg•K）］、热导率［0.04～385 W/（m•K）］、蓄热系数［2.6～312.18W/（m^2•K）］以及光泽度（27.55°～352.99°）有所关联。

表 6-1　产品设计中材料物理量与感官体验的相关系数

	密度	弹性模量	比热容	热导率	蓄热系数	表面平均粗糙度	明度	红绿色品指数	黄蓝色品指数	饱和度	色调角	光泽度
易碎程度	–0.58	–0.58										
软硬程度												
粗糙程度	–0.77	–0.77	0.68	–0.60	–0.67							–0.84
色彩丰富程度												
亮度	0.76	0.75	–0.54	0.60	0.69							0.82

① 材料粗糙程度与密度（–0.77）、弹性模量（–0.77）及光泽度（–0.84）呈强负相关，与比热容（0.68）呈弱正相关，与热导率（–0.60）及蓄热系数（–0.67）呈弱负相关。

② 材料亮度与密度（0.76）、弹性模量（0.75）与光泽度（0.82）呈强正相关，与比热容（–0.54）呈弱负相关，与热导率（0.60）及蓄热系数（0.69）呈弱正相关。

③ 材料的易碎程度还与密度（–0.58）和弹性模量（–0.58）呈弱负相关。

由此可见，个体的材料感官体验除了极大程度受密度、弹性模量及光泽度三类材料物理量的影响外，还与热导率与蓄热系数相关。同时，不难发现材料粗糙程度与亮度均受相同物理量的影响，且两者相关性呈完全相反的状况。由此可猜测，材料粗糙程度与亮度两类产品感官体验可能呈负相关关系。该相关性分析结果与 Shirado 及 Maeno 两人认为“粗糙程度的感官体验与弹性模量相关”的研究结论保持一致。以上研究结果证明：材料表面越感到光滑，则材料质量越大，变形能力越小，导热及储热能力越差且越接近于哑光；而个体感受到的材料表面亮度越低则材料质量越小，变形能力越强，导热和储存热量的能力越强且表面越哑光。该相关性分析结果与材料感官体验方差分析的结果基本吻合。

6.1.2 产品材料物理量与材料知觉体验的关系研究

如表 6-2 所示，在材料物理量与材料知觉体验要素的相关性分析结果中，除“惬意的”一项知觉体验与密度（380～8930 kg/m^3）、弹性模量（0.28～100 GPa）、热导率［0.04～385W/（m • K）］及蓄热系数［2.6～312.18 W/（m^2 • K）］呈强相关外，其他四项材料知觉体验要素与 12 种材料物理量均呈弱相关或无关，具体关系如下。

表 6-2 产品设计中材料物理量与知觉体验的相关系数

	密度	弹性模量	比热容	热导率	蓄热系数	表面平均粗糙度	明度	红绿色品指数	黄蓝色品指数	饱和度	色调角	光泽度
安心的	–0.67	–0.64	0.60									–0.59
利落的												
惬意的	–0.84	–0.78		–0.67	–0.77							–0.62
经典的												
现代的												0.62

①“惬意的”与密度（–0.84）、弹性模量（–0.78）及蓄热系数（–0.74）呈强负相关，与热导率（–0.67）及光泽度（–0.62）均呈弱负相关。

②“安心的”与密度（–0.67）、弹性模量（–0.64）、比热容（0.60）与光泽度（–0.59）均呈弱相关关系，而材料“现代的”知觉体验则显示与光泽度（0.62）呈正相关。因此，产品材料越使人感到“惬意”则本身越轻、变形能力越强且自身储热能力越差，温度变化越迅速且光泽度相对越低。

③ 另外，越令人“安心的”材料其散热能力相对越强。

由此可见，材料知觉体验大多与密度、弹性模量及光泽度相关，与方差分析结果大部分一致。同时，该相关性分析结果也证实：材料知觉体验与材料感官体验的差异均与密度、弹性模量及光泽度有关，这表明材料感官体验与材料知觉体验可能与认知心理学中的感官与知觉相似，两者具有极其紧密的关系。

6.1.3 产品材料物理量与材料情感体验的关系研究

如表6-3所示，材料物理量与材料情感体验要素的相关性更为多样。除“钦佩”“气愤”“无聊”与“厌恶”外，几乎所有材料情感体验要素都与色彩明度（22.2～90.95）相关，具体关联性如下。

表6-3 产品设计中材料物理量与情感体验的相关系数

	密度	弹性模量	比热容	热导率	蓄热系数	表面平均粗糙度	明度	红绿色品指数	黄蓝色品指数	饱和度	色调角	光泽度
高兴							0.64					
钦佩												
自豪							0.81					
期待							0.80					
满意							0.52					
着迷							0.74					
渴求							0.68					
悲伤							–0.90					
害怕	0.64	0.69	–0.65				–0.58					
羞耻							–0.56					
轻蔑							–0.58					
气愤	0.69			0.74	0.76				0.62	0.64		
无聊												
厌恶			–0.71									

① 明度与“自豪（0.81）”“期待（0.80）”与“着迷（0.74）”三类积极情感呈强正相关，与“高兴（0.64）”“满意（0.52）”“着迷（0.74）”及“渴求（0.68）”呈弱正相关。相比之下，明度与“悲伤”呈强负相关（–0.90），与“害怕（–0.58）”“羞耻（–0.56）”与“轻蔑（–0.58）”呈弱负相关。这一结果表明，个体对材料的情感体验极大程度上受材料色彩明度的影响。同时，这意味着材料表面明度越高则“自豪”“期待”及“着迷”的材料情感体验越显著，还能一定程度上抑制“悲伤”等负面情感的产生。

②“害怕”还与密度（0.64）、弹性模量（0.69）及比热容（–0.65）呈弱相关关系。

③“气愤”与以下材料物理量均呈正相关关系，其中：与蓄热系数（0.76）呈强正相关，与“密度（0.69）”“热导率（0.74）”“黄蓝色品指数（0.62）”及“饱和度（0.64）”呈弱正相关。这一结果表明，越令人“气愤”的材料则传热或散热能力越强，颜色越偏黄或饱和度越高则越容易使人气愤。

④“厌恶”与比热容呈强负相关（–0.71），这意味着越令人“厌恶”的材料自身改变温度的能力越迅速。

由此可见，材料情感体验与表征材料光学性能及热学性能的物理量紧密关联，而这一结论在以往研究中尚未提及。此外，材料情感体验与明度呈强相关性，这意味着材料情感体验可能很大程度上受表征材料光学性能相关物理量的影响。此结论也丰富了过往研究中材料情感体验仅与材料表面平均粗糙度相关的研究结果。但需要注意的是，材料情感体验的方差分析中并未明显体现不同要素间的显著差异，但在相关性分析中却发现各材料情感体验要素间呈明显相关性，其中原因暂不明晰。

此外，本书的相关性研究结果也与过往研究结论存在部分差异。过往研究结果表明：材料表面平均粗糙度被指与材料表面粗糙程度的感官体验密切相关，材料的弹性模量也应当与软硬程度的感官体验显著相关。然而，基于相关性分析结果发现，以上两组要素之间的相关性均不显著。除此之外，红绿色品指数、黄蓝色品指数、饱和度及色调角等材料色彩物理量通常应与材料知觉体验及情感体验具有较高的相关性，但在本次实验中两者间相关性均不显著，且红绿色品指数与饱和度均不与任何材料感知体验中的要素相关。造成这一结果的主要原因很可能与实验中被试产品材料样本色彩过于单一有关。

6.1.4 材料知识映射模型的构建

综合以上材料物理量与感知体验间的相关性分析研究结果，图 6-2 展示了解释产品设计中材料物理量与感知体验关系的理论模型，即材料知识映射模型。该模型揭示了在特定产品材料物理量量值范畴内，材料感知体验中材料感官体验、材料知觉体验、材料情感体验各要素与材料物理量之间的具体关系。该理论模型为解释材料功能属性的材料物理量与表征个体对材料体验的材料感知体验数据之间提供了材料知识映射与转换的桥梁。产品设计师除了能够明确材料感知体验受哪一项或哪几

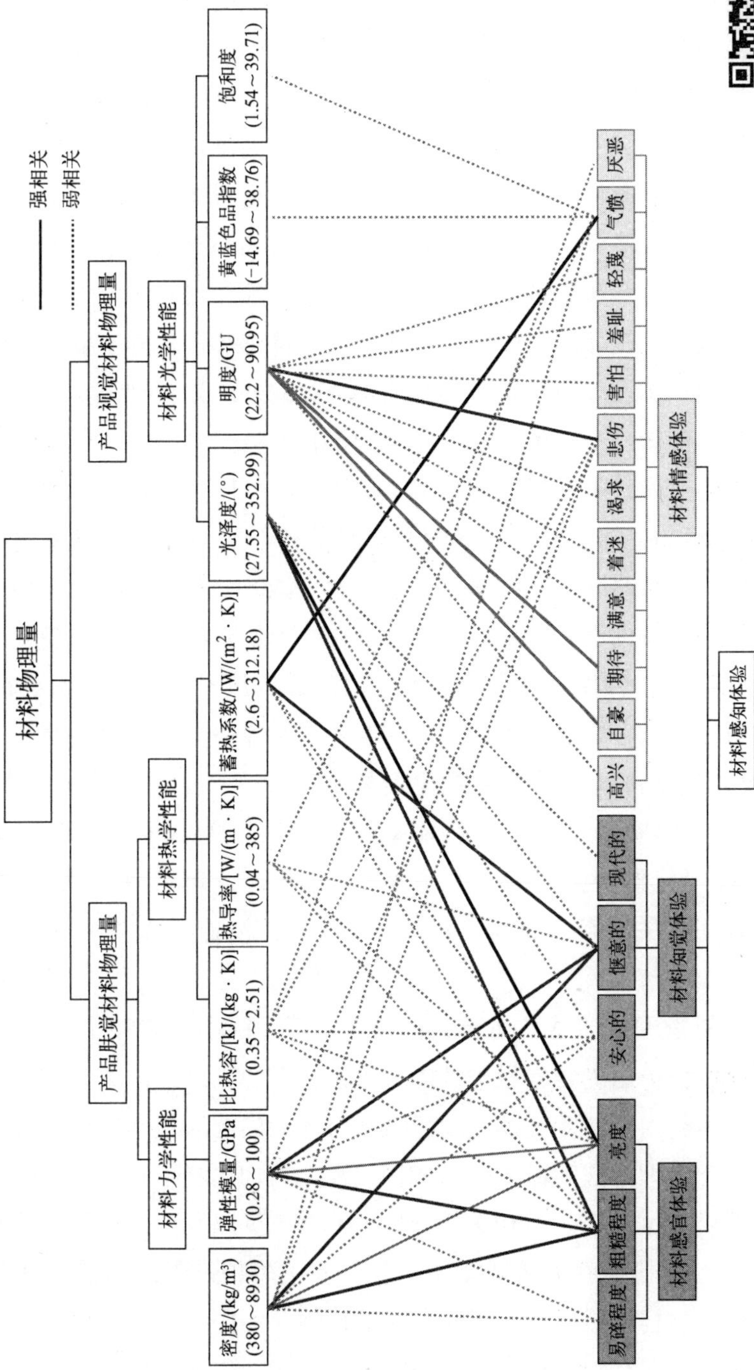

图 6-2 材料知识映射模型

彩图

项材料物理量的支配外，还能通过具有相关性的材料物理量合理预测可能引起感知体验，从而帮助产品设计师通过科学方法对产品设计中的材料进行有效筛选，提高产品设计中材料筛选效率，满足目标群体对产品的体验需求。在该模型中，材料感官体验大多与密度、材料的光学及力学性能相关，这可能是由于密度作为材料基础属性与一切物质特征均紧密相连有关。与材料光学、力学与热学性能相关的物理量很可能是影响人类材料感官体验的主要因素。另外，材料知觉体验的实验结果相对单一，针对本书中尚未涉及的材料知觉体验要素是否均与材料密度、力学性能及热学性能有所关联仍需进一步论证。再次，材料情感体验与材料热学性能及色彩明度关系最为紧密，这表明产品设计中由材料所引发的情感体验差异主要与材料表面的传热速度、表面冷热感及颜色中明度的强弱相关。此外，该模型证实了材料物理量与感知体验要素间存在“一对多”或“多对一”的关系。

综上所述，产品设计中材料物理量与感知体验的具体关系如下：

① 产品材料感知体验三层级中的材料感官体验与材料知觉体验主要与表征材料力学及热学性能的材料肤觉物理量，以及光学性能的材料视觉物理量相关，且与材料肤觉物理量的相关性更为紧密。具体表现在：个体对材料表面粗糙程度及亮度的感官体验均与密度、弹性模量、光泽度、比热容、热导率及蓄热系数相关；“安心的”与“惬意的”材料知觉体验除了与密度、弹性模量与光泽度均有所关联，还各自分别与比热容、热导率及蓄热系数呈相关性。

② 有且仅有材料感知体验中的情感体验受材料视觉物理量中的色彩物理量影响。具体表现在产品材料色彩明度与“自豪”“期待”“满意”“着迷”“渴求”四项积极情绪呈明显正相关关系，而与“悲伤”“害怕”“羞耻”“轻蔑”呈明显负相关关系。

另外，在材料物理量与感知体验的相关性分析过程中，SPSS 已形成关于材料物理量与感知体验各自组内要素相关性的报告。针对要素间组内关系的研究不仅可以明确材料感官体验、材料知觉体验及材料情感体验内部层级间的相关性，还能揭示材料视觉与肤觉物理量之间可能存在的相关性，为构建基于材料知识映射模型的材料推介平台提供数据支撑。从相关性热图 6-1 中也可以发现：在材料感知体验组内相关性分析中，材料情感体验要素不与任何本书中提及的材料感官体验要素相关。这证实了前文材料情感体验的量化结果的推论，即由单纯感官体验引起的瞬时材料情感体验强度相对有限，材料情感体验的产生可能需要经由材料知觉体验此类高级认知模式的引导。另外，基于以上材料感知体验内部相关性分析结果可以证实材料感知体验三层级模型构建的科学性与合理性，即由材料感官体验进一步生成材料知觉体验与材料情感体验，符合认知心理学对感知觉生成路径的描述。

6.2 基于材料知识映射模型的产品材料推介平台设计

数据是客观事物的符号化表征，而数据库管理系统（database management system，DBMS）则是一款旨在对数据进行系统化管理与控制的软件工具，允许用户依据特定需求从数据库中检索所需信息。2018 年，工业和信息化部与财政部联合制定了《国家新材料产业资源共享平台建设方案》，明确指出：聚焦于先进基础材料、关键战略材料及前沿新材料等核心领域及其产业链各关键环节，旨在构建一个资源共享度高、安全可控性强、运营服务能力突出的垂直化、专业化网络平台。

当前，无论是国际市场还是国内环境，均已涌现出众多商用及国家级别的材料信息数据库或平台，诸如 Cambridge Engineering Selector（CES）、Materials Project、AFLOW、OQMD、ICSD、MatNavi、MatWeb、PAULING FILE、NOMAD、Materials Web、Matdat、Total Materials、MGED、材料学科领域基础数据库以及国家材料科学数据共享网等，均在此领域享有盛誉。材料信息数据库持续作为产品设计流程中获取相关材料数据的有效渠道之一，发挥着不可或缺的作用。数据是描述客观事物的符号记录，材料知识数据平台能够对材料相关信息进行统一管理和控制。基于材料选择的研究现状可知，材料研发人员与产品设计人员间在材料筛选过程中对材料知识拥有不同的需求。但当前大多材料知识数据库均以辅助材料研发为主要目的，很少能为设计师提供与材料感知体验相关的信息和内容。同时，材料知识数据库仍是产品设计中获取材料信息的重要途径之一。因此，为提高设计师在产品设计材料选择环节中的材料筛选效率，并深化材料知识映射模型在产品设计中的实践应用价值，本节将基于理论模型内容构建以材料感知体验为触点的产品材料推介平台。

6.2.1 平台开发目标及结构框架

该材料推介平台的开发目标主要包括以下三个方面：一是产品设计人员能够通过材料感官体验要素、材料知觉体验要素及材料情感体验要素实现基于材料感知体验的材料筛选；二是以 MatWeb 材料知识信息数据库中的相关材料物理量数据作为外部信息接口和支撑，实现产品材料筛选过程中材料科学数据的有效应用和转化；三是以材料知识映射模型中材料物理量与感知体验的关系为基础，将具备相关性的材料物理量与感知体验数据成组录入，基于系统生成的关系方程，实现与特定材料感知体验要素与对应材料物理量量值匹配，并最终对满足材料感知体验预设需求的材料进行推荐。因此，针对产品设计中的选材需求及现有材料知识数据库的搭建方式，笔者结合动态设计思想并基于 Web 数据库及访问技术完成该平台的构建工作。该平台除了能够实现基于浏览器的数据共享及调取外，还能根据后续材料知识映射模型内容的不断丰富进行动态化更新和调整。该平台基于材料知识映射模型内容，制定合理的信息推理方式，以实现对材料物理量及感知体验信息的高效调用，进而辅助设计人员以材料感知体验为线索进行材料选择，最终提高产品设计过程中的材料筛选效率。

本平台将依托 SaaS（software as a service）模式进行部署，此模式为互联网迅猛发展的产物，一种创新的软件应用方式。它不仅确保了用户数据的独立性，防止相互干扰，还允许用户依据实际需求或时间周期，享受定制化的服务。此外，本 SaaS 平台采用 B/S（Browser/Server）架构，由服务提供商精心打造。B/S 架构作为当前 Web 数据库服务的典范，其体系架构主要由客户端、服务器端及数据端三层构成，具体架构如图 6-3 所示。B/S 架构的核心优势在于实现了用户交互界面与企业业务逻辑的分离，使得系统的核心处理功能均集中于 Web 服务器，用户仅需通过浏览器即可访问系统，此举极大地降低了客户端的负担，同时也在一定程度上简化了系统的开发流程与维护工作。

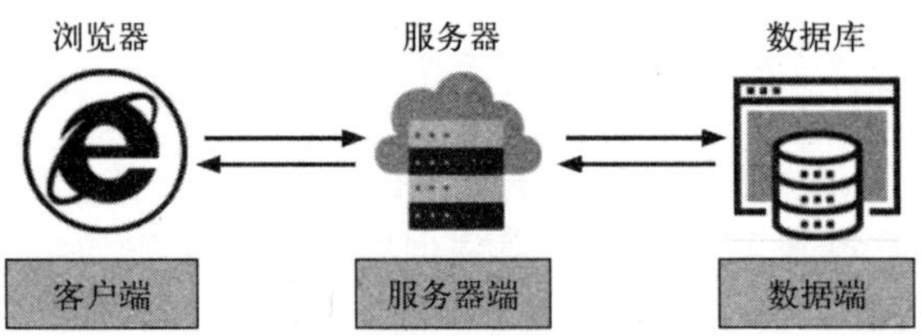

图 6-3　B/S 模式结构

该平台旨在高效管理产品设计中的材料信息，以提升选材效率。其构建基础为材料信息映射模型，并据此设计了科学的信息推理机制，以实现材料物理属性及感知体验信息的快速调用。该平台系统架构层次分明，由持久层、业务支撑层、核心业务层、接入层及表现层五个主要层级构成，具体架构如图 6-4 所示。

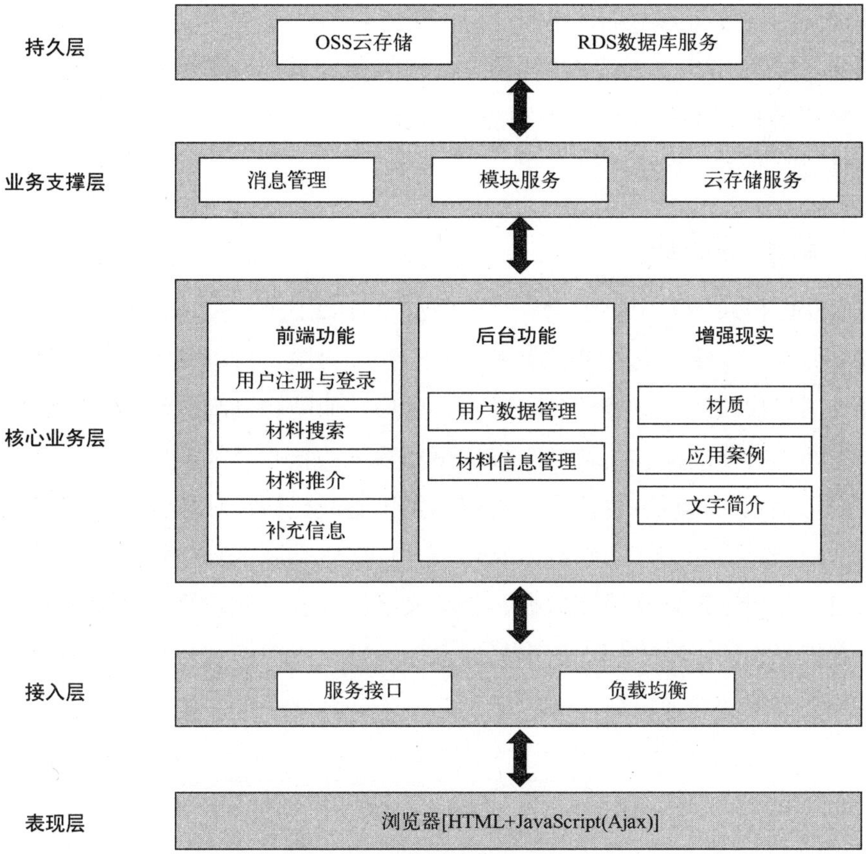

图6-4　平台系统架构

持久层，亦称数据访问层，其主要职责为处理平台与数据库之间的数据传输与访问活动。其中，RDS（relational database service）作为一项服务，提供包括备份、恢复与优化在内的多元化数据库管理功能；而OSS（operation support systems），即操作支持系统，是网络业务运作与运营不可或缺的支撑平台。

业务支撑层专注于为前端与后台功能的实现提供技术基础，通过整合消息管理、模块服务及云存储服务来达成这一目标。

核心业务层涵盖了前端功能、后台功能及增强现实的三大模块，具体包括用户注册与登录、材料搜索、材料推介、补充信息、用户数据管理、材料信息管理及材料虚拟展示七项核心功能。该层的主要职责在于响应来自平台管理员或用户的请求，并据此执行相应的功能操作。

接入层则充当了核心业务层与表现层之间的桥梁角色，负责提供网络接口与服务接口，以确保两者之间的有效连接。

表现层则直接面向用户，是用户进行交互操作的直观界面。此材料推介平台能够利用接入层调用核心业务层的功能，并在表现层上进行实时响应。简而言之，用户通过客户端提出功能请求，该请求由 Web 服务器端接收并处理，随后通过前端渲染在平台页面上展现给用户。

6.2.1.1 前端功能模块

前端功能模块主要由平台用户（即产品设计师）进行操作，前端业务使用流程如图 6-5 所示。该模块主要包括用户注册与登录模块、材料搜索模块、材料推介模块及补充信息模块四个主要部分。其中，用户注册与登录模块涉及用户信息注册及用户登录两项主要功能。材料检索模块是本系统的核心功能模块，用户可通过对页面中的材料类别、材料感官体验、材料知觉体验或材料情感体验等相关条件加以限定，筛选出与之匹配的产品材料。材料推介模块用于展示与材料相关的材料物理量及其量值、材料感知体验量化数据、材料文字简介及其应用场景等相关非结构化信息。补充信息模块主要为用户展示材料更新数据、热门检索材料以及与制作人员相关的信息等一系列补充信息。

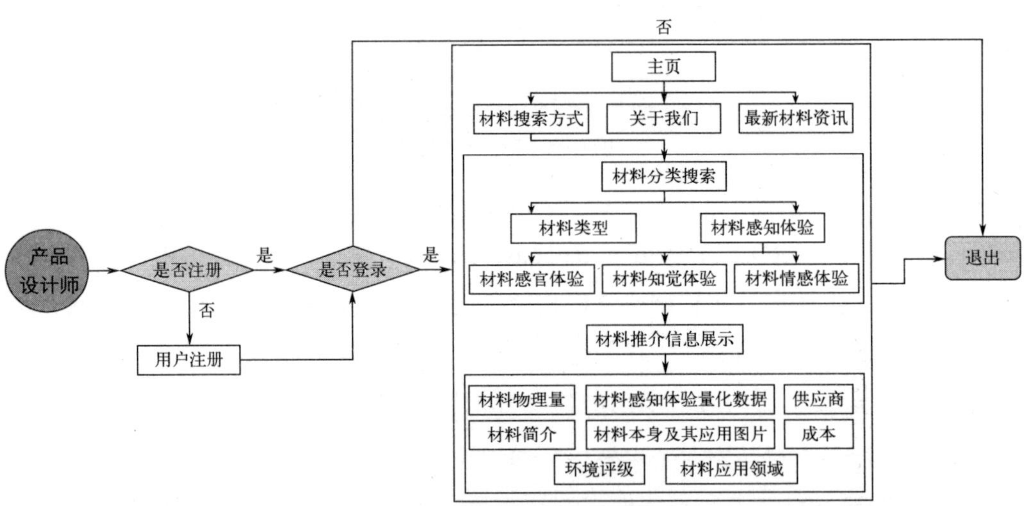

图 6-5 前端功能模块业务流程

6.2.1.2 后台功能模块

后台功能主要用于对用户数据及材料信息进行管理和设置，主要由平台管理员进行操作以实现对前端显示内容的及时调整，后台业务使用流程如图 6-6 所示。用户数据管理模块主要通过后台对用户权限进行管理，以定义不同组用户的访问权限。另外，材料信息管理模块涉及材料管理、信息分类及参数管理三项主要功能。笔者外接 MatWeb 材料数据库中的相关材料物理量数据，并基于材料知识映射模型中材料物理量与感知体验相关性，对具有关联性的相关数据进行添加、删除或修改。此外，该模块还能根据模型内容对数据间的层级关系进行调整，以实现基于材料感知体验三层级内的精准搜索及推介。

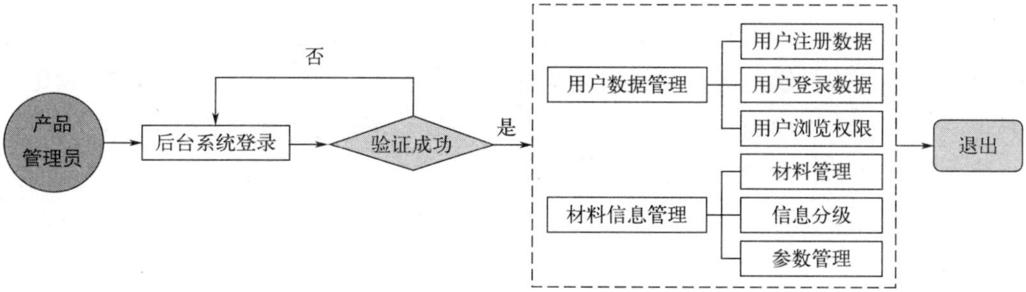

图 6-6　后台模块业务流程

6.2.1.3　增强现实模块

增强现实是一种在实时场景中叠加图像、声音、视频等数字元素的虚拟技术，它被定义为能够满足“真实与虚拟空间融合”与“实时交互”特征的集成系统[189]。AR 技术能够将计算机生成的虚拟对象合并到真实场景之中，并支持用户使用多重感官体验通道进行实时交互。该增强现实模块的业务流程如图 6-7 所示：设计师可

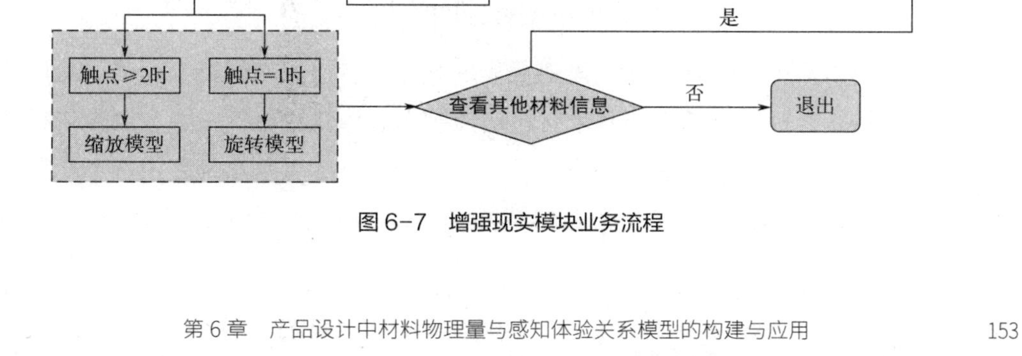

图 6-7　增强现实模块业务流程

在安卓设备上安装该应用，并通过摄像头对产品设计材料推介平台中的标志物材料图片进行扫描。平台用户可在界面中点选“材质”“应用案例”及“文字描述”三个板块，以查看对应材料的模型及信息，深化产品设计师对候选材料的全面认知，为筛选适配材料提供参考。

6.2.2 平台前端及后端功能模块的设计与实现

除了利用后台功能对前端进行设置外，还需要对平台相应界面布局进行设计和调整。本平台的搭建以简洁及直观的效果为设计目标，以白色为主要基调，在光标悬停或点击时则切换为醒目的湖蓝色，在提高界面视觉舒适度的同时强调系统页面位置及操作状态。产品材料推介平台的首页及导航栏效果如图 6-8 所示，产品设计师点选“材料搜索方式”菜单后，可以通过材料类别及材料感知体验对产品材料进行分类筛选。

图 6-8 导航栏效果呈现

为基于材料知识映射模型的具体内容实现对产品材料的准确推介，除了将具体相关性数据输入推介平台外，还基于材料物理量与感知体验的相关性数据生成具体关系方程，并以代码形式通过后台程序录入产品材料推介平台系统之中。当产品设计师利用“材料感知体验”菜单进行材料筛选时，可点选“材料感官体验”“材料知觉体验”及“材料情感体验”中的具体材料感知体验要素并利用滑块调整预期强度（即与前文的材料感知体验的量化数据相对应）进行材料筛选，如图 6-9 所示。

图 6-9　材料搜索页面

产品设计师选定具体材料感知体验要素及其强度后，系统将提交数据表格到对应路由，并执行预设材料的搜索逻辑。以材料知识映射模型中材料物理量与材料感官体验中粗糙程度的具体函数关系为例，关键代码如下。在该代码中，request.args.get（ ）函数接收 URL 链接中的参数，sensory_id 表示材料感官体验要素 ID，star 对应所选材料感官体验的要素强度。当平台使用者通过选择“粗糙程度”及其表现强度发起搜索任务时，系统会根据 sensory_id 和 star 的数值，以已录入的被试产品材料样本粗糙程度的原始量化数据及相应的材料物理量量值为基础，推算出符合限定条件的材料物理量量值及其对应材料。最终，该平台将会推导出与所选材料感知体验要素最为匹配的材料物理量量值范畴，给出满足此阈值的材料选择建议，并将备选材料在页面上依次展示。此外，如若所选的材料感知体验要素尚无存在对应关系的材料物理量，本系统将根据已录入材料感知体验要素间的关系（材料感知体验要素间的关系如图 6-1 所示），并结合具体量值推算出与其要素内相关的且具有对应关系的感知体验要素的材料物理量及相应材料。以上材料物理量量值及感知体验的推导模式均被设置成为并列关系。

材料物理量与粗糙程度的材料搜索关键代码

```
@home.route("/search1/")
def search1():
"""
搜索功能：按材料感官体验搜索
"""
page = request.args.get（'page'，1，type=int）# 获取 page 参数值
sensory = Sensory.query.all（）# 获取所有感官体验
sensory _id = request.args.get（'sensory_id'，type=int）# 体验
x = request.args.get（'star'，type=int）    # 量值
# 根据粗糙程度及量值搜索材料
if Sensory.Name[sensory _id]= ' 粗糙程度 ' and x:
# 粗糙程度——密度
md=274.60582*(x**2)-2682.21766*x +7718.55205
# 粗糙程度——弹性模量
txml=3.94465*(x**2)-46.74225*x +142.15969
# 粗糙程度——比热容
brr=-0.454*(x**2)-0.52555*x +0.2428
# 粗糙程度——热导率
drxs=13.53961*(x**2)-110.85561*x +255.63063
# 粗糙程度——蓄热系数
xrxs=10.52687*(x**2)-91.84881*x +207.48899
# 粗糙程度——光泽度
gzd=6.23163*(x**2)-54.83753*x +123.29286
filters = or_(int(md)== int(Material.md)，int(txml)== int(Material.txml)，int(brr)== int(Material.brr)，
int(drxs)== int(Material.drxs)，int(xrxs)== int(Material.xrxs)，int(gzd)== int(Material.gzd))
    page_data = Material.query.filterfilterpaginate(page=page，per_page=6)
# 搜索全部材料
else :
    page_data = Material.query.paginate(page=page，per_page=3)
return  render_template
('home/search.html'，page_data=page_data,sensory=sensory,sensory_id=sensory_id,x=star)
```

另外，选择相应材料感知体验要素及其量值，即可跳转至材料推介页面。在材料搜索页面中点选相应材料后，即可跳转至材料简介页面。该页面除了展示对应材料的物理量量值及感知体验量化数据外，还对材料基本状况、材料供应商、成本报价及环保评级状况进行了简要概述，并展示材料本体及相关应用案例的图片（图6-10）。其中，材料本体图片还将用于激活增强现实模块。该产品材料推介平台的构建在一定程度上深化了产品设计人员对备选材料的认知，提高了备选材料在具体产品应用领域的筛选效率及适配性。

图 6-10　页面呈现效果

6.2.3　增强现实模块的设计与实现

AR（augmented reality）技术，作为一种在实时场景中无缝融合图像、声音、视频等数字元素的虚拟化手段，其本质乃是一种集成系统，核心在于实现"真实与虚拟空间的深度融合"及"即时性的用户交互"。此技术通过尖端算法，将计算机精心设计的虚拟对象精准嵌入现实环境之中，同时赋予用户多元化的感官体验渠道，以实现即时、直观的互动。AR 技术的应用目标聚焦于两大方向：首要目标是通过增强用户的感官接收能力，提升信息提取效率，深化对事物的认知层次，进而优化决策过程，确保其合理性与科学性；其次则目标在于展现那些在常规环境下难以直观呈现的事物或场景，为用户开启全新的认知视野。

值得注意的是，尽管 AR 被视为虚拟现实（virtual reality，VR）技术的自然延伸，但两者在体验模式上存在着显著差异。相较于 VR 的全沉浸式体验，AR 技术的独特优势在于其允许用户在享受虚拟内容的同时，仍能保持对现实环境的感知，从而显著提升了操作的安全性。此外，AR 技术的使用门槛相对较低，用户无需投入大量时间成本去熟悉复杂的操作设备，仅凭日常使用的智能移动设备，即可轻松实现对 AR 内容的即时操控与体验。图 6-11 详尽展示了增强现实系统的工作原理：系统首先利用摄像头捕捉真实环境中的图像或其他媒体信息，随后通过精密的数据追踪与转换算法，生成与之相对应的虚拟图像。最终，这些虚实结合的视觉内容将通过终端显示设备，以直观、生动的方式呈现给用户。

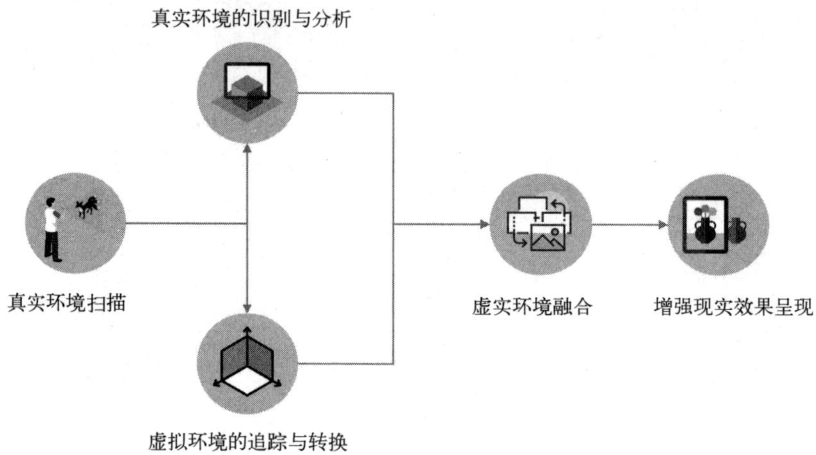

图 6-11　增强现实系统工作原理

因此，综合文献研究及产品设计实际经验，设计师在筛选材料过程中除了偏向于使用表征材料感知体验的形容词外，还习惯于通过材料图片或 3D 建模等非结构化形式对相应材料信息进行表征。Politecnico di Milano 的 Ferrara 教授也提出：虚拟现实技术是深化材料感知体验的可行方法之一。为深化设计师对产品设计备选材料的理解，提升材料与设计目标的适配性和准确度，将在面向产品设计的材料推介系统中嵌入增强现实显示模块。该模块能够通过扫描推介系统中的图片，实现将相应材料 3D 建模与图片的虚实结合，提高使用者对材料的整体认知。本节将详细描述 AR 应用模块的构建过程，用户最终可以通过扫描系统预设的目标材料图片调用 AR 应用模块以查看对应材料的三维材质球模型、应用案例模型及简单的材料文字介绍等内容。同时，平台使用者可以在增强模块界面中通过不同手势在“材质”“应用案例”及“文字介绍”三个板块中进行切换，查看相应的材料数据。

6.2.3.1　材质模型构建

增强现实中虚实融合的呈现效果本质上是在 AR 设备中将系统预设的三维模型

在现实环境中呈现出来，因而三维模型的设计与构建是确保 AR 应用模块运行稳定的重要前提之一。笔者在搭建面向产品设计的材料推介系统初期就已经完成材料相关资料的收集工作，因此将基于已收集的材料参考图片使用 3ds Max 完成 12 项被试样本材料材质球及其具体应用的三维模型构建。

本节主要以花岗岩材料的材质球及其应用案例的制作流程为例，叙述模型的构建过程。首先，通过 3ds Max 切角及连接等相关命令分别构建出花岗岩材质球及花岗岩拦路球的模型（图 6-12、图 6-13），并将其导出为可以被 Unity3D 兼容的 FBX 文件。

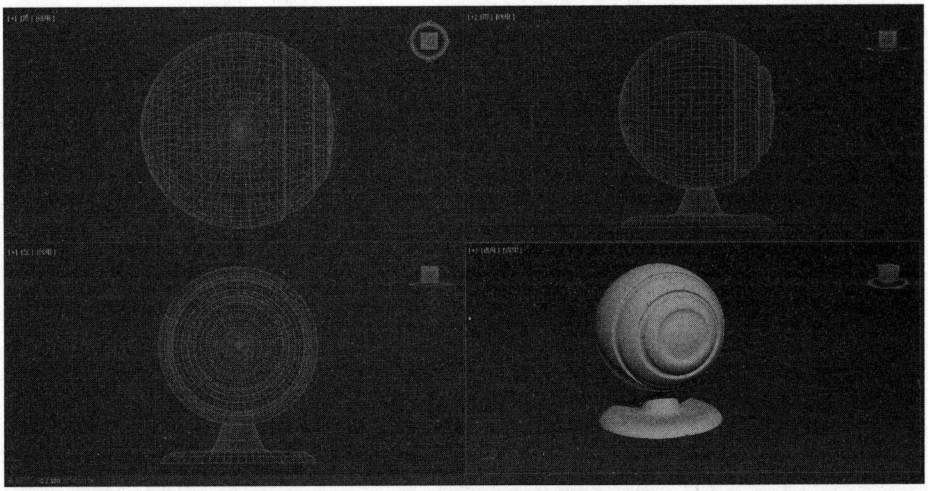

图 6-12　花岗岩材质球的模型构建

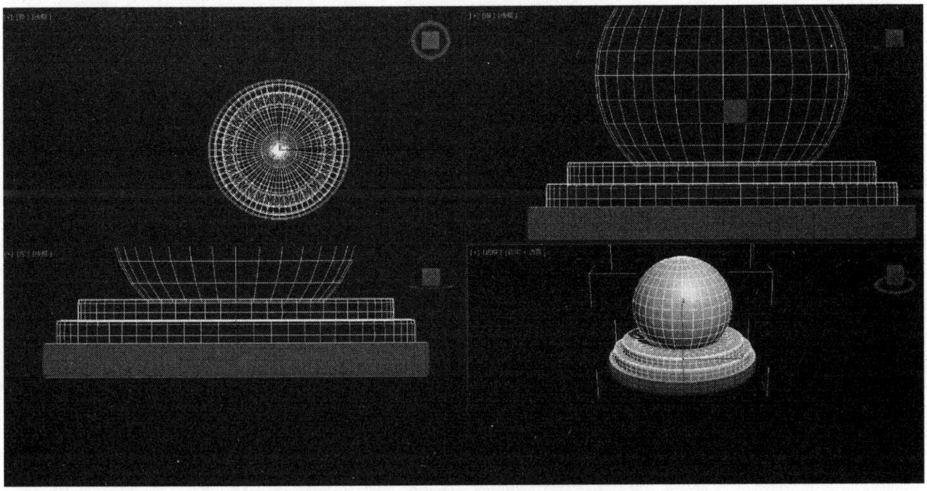

图 6-13　花岗岩拦路球的模型构建

接下来，将已构建的模型集成至 Unity3D 平台，并利用来自相应网站的 12 项试验样本材料的纹理贴图，进行模型的材质渲染工作，具体效果如图 6-14 所示。在 Unity 的 Assets 文件夹内，通过右键操作创建材质球，并命名为“granite”，随后将下载的纹理贴图文件指定至 Albedo 属性中，从而生成完整的材质球模型（图 6-15），展示效果如图 6-16 所示。采用相同的操作流程，我们分别完成了花岗岩拦路球的全面建模［图 6-16（b）］，以及其余 11 项试验样本材料的材质球制作及其相关应用的建模工作，整体效果如图 6-17 所示。

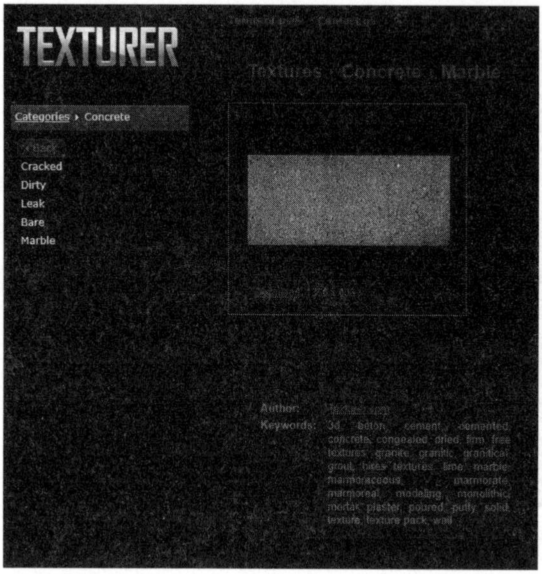

图 6-14　在 Texturer 中搜索并下载适合的材质贴图

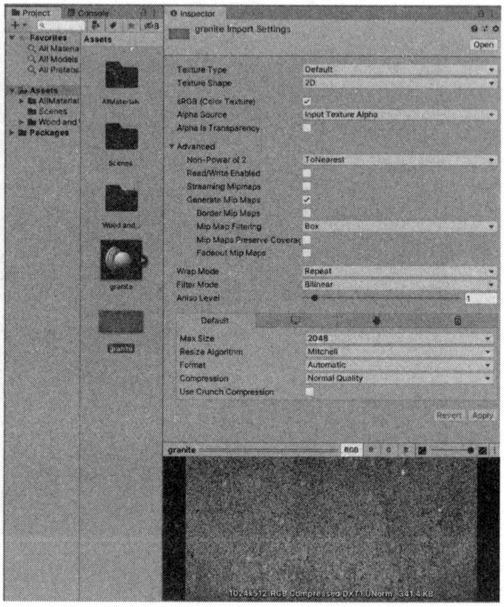

图 6-15　Unity3D 中的材料贴图设置

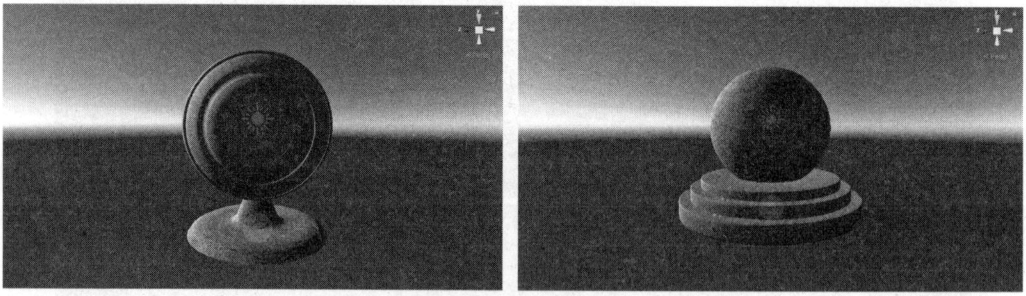

(a)　　(b)

图 6-16　花岗岩材质球（a）及花岗岩拦路球（b）

图 6-17　12 项样本材料的材质球建模

6.2.3.2　Vuforia 中的识别图设置

对真实环境中信息的有效识别是保证增强现实系统合理运行的重要步骤之一。Vuforia、EasyAR 及 ARTOOLKIT 都是 Unity3D 中实现 AR 效果的常用软件工具包，但 Vuforia 除了能够对定制图像进行高效识别外，还支持 Android、IOS 及 UWP 等多元平台的开发，当前已被广泛应用于游戏开发及影视制作等相关领域中。因此，该 AR 应用模块将基于 Unity3D 中的 Vuforia 插件支持进行构建。

首先，需要前往 Vuforia 官方网站进行账号注册。随后点击“Develop”项目栏中的“License Manager”，并在“License Name”中输入项目名称“Materials”，点击“Confirm”完成项目注册（图 6-18），将该项目生成的

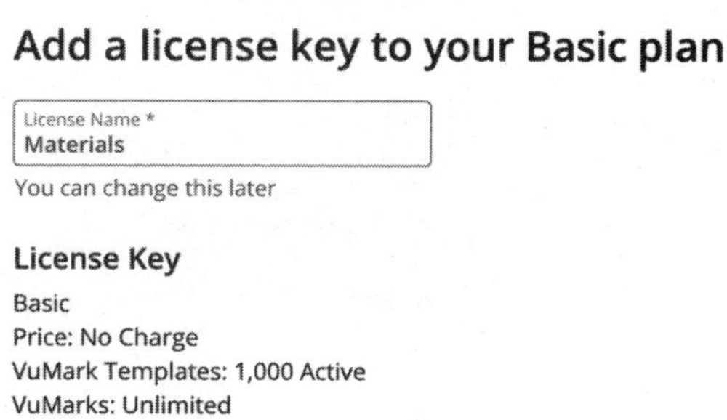

图 6-18　Vuforia 中 License Key 的添加

“Licence Key”导入 Unity3D 中（图 6-19）。

Please copy the license key below into your app

Afg6OGH/////AAABmfh5Roa7EEeNjXANe4dXbsouolFx/WQIdhnhO4pWqseTDGn7WmfFLdM3121lHKRHuVKfGLaRSuJ62w375iX074d
OhlEv9BJSxYSHcNo+R+icwJ/PcvHK937NYJajbrtYnZtJqXX47lYIrwUdjlgI4BRga9fvSzI4dsyF65SC2D4mn3mUR/qdw3I+qeqdaH
DNckf0UeV3rWzUwpJcPBzsGp3YNBd5OkLPlfoTSLOES6uvyWr5+RrTeKdWa5vtNKVY19zbq9Lt09ZQETUAMHUveJVfuSSJGrrfO38c7
A4YDY4ZkijicjlMiPyYUKSMlqjfRb6Y+hbMg/Q5C7eaDkh5KPpG9tD8K0/PdLf6yaHEETZc

图 6-19　Vuforia 中 License Key 的生成

其次，想要有效且快速调用面向产品设计的材料推介平台中的 AR 应用模块，需要对真实环境中的预设标志物信息进行准确识别。在 Vuforia 中，可以使用图片（Single Image）、长方体（Cuboid）、圆柱体（Cylinder）及三维模型（3D Object）四种可视化形式作为激活 AR 系统的标志物信息，如图 6-20 所示。图片的可识别速度较快且相对稳定，因而成为使用频率最高的标志物信息形式。因此，根据 Vuforia 中对上传图片的需求，逐一完成宽度（Width）为“1”的 12 项被试样本材料标志物图片的上传。另外，AR 应用模块的调用以标志物信息中的注册识别点为评判目标，因此该网站以星级评价（Rating）为基准对上传图片的可识别程度进行了量化评分。当星级达到或超过四颗星时且标志物状态（Status）为“Active”时，意味该标志物信息能够被有效识别。在完成对标志物信息的上传并达到评级标准后，点击“Download Database”按钮并勾选“Unity Editor”选项对项目内容进行下载和保存（图 6-21）。

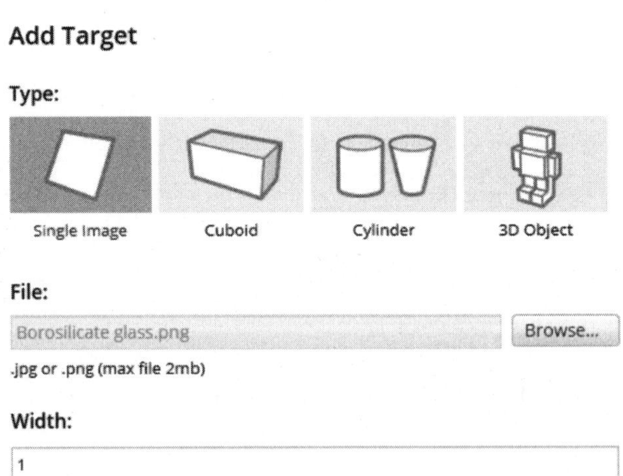

图 6-20　Vuforia 中的图片上传

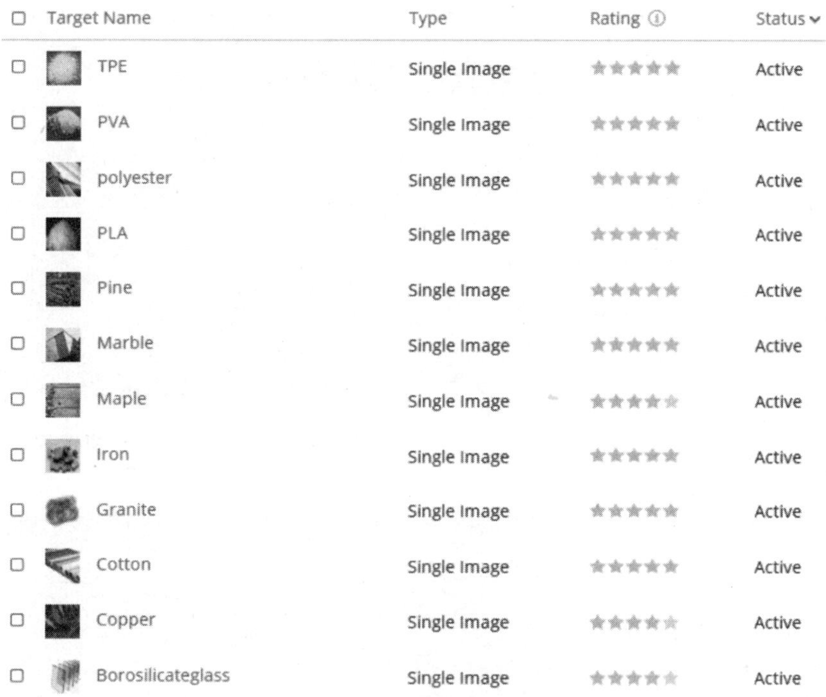

Target Name	Type	Rating	Status
TPE	Single Image	★★★★★	Active
PVA	Single Image	★★★★★	Active
polyester	Single Image	★★★★★	Active
PLA	Single Image	★★★★★	Active
Pine	Single Image	★★★★★	Active
Marble	Single Image	★★★★★	Active
Maple	Single Image	★★★★☆	Active
Iron	Single Image	★★★★★	Active
Granite	Single Image	★★★★★	Active
Cotton	Single Image	★★★★★	Active
Copper	Single Image	★★★★☆	Active
Borosilicateglass	Single Image	★★★★☆	Active

图6-21　Vuforia中的对标志物图片的评分

6.2.3.3　Vuforia开发环境的配置

首先，将制作好的材质球及其相关应用的三维模型导入Unity3D之中（图6-22），并在Unity菜单栏Window/PackageManager命令中导入Vuforia Engine AR资源包。

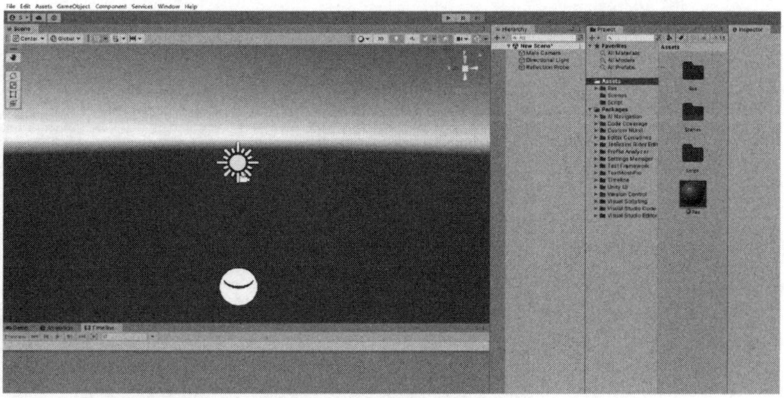

图6-22　模型导入

其次，利用BuildSettings命令将运行环境切换到Android，并将窗口分辨率调整为1920×1200（图6-23）。在场景层级面板内添加ARCamera对象并选择相机自身VuforiaBehaviour脚本进行配置。将申请好的Vuforia密钥填写到配置界面中的AppLicenseKey属性栏中，至此完成开发环境的初步设置。

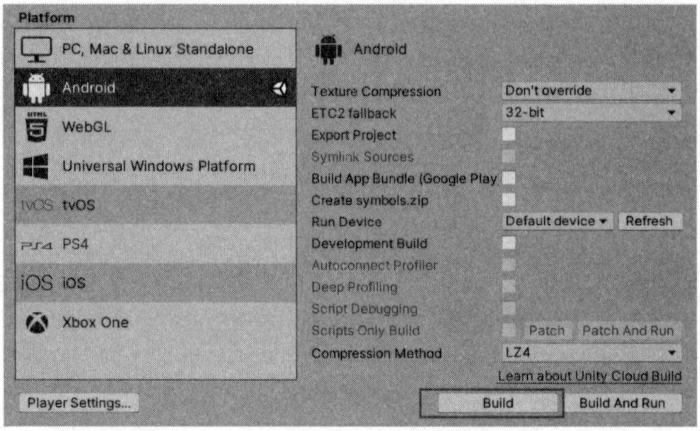

图6-23 将工程切换到Android搭建环境

6.2.3.4 AR识别对象的制作

在层级面板创建Image对象，以用于设置和管理识别对象的标志物信息图片。如图6-24所示，在该界面对12项被试样本材料进行逐一设置，并将对应的三维模型置于标志物信息图片的子菜单中，同时对模型大小及旋转角度进行调整（图6-25）。

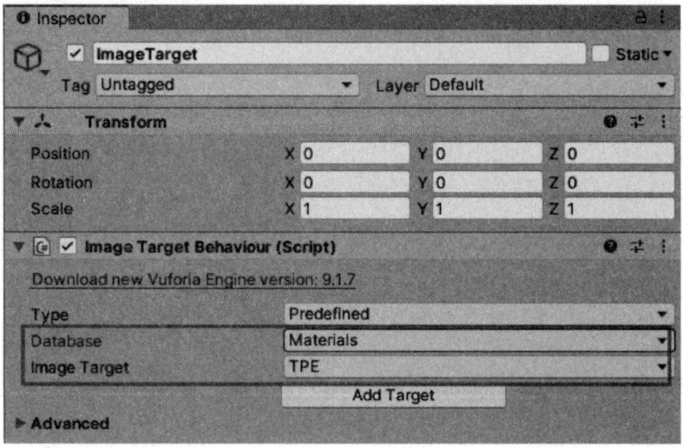

图6-24 选择适配的Database和Image Target

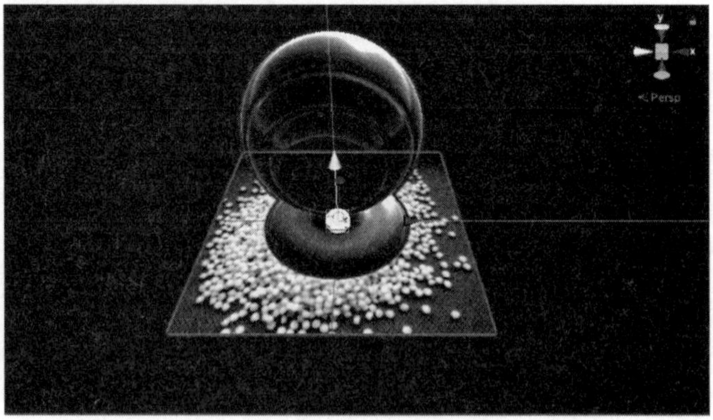
图6-25 对TPE材料的识别图片和模型进行调整

UI界面的搭建需要通过Unity3D创建Canvas画布，并对其菜单栏、按钮及文本等相关内容的尺寸、颜色与文字大小等进行设置。根据小米4Plus屏幕分辨率及尺寸大小对 UI 界面中的“材质”“应用案例”和“文字描述”等内容进行设置和调整。

6.2.3.5 交互功能的脚本编写

为了使用户能够在 AR 应用模块中对三维模型进行精准控制，需要利用 Unity3D 中设计三维模型缩放及旋转等相关交互功能的 C# 语言程序代码进行编写。首先，在项目栏中右键创建一个命名为“ScaleAndRotate”的 C# 语言脚本。在脚本编写过程中，需要使用 if 函数判断 Touch 数据中手指触摸屏幕的触点数量以调用不同的交互功能：当触摸点数量为 1 时，模型可在水平及垂直方向旋转；当触摸点数量大于或等于 2 时，可触发模型的缩放功能（图 6-26）。此后，将编写好的脚本挂载到 12 项被试样本材料材质球及应用案例模型之上（图 6-27）。另外，图 6-28 呈现了 AR 应用模块在识别标志物材料图片后的 UI 界面交互逻辑脚本，以实现界面中各模块间的切换。

图 6-26　缩放与旋转脚本的编写

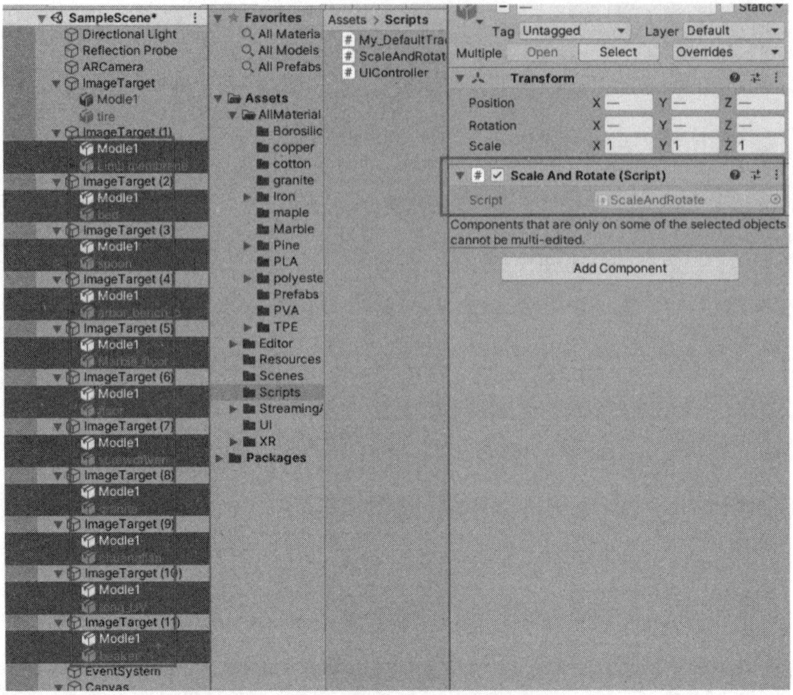

图 6-27　将脚本挂载到对应模型之上

图 6-28　UI 交互逻辑脚本的编写

6.2.3.6 AR应用模块的发布及呈现效果

在 Unity3D 完成对 AR 模块的设计和搭建后，打开 BuildSettings 窗口，切换到 Android 平台并再次点击 Build 按钮以实现对项目整体的发布（图 6-29）。最终可获得以 APK 为后缀的文件，并可直接拷贝到安卓设备中进行安装和运行（图 6-30）。

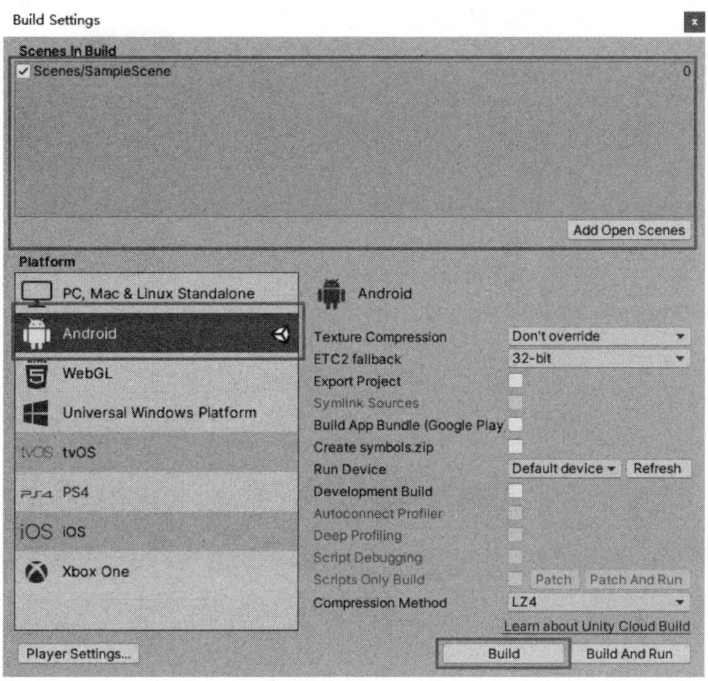

图 6-29　项目发布

图 6-30　AR 应用模块安装在小米 4Plus 中

该 AR 应用模块的用户行为流程（图 6-31）：用户可以在安卓设备上安装并运行该应用，通过摄像头对产品设计的材料推介平台中的标志物材料图片进行扫描（图 6-32）；另外，用户可在界面中点选材料相应的“材质”“应用案例”及“文字描述”三个板块并对相关内容进行查看（图 6-33、图 6-34 及图 6-35）；其间，用户可以通过交互在屏幕实现对模型的旋转缩放，一定程度上深化用户对特定材料及其应用案例的感知体验，为产品设计中的材料筛选提供参考。

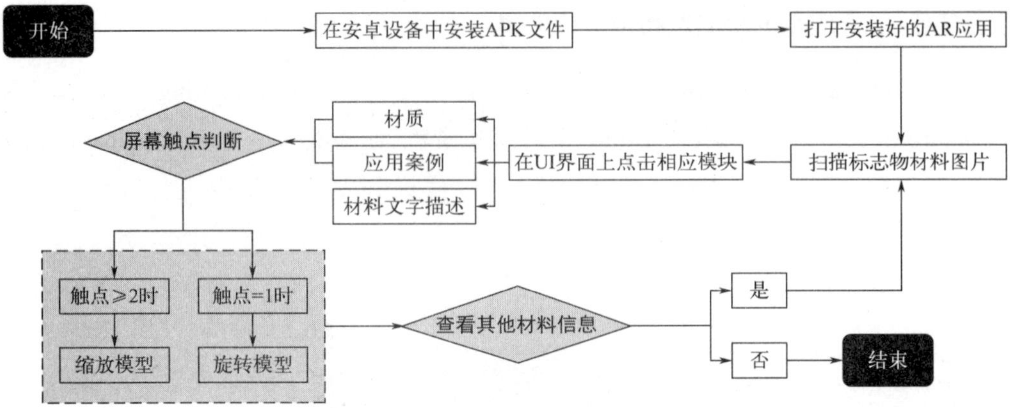

图 6-31　AR 应用模块用户行为流程图

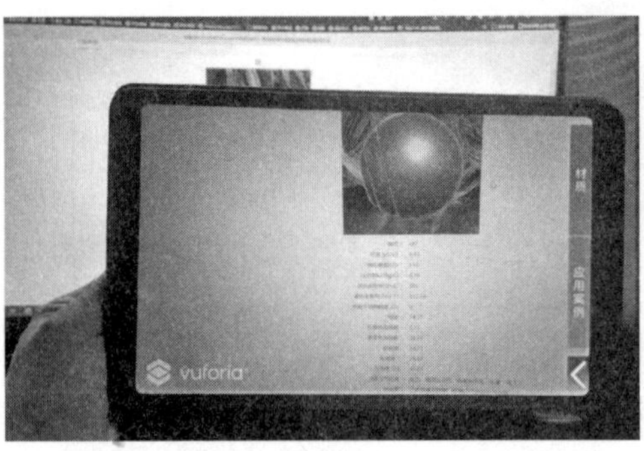

图 6-32　通过安卓设备对目标图片的扫描

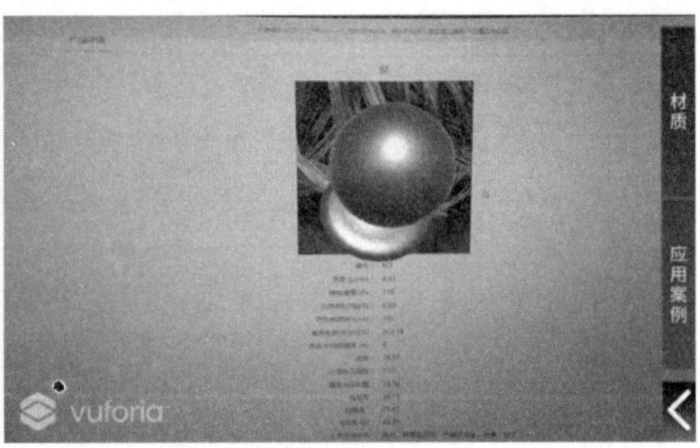

图 6-33　“材质”板块展示

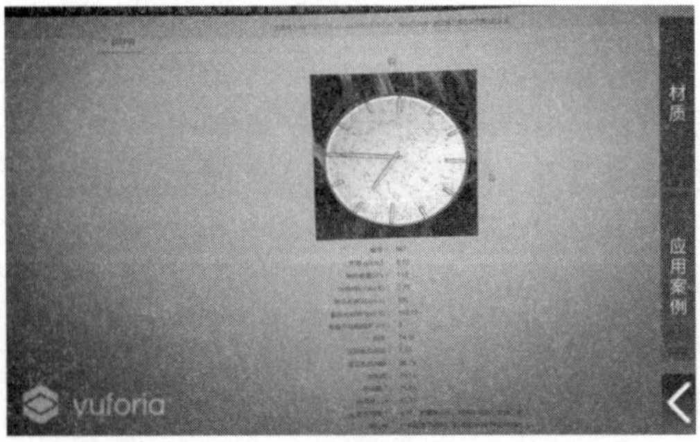

图 6-34　“应用案例”板块展示

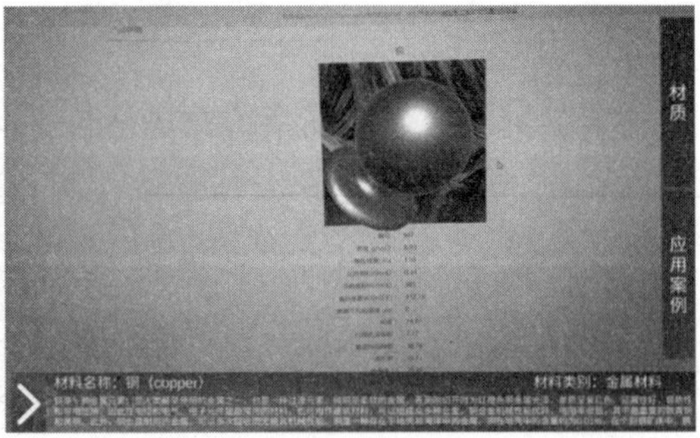

图 6-35　“文字描述”板块展示

6.3 系统可用性评估

为了全面评估已构建的产品设计材料推介平台及其 AR 应用模块在有用性和易用性方面的表现，研究中决定采用系统可用性量表（system usability scale，SUS）作为评估工具。相较于其他类型的可用性测试方法，SUS 展现出了显著的评估优势，包括测试规模适中、结果收敛迅速、成本效益高、应用灵活性强、信度与效度卓越以及敏感度高等特点。据相关报告统计，SUS 在各类正式及非正式的可用性研究中的应用频率高达 43%，这一数据充分证明了其在业界的广泛认可与应用。

鉴于上述优势，SUS 已被确立为用户体验及系统可用性研究领域内最为广泛采用的测试工具之一，并逐渐发展成为该领域的行业标准。其适用范围广泛，能够有效地针对包括网站、手机 APP 在内的多种现代产品进行深入的可用性评估。接下来，将详细阐述利用 SUS 对产品设计材料推介平台及其配套 AR 应用模块进行可用性评估的具体流程与所得结果。

6.3.1 评估流程

通常而言，SUS 量表包含 10 个题目，并采用五分制 Likert 量表进行评分，其中“1”表示强烈反对，“5”表示强烈同意。为了避免问卷中的“默许偏差”，奇数题项采用积极语气描述，而偶数题项则采用消极语气描述，两者交替排列。基于研究目的，对 SUS 原量表内容进行了适当的调整，在保留原有 10 个题目的基础上，额外增加了两个开放性问题，“您认为这两项系统有哪些方面需要改进？”以及“您认为这两项系统还需要增加哪些新功能？”旨在收集受试用户对于材料推荐平台及 AR 应用模块的独特见解和宝贵意见。

本次评估工作共邀请了 15 位被试者参与，其中包括 4 位男性和 11 位女性，平均年龄为 25 岁（标准差 SD=2.39），且均具备至少四年的用户体验研究或信息交互设计领域的工作经验。所有被试者在无时间限制的情况下，完成了表 6-4 中指定的可用性评估任务，并通过“问卷星”平台提交了对系统的综合评价。

表 6-4　平台可用性评估任务清单

<table>
<tr><th>任务对象</th><th>任务主题</th><th>任务序号</th><th>任务描述</th></tr>
<tr><td rowspan="6">产品设计材料推介平台</td><td rowspan="4">材料分类搜索</td><td>任务 1</td><td>任务目标：基于“材料类型”的材料搜索
1. 点选首页“材料分类搜索”菜单栏；
2. 通过“材料类型”完成任意材料的搜索</td></tr>
<tr><td>任务 2</td><td>任务目标：基于“材料感官体验”的材料搜索
1. 点选首页“材料分类搜索”选项；
2. 通过“材料感官体验”完成任意材料的搜索</td></tr>
<tr><td>任务 3</td><td>任务目标：基于“材料知觉体验”的材料搜索
1. 点选首页“材料分类搜索”选项；
2. 通过“材料知觉体验”完成任意材料的搜索</td></tr>
<tr><td>任务 4</td><td>任务目标：基于“材料情感体验”的材料搜索
1. 点选首页“材料分类搜索”菜单栏；
2. 通过“材料知觉体验”完成任意材料的搜索</td></tr>
<tr><td rowspan="2">注册与登陆</td><td>任务 1</td><td>任务目标：完成“会员注册”
1. 点选首页“会员注册”选项；
2. 输入相关信息完成会员注册任务</td></tr>
<tr><td>任务 2</td><td>任务目标：完成“会员登录”
1. 点选首页“会员登录”选项；
2. 输入已注册的会员账号和密码完成登录任务</td></tr>
<tr><td rowspan="3">AR 应用模块</td><td>程序调用</td><td>任务 1</td><td>任务目标：目标图片识别
1. 利用 Android 设备对材料目标图片进行扫描，以完成 AR 模块的调用任务</td></tr>
<tr><td>交互识别</td><td>任务 1</td><td>任务目标：AR 界面中三维模型的旋转与缩放
1. 利用单指在屏幕上对模型进行旋转；
2. 利用双指或多指在屏幕上对模型进行缩放</td></tr>
<tr><td>板块切换</td><td>任务 1</td><td>任务目标：在 AR 界面中对“材质”“应用案例”及“文字描述”三个板块进行切换
1. 点选“材质”板块；
2. 点选“应用案例”板块；
3. 点选“文字描述”板块</td></tr>
</table>

6.3.2　评估结果

表 6-5 详细记录了 15 位受试者在完成指定可用性评估任务后的评分情况，具体涵盖了各题项评分的最大值、最小值、平均值以及标准差等关键统计指标。根据此统计结果，可以明确以下几点：首先，奇数题项的均分普遍保持在较高水平，显示出受试者对相应评估维度的积极评价；其次，偶数题项的均分则普遍较低，但值

得注意的是，第 10 题的得分是个例外，它呈现出较高的水平。这一现象表明，受试用户对两项应用的可用性和易用性总体上持有正面态度，但第 10 题的高分反映出了特定的问题或需求。

进一步分析第 10 题得分较高的原因，通过后续的第 11 题补充问答环节可以得知：受试者普遍认为，为了更好地利用该产品设计材料推介平台，他们需要加强对材料感知体验相关内容的学习和掌握。这一反馈为优化产品设计、提升用户体验提供了有价值的参考。

表6-5　平台可用性评估数据

题项	最大值	最小值	平均值	标准差
1. 我会经常愿意使用此系统	5	3	3.93	0.59
2. 我认为此系统过于复杂	4	1	2.47	0.83
3. 我认为此系统容易使用	5	3	4	0.66
4. 我想我会需要技术人员的协助，才能使用此系统	4	1	2.13	1.06
5. 我觉得此系统的各种功能彼此整合得很好	5	3	3.73	0.59
6. 我认为此系统内有太多的不一致	4	1	2.13	0.83
7. 我能想象大多数的人都能很快学习使用此系统	5	4	4.13	0.35
8. 我觉得此系统使用起来非常困难	4	1	2.07	0.96
9. 我很有自信能够使用此系统	5	3	4	0.66
10. 我需要先学习很多知识，才能开始使用此系统	5	1	2.7	0.93

鉴于 SUS 问卷中的项目采用积极与消极表述交替设计，需依据特定公式独立处理奇数项与偶数项。表 6-6 详尽列出了各项的计算公式，并提供了评估得分的平均值及 SUS 总评分的概览。基于 Bangor 所构建的四分位区间（图 6-36）、可接受范围（acceptability ranges）、形容词评级（adjective rating）与 SUS 得分（SUS score）之间的关联性分析，我们可以得出以下结论：采用材料信息映射模型构建的产品设计材料推介平台及其 AR 应用模块，在受试者的评估中，其可用性与易用性均达到了可接受的标准。

表6-6　SUS可用性评估结果

计算公式	题项	得分
$S_o=(x-1)\times 2.5$	1	7.325
	3	7.5

（续表）

计算公式	题项	得分
$S_o=(x-1)\times 2.5$	5	6.825
	7	7.825
	9	7.5
$S_e=(5-x)\times 2.5$	2	6.325
	4	7.175
	6	7.175
	8	7.325
	10	6.75
SUS 总计得分		71.725

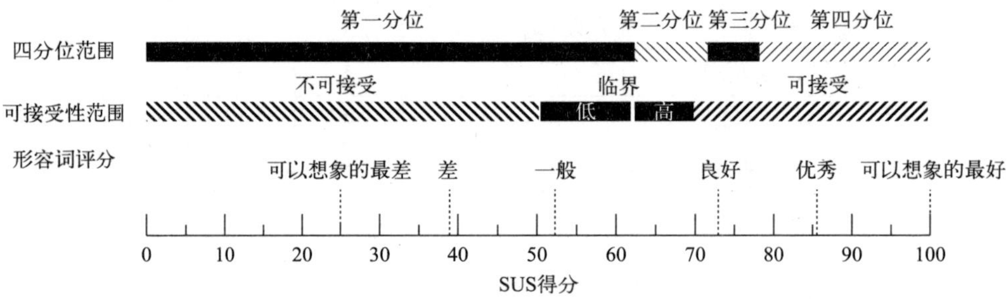

图 6-36　SUS 得分及其对应等级关系

此外，表 6-7 整理并展示了“您认为两项系统有哪些需要修改的地方”及“您认为两项系统还需要增加哪些新功能”的测试结果：大部分问题及意见集中于产品设计材料推介平台功能的优化之上。

表 6-7　开放题结果

题项	材料推介平台	AR 应用模块
11. 您认为两项系统有哪些需要修改的地方？	① 材料分类搜索作为系统的主要功能，不应采用下拉式菜单； ② 材料推介页面中材料信息的显示层级规划不明确； ③ 平台首页、材料搜索界面及材料推介页面颜色区分不够明显； ④ 需要对材料感官体验、材料知觉体验及材料情感体验内容进行说明； ⑤ 有必要在应用案例旁配有简单的文字描述	

（续表）

题项	材料推介平台	AR 应用模块
12. 您认为两项系统还需要增加哪些新功能?	① 增加推介材料之间在物理量、应用范畴及应用环境之间的对比功能； ② 增加材料应用案例视频，或其他材料信息可视化表征方式	① 调整 AR 应用模块后台设置，使一次扫描能识别多个目标

综上所述，本书构建的产品设计材料推介平台及其配套 AR 应用模块可用性和易用性总体尚可但仍存在优化的空间。

6.4 材料知识映射模型在产品设计材料选择中的有效性论证

6.4.1 社交机器人相关概念及分类

机器人是一种具备半自主或全自主工作能力的智能设备，其核心特征涵盖感知、决策及执行等关键环节。它们不仅能够辅助人类执行危险、繁重及复杂任务，更可在特定情境下替代人类工作，显著提升工作效率与质量，广泛服务于人类生活的各个领域，进一步拓展与延伸人类的活动范围与能力边界。根据功能与应用领域的不同，机器人可大致划分为工业机器人、服务机器人及特种机器人三大类。工业机器人，作为面向工业领域的核心智能装备，通常采用多关节机械手或多自由度机器装置的形式，专为满足自动化生产需求而设计。它们在大批量生产行业中发挥着不可替代的作用，是推动工业现代化进程的重要力量。服务机器人，依据国际机器人联合会（International Federation of Robotics，IFR）的明确定义，是一类能够执行有益于人类服务工作的半自主或全自主机器人。值得注意的是，此类机器人的服务范畴明确排除了直接从事生产活动的相关内容。至于特种机器人，它们通常被部署于特定专业领域，包括但不限于专业检查与维护保养、水下作业，以及国防、营救与安全应用等关键领域，以其独特的专业能力与适应性，为这些领域的发展提供了强有力的支持。

自 20 世纪 80 年代中期起，服务机器人已逐渐从工厂的结构化环境渗透至人类家庭、医疗及公共服务等多元化生活领域。它们不仅具备自主完成工作的能力，还能在人类协同下或指导下完成各类服务任务。尽管服务机器人在人类日常生活中扮演着重要角色，但传统观念多将其视为辅助工具，而非与人类并肩合作的社会成员。作为社会性生物，人类对理解和模拟自然现象怀有深厚的情感与追求，在与其他生物互动时，倾向于运用“人际”交往的框架来解析和预测行为。随着机器人技术的飞速发展，人机交互（human-robot interaction，HRI）领域愈发重视用户的互动体验。鉴于服务机器人在执行任务过程中常与机器人同伴或人类合作，为其赋予基于人类习惯的社交技能显得尤为重要，此举旨在增强人机互动的吸引力和顺畅度。社交机器人，作为一类能够作为社会伙伴的自主机器人，通过感知环境并自主匹配与执行符合任务目标的社会行为，显著提升了人机交互的协同性和效率。其应用场景广泛，与服务机器人相似，主要涵盖教育、医疗康复、家庭陪伴及公共服务四大领域。

教育作为社交机器人深入研究的热门领域，该类机器人专注于为儿童提供 STEAM（科学、技术、工程、艺术、数学）相关学科的学习辅导。近年来，教育型社交机器人在保持其核心教学指导功能的同时，亦融入了游戏、音乐等多种娱乐元素，旨在丰富学习体验。鉴于儿童对游戏的天然喜爱，机器人的设计与开发者巧妙地融入了简易编程教学内容，这类集教育与娱乐于一体的机器人被命名为寓教于乐机器人（edutainment robot）。随着实践性学习法及 STEAM 教育理念日益受到重视，多国教育体系已积极将社交机器人 Nao 及其配套课程纳入学校教学大纲之中。

在医疗康复领域中，社交机器人被广泛应用于辅助医疗、康复训练及医疗后勤保障等关键服务环节。此类机器人不仅能够有效辅助医护人员执行病患的治疗诊断任务，并处理部分简易医疗操作，更在扮演医生或护士等社会角色时，通过人机交互中的触摸、语音等互动手段，显著提升治疗效率，有效减轻患者因疾病所致的生理与心理负担。特别值得一提的是，如 PARO 这样的社交机器人，在耐心护理方面展现出卓越性能，尤其针对记忆力衰退的老年人群。PARO 是一种采用柔软毛绒材料包裹的宠物型机器人，广泛应用于医院与疗养院环境。患者通过与 PARO 柔软表面的亲密接触，能够实现情绪的自我调节与缓解，这一特性对于促进患者心理健康具有积极作用。

家用陪伴型社交机器人种类繁多，主要可划分为清洁、烹饪、娱乐及陪伴四大类别。在当前生活节奏日益加快的背景下，家用型社交机器人的介入，为民众提供了高效且快速的解决方案，辅助人们完成诸如家庭卫生打扫、烹饪辅助等日常生活琐事。此外，随着社会环境与社会结构的深刻变化，老龄化人口与留守儿童的比例持续增长，陪伴机器人通过其可爱的造型设计、触觉交互以及语言互动等类人化交互行为，有效促进了人机交互过程中的依恋感与亲密感，从而增强了人与机器人之间的社交陪伴关系，有效缓解了留守老人和儿童的孤独与焦虑情绪。家用陪伴机器人 Zenbo 具备自主移动、交流及语言理解能力。用户可借助移动设备，操作 Zenbo 配套的应用程序，实现对家庭安全、灯光、电视、门锁、供暖及制冷系统的全面控制。

在公共场所中，存在众多成功的社交机器人应用案例，这些机器人专为提供服务而设计，并广泛应用于酒店、机场、银行、餐厅、商场、会展等多个领域。它们的主要功能涵盖指引、问询服务以及安防巡逻等多元化服务。

6.4.2 面向学龄前儿童的社交机器人的研究现状

全球范围内，儿童人口已超过 22 亿。随着人口的增长及经济水平与父母受教育程度的提高，学龄前儿童相关产品在家庭支出中的比重不断增长[191]。在中国约 80% 的家庭中，儿童消费占据了 30%～50% 的比例。在社交机器人服务领域的众多应用场景中，教育领域的机器人技术应用尤为引人注目。日本机器人协会（JRS）、联合国经济及社会理事会（UNESC）以及国际机器人联合会（IFR）等机构均发布报告指出，包括教育机器人在内的个人机器人市场正展现出稳步增长的态势。教育领域内，对机器人技术的兴趣日益浓厚，尤其聚焦于专为儿童设计的机器人产品。有研究表明，将机器人融入儿童的学习与生活已成为现实可能，儿童通过与机器人的社交互动，不仅能够建立积极的情感联系，还能有效提升其学习成效。

6.4.2.1 面向学龄前儿童的社交机器人 HRI 研究

人 - 机器人交互（HRI）是一个广泛跨学科的领域，它融合了机器人学、工程学、计算机科学、心理学、语言学、行为学等多个学科，致力于深入探究自然与人工系统间交互过程中的社会行为、沟通机制及智能化技术。幼儿教育对儿童在学校中的表现、学习态度、发展能力乃至家庭环境均产生深远影响。在此背景下，拥有类人社交行为的智能机器人展现出巨大潜力，成为促进儿童全面发展的理想伙伴。在学龄前儿童与机器人的交互（child-robot interaction，CRI 或 CHRI）研究中发现：社交机器人（social robot）被儿童认为是具备社会属性的存在；相较于普通玩具，与机器人的社会性互动将为儿童营造更为积极的交互体验[192]。在人机交互设计领域，儿童与机器人的交互（CRI 或 CHRI）已成为一个备受瞩目的研究主题，其核心在于识别并解决儿童与机器人在交互过程中遇到的问题。在 CRI 研究中，社交机器人被儿童视为具有社会属性的实体，它们与普通玩具相比，能够通过更丰富的社会性互动为儿童带来更加积极、有意义的交互体验。为营造更加和谐的 CRI 互动环境，当前研究主要聚焦于两大核心问题：一是如何设计符合儿童心理预期的机器人外观特征，包括外观表现力与动作反馈方式等；二是如何构建适宜儿童群体的互动风格，涉及情绪表达、行为策略等方面的优化。

CRI 与 HRI 研究的核心差异在于儿童的生理与认知系统正处于持续、动态的演进之中，与成年人相比，展现出显著的差异性。随着儿童年龄的增长，其身体逐步发展出更为灵巧的手指与更强健的手臂，这一生理变化极大地促进了儿童在精细运动控制方面的进步，从而能够掌握更为复杂的运动与学习技能。据儿童发展心理学的严谨划分，儿童期被明确区分为学前期（亦称作学龄前期）与学龄期两大主要阶段。学前阶段进一步细化为出生前发展阶段、婴儿阶段以及幼儿阶段。此阶段作为个体心理发展的最初与最关键时期，具有极其重要的意义。具体而言，4 岁被普遍认为是儿童知觉能力发展的一个关键节点；而 5～6 岁期间，则标志着人类身心发展的一个高峰期，这一时期因发展速度迅猛而被誉为“第一加速时期”。

首先，学龄前儿童神经系统的高级部分开始发挥更为显著的作用，绝大多数学龄前儿童均已展现出良好的运动控制能力，这一特点进一步促进了他们在人机交互中的活跃互动行为。在此阶段，学前儿童的体型经历了显著的生理变化，具体表现为脊柱骨逐渐拉直，大脑结构及其相关功能也呈现出快速发展的态势。此外，儿童身体各部分的比例日益接近成年人水平，身体平衡能力显著提升。鉴于儿童体型在此时期的快速增长，其身体重心逐渐向躯干转移，动作发展亦遵循由近及远的原则，即躯干和肩膀的动作发展先于手和手指的精细动作。动作技能的发展可大致划分为两类：一类是牵动大肌肉群及身体大部分部位的大动作，另一类则是主要涉及手部使用或双手协作的小动作。在此阶段，儿童已能够熟练完成跑步、后退、捡球、骑脚踏车、溜冰及游泳等大动作技能；同时，他们在穿脱衣物、系鞋带、使用筷子和剪刀以及握笔书写等小动作技能上也表现出较高的熟练度和完成度。

其次，学龄前儿童的认知水平经历了显著且快速的发展，这确保了他们在与机器人进行主动互动时，能够清晰地表达自己的偏好。认知，作为人类全面认识世界及其品质的综合体现，涵盖了感知觉、记忆、思维、想象及语言等多个方面，是人类理解和把握客观事物的基石。在儿童发展领域，让 • 皮亚杰作为先驱者与构建主义的倡导者，将儿童的认知发展历程划分为感知运动期、前运算期、具体运算期及形式运算期四个阶段。值得注意的是，前运算期与学前期中的幼儿阶段高度吻合。皮亚杰进一步指出，前运算期可细分为符号功能子阶段与直觉思维子阶段。在符号功能子阶段，儿童倾向于将物品转化为富含符号意义的象征性存在，或习惯性地从自身视角出发进行思考，并赋予无生命物体以人类的拟人化特征。而在直觉思维子阶段，儿童的好奇心显著增强，他们开始提出诸多疑问并寻求合理的解答，同时，此阶段的儿童已能识别大量物品，并初步掌握了分类的基本知识。

最后，儿童对游戏的热爱本质上促进了他们在人机交互活动中的积极参与。作为哺乳类动物，人类天生具有热爱游戏的本性，这一过程不仅带来了乐趣，还使我们在玩耍中掌握了生存所需的技能与经验。研究已明确显示，学龄前儿童在清醒的大部分时间里，均沉浸在游戏中，通过亲身实践来探索世界并学习新知识。儿童的游戏活动可细分为多个维度，包括身体游戏（亦称感官游戏）、掌控游戏（或称探索游戏）、社交游戏、物体游戏、创意游戏以及象征性游戏（又称假装游戏或想象游戏）。具体而言，身体游戏侧重于通过刺激感官系统，使儿童在身体探索与运动中享受纯粹的乐趣，成为他们认知世界与学习的基础。掌控游戏则强调在游戏过程中，儿童学习并掌握如舞蹈、游泳等特定技能。儿童天生具备社交倾向，常被同龄或体型相近的伙伴所吸引，合作游戏与竞技游戏在社交游戏中屡见不鲜。物体游戏中，儿童运用各种感官，特别是触觉，对物体进行探索与操作。创意游戏则激发儿童的创新能力，鼓励他们改造物品，创造出独一无二的作品。而象征性游戏则是儿童试图理解并表达周围世界的重要方式，如为玩具穿衣、扮演超人或拥有超能力等。这些丰富多样的游戏形式，为 CRI 研究提供了广阔的空间与无限的可能性。

6.4.2.2 面向学龄前儿童的社交机器人外观设计

绝大多数机器人产品均出自工程师之手，其与人类交流互动的能力，则是后续通过技术实现，并由社会科学家或专业设计师进行详尽的测试与精细的优化，以确保机器人的外观设计与行为表现能够与其所具备的技术能力相契合。就当前教育领域中的社交机器人而言，根据其外观特征，主要可划分为两大类：类人型机器人（humanoid robots）与宠物型机器人（pet robots）。

在美学范畴内，模仿（mimesis），亦称作“审美模仿（aesthetic imitation）”，系指个体在意识或无意识状态下，对他人行为进行复现，并意图将个人独特的审美体验传递给其他个体的过程。据权威研究报告明确指出，社交机器人通过精准地模仿人类的外在形象与行为举止，能够显著提升其社会交互能力。进一步而言，在人机互动的情境中，这种模仿行为不仅有助于增强互动双方之间的社会亲近感，还对于优化儿童用户的人机交互体验具有显著成效。

在深入研究学龄前儿童偏好的机器人特性时，我们发现儿童更倾向于采用凝视与触摸等直观互动方式与那些具备近似成年人外貌的机器人进行交流。Norman 的观点指出，人类已进化出利用细微线索来解读拟人化的能力，并将情感投射至广泛对象之上。当前，产品设计中融入拟人化思维已成为一种潮流，设计师借助此手法提升用户与产品的情感联系，同时加强产品、用户与社会价值之间的纽带。Epley 等人提出的拟人化“三因素模型”进一步阐释了人类易于将物品拟人化的条件：一是人类中心知识的易获取性与适用性；二是个人追求成为社会互动积极参与者的动机；三是社会联系缺失时的心理需求。基于此，将机器人的外观与交互设计拟人化，不仅能够促进用户对其功能的直观理解，还能有效满足其社交心理需求。以学龄前儿童为对象的常用社交机器人研究如表 6-8 所示。

表 6-8　以学龄前儿童为对象的常用社交机器人研究

作者	机器人机型	实验方法	实验场景	被试人员
Baxter et al.[33]	Nao	● 视频观察法	实验室	平均年龄为 41.47 个月（3 岁半左右）儿童，32 人
Berhagen et al.[34]	Nao	● 2 × 2 组间对比实验 ● 视频观察法 ● 问卷法	实验室	平均年龄 61.8 个月（5 岁左右）儿童，60 人
Causo et al.[10]	Nao & Pepper	● 问卷法 ● 观察法	教室	5 ～ 6 岁儿童，16 人
Conti et al.[35]	Nao	● 对照组实验	教室	5 ～ 6 岁儿童，81 人
Crompton et al.[36]	Nao	● 焦点小组 ● 现场观察法	教室	3 ～ 5 岁儿童，50 人
Kirstein and Risager[37]	Nao & Zeno	● 观察法	教室	3 ～ 7 岁儿童，29 人
Nalin et al.[38]	Nao	● 访谈法 ● 视频观察法	实验室	5 ～ 12 岁儿童，19 人
Tanaka et al.[39]	Nao	● 视频观察法 ● “绿野仙踪”	教室	3 ～ 6 岁儿童，18 人
Kim et al.[40]	Skusie	● 个案分析法 ● 现场观察法 ● 视频观察法	教室	5 ～ 6 岁儿童，80 人

（续表）

作者	机器人机型	实验方法	实验场景	被试人员
Kory westlund et al.[41]	DragonBot	● 2 × 2 组间对比实验 ● 访谈法	教室	2 ～ 5 岁儿童，36 人
Tanaka et al.[42]	QRIO	● 视频观察法 ●"绿野仙踪"	教室	1 ～ 2 岁儿童，12 人
Westlund et al.[43]	Tega	● 访谈法 ● 问卷法	教室	3 ～ 5 岁儿童，45 人

有研究人员也表示：将机器人融入学龄前儿童的学习生活之中能够通过人机交互构建积极的情感链接，以进一步提高儿童的生活能力及学习成效[193]。在机器人系统领域，引入拟人化的形态与行为模式，旨在有效缩减人类与数字信息间的隔阂，深化儿童用户对机器人的亲近感与参与人机交互的积极性。拟人化设计理念的核心在于，通过赋予机器人以类似人类的认知模式或行为方式，使之被视为具备人类社会行为特质的主体，从而更加贴近现实人类特性。这一策略使得人类在与机器人交互时，能够自然地运用人与人之间的交往经验，促进沟通的顺畅性。类人机器人在外观设计上，往往采取对人类身体结构进行艺术化提炼与再创造的手法，因此，多数类人机器人展现出包括头部、眼睛、嘴巴及躯干等与人类身体高度相似的形态特征。此类设计在机器人领域的应用，不仅有助于儿童更直观地理解机器人的功能，还极大地促进了人机之间富有意义的互动。值得注意的是，拟人化并不仅限于外观层面，它还涵盖了声音、动作等行为特征，这些元素的融入进一步丰富了机器人的表现力，使其与人类的交流更加自然流畅。

基于当前对学前儿童教育社交机器人的深入研究，Nao 机器人已成为该领域内最为广泛采用的实验对象。Nao，作为软银公司首推的类人机器人产品，其身高设定为 58cm，重量控制在 5.48kg，拥有 25 个自由度的关节设计，赋予了它行走、手势表达、摇摆等多样化活动的灵活性［图 6-37（a）］。截至目前，Nao 机器人已迭代至第六代，配备了更为强劲的电机和优化的手指结构，增强了抓握能力，遍布全身的传感器能够精确捕捉并响应交互动作。此外，Nao 机身材料选用聚己二酰己二胺（polyamide-66，PA-66，一种热塑性树脂）、聚碳酸酯与丙烯腈 - 丁二烯 - 苯乙烯共聚物及其混合物（PC/ABS），该组合材料融合了高硬度、高强度、耐冲击、耐高温及抗紫外线等多重优势。

Nao 机器人在儿童教育领域的广泛应用，得益于其广泛的适用性、吸引人的外观、适中的成本、全面的功能以及简便的编程特性。与此同时，软银公司还推出了另一款革命性的类人机器人 Pepper，该机器人率先实现了人脸识别与情绪识别功能，成为全球首款真正意义上的社交类人机器人，支持对话及触摸屏幕交互［图 6-37（b）］。Pepper 的身高达到 120cm，重量约为 29.1kg，其主体结构由 ABS 树脂、PC 树脂及纤维玻璃共同构成，分别凭借 ABS 的灵活性、PC 的坚固性以及纤维玻璃的复合性能，确保了 Pepper 在触摸屏硬件应用上的卓越表现。值得注意的是，除 Nao 与 Pepper 外，诸如 Sony 开发的 QRIO 等类人机器人也在学前儿童教育社交机器人的研发设计中占据了一席之地［图 6-37（c）］。

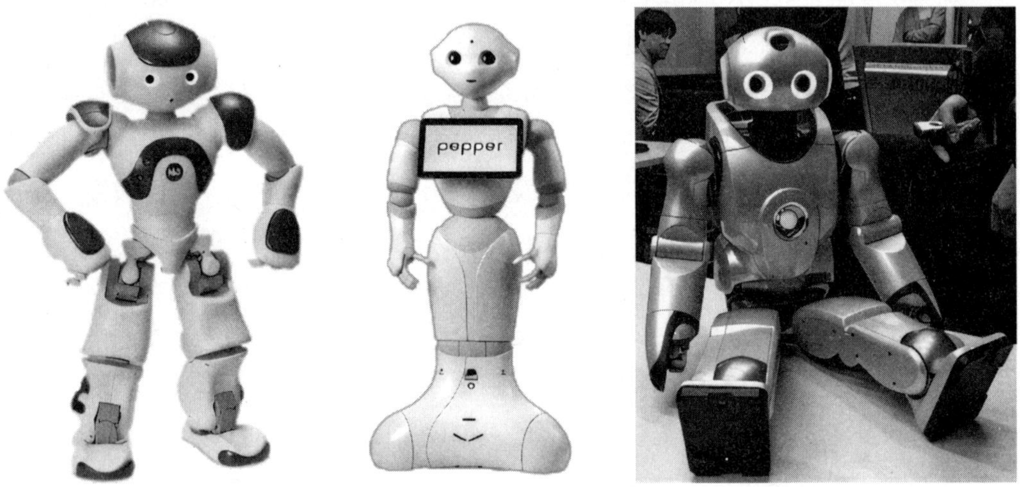

(a) (b) (c)

图 6-37　机器人 Nao（a）、机器人 Pepper（b）及机器人 QRIO（c）

值得注意的是，机器人与人类的相似度并不直接等同于其受欢迎程度。Mori 提出的“恐怖谷效应（the uncanny valley effect）”理论，深刻揭示了机器人拟人化程度与其受欢迎度之间的复杂关系。该理论指出，当机器人外表和动作接近人类时，能够激发人们的积极情感反应；然而，随着相似度的进一步提升，存在一个临界点，超过此点后，熟悉感会骤然下降，导致机器人显得怪异，从而引发人们的不适感。这意味着，高度拟人化的机器人，在外观或行为上稍有瑕疵，便可能大幅降低其受欢迎度。尤其当机器人的外观比其行为更接近真实人类，而两者间存在不匹配时，人机交互过程中的不适感将更为显著。

尽管类人机器人在一定程度上能够增强其社会存在感，但由于上述问题的存在，即便它们在智能性和功能性上均优于普通玩具机器人，其市场占有率和受欢迎度却并未显著提升。针对机器人外观拟人化程度的探讨，一项研究通过静态图像和视频，对 578 名儿童的态度进行了评估。结果显示，儿童对机器人的态度受到其外观拟人化程度的影响，他们更倾向于那些外观适度拟人化的机器人，而非与人类高度相似的机器人。这表明，适度的拟人化外表结合适当的社会行为，能够提升儿童对机器人的偏好和接受度。此外，研究过程中还采用"五步法"邀请学前儿童参与机器人产品的设计工作，以探索他们对机器人互动技术和外观的偏好。通过词频分析，笔者发现，在社交机器人的形态偏好上，儿童更倾向于拟人型、动物型、机器型及卡通型，其中拟人型机器人位居首位。这些发现为机器人设计与开发提供了重要的参考依据。

机器人的外观形态是人类直接感知并理解其存在的重要窗口，然而，当前关于"恐怖谷"现象的研究大多聚焦于机器人外在形态的模拟与优化，而对于材料在"拟人化"过程中的作用与影响则鲜有深入探讨。事实上，如同所有高等哺乳动物，人类天生具备通过触觉建立基本沟通桥梁及情感纽带的强烈本能。鉴于此，Arnold 与 Scheutz 两位学者强调指出，材料作为人机交互不可或缺的媒介，其选择与应用需审慎考量，力求在触觉互动与情感共鸣之间达成精妙平衡。具体而言，所选材料应能在提供独特触感体验的同时，又与真实人体肌肤保持适度区分，以此促进更为自然和谐的人机关系发展。

宠物型机器人的外观设计往往融入某些动物的特征或行为模式，但同时亦保留拟人化的元素，相较于类人化机器人，其在机体设计中对人类外貌特征的体现更为抽象。Keepon，作为一款由日本东北大学 Hideki Kozima 教授于 2003 年研发的微型机器人，其高度仅为 25cm［图 6-38（a）］。该机器人外观设计极为简约，主体结构由两个柔软的黄色橡胶球体构成，球体上巧妙融入了鼻子与眼睛的拟人化设计，使得其身体能够灵活旋转与弯曲。此后，Keepon 机器人成功实现了商业化，并广泛应用于儿童教育等多个领域，其成功经验充分表明：社交机器人无需完全模仿人类外貌，其简约形态已足以满足大多数人机交互需求。

另一方面，iCat 是一款深受猫类生物特征启发的社交机器人，整体高度达到 38cm。其头部内置了多达 13 个马达，通过这些精密机械装置，iCat 能够操控面部的眉毛、眼睛、眼睑及嘴巴，展现出丰富多样的表情。此外，iCat 还配备了先进的计算机视觉技术，通过鼻子上的摄像头识别物体与人脸，感知用户的情绪变化，并据此做出适宜的反馈。这一设计不仅为儿童学习者营造了一个轻松愉悦的学习氛围，还促进了与用户之间良好社会关系的建立［图 6-38（b）］。

(a)　　　　　　　　　　(b)

图 6-38　机器人 Keepon（a）与机器人 iCat（b）

当前，主流教育社交机器人普遍采用合成塑料或树脂等材质，这些材料具备抗摔、耐磨及耐腐蚀等机械物理特性，因而成为机器人外部表面的主要构成材料。然而，值得注意的是，针对儿童用户群体的特定设计机器人，在外观材料的选择上已有所突破与尝试。DragonBot，由麻省理工学院 Personal Robots Group 精心研发，是一款基于 Android 系统的个人机器人，其核心目标是通过与儿童的互动，打造适应学龄前儿童的“个性化学习伴侣”。DragonBot 并非主动向儿童传授知识，而是扮演学习伙伴的角色，激发学前儿童的学习主动性，为他们的学习过程提供必要的支持与辅助。设计上，DragonBot 借鉴了龙的形态特征，拥有可活动的手臂、尾巴及翅膀，整体高度约为 45.7cm，全身覆盖以柔软的毛绒材质［图 6-39（a）］，为儿童带来温馨而舒适的触感体验。DragonBot 的柔软与灵活性赋予了儿童自由触摸、挤压乃至拉伸的交互可能，进一步促进了儿童与机器人之间的情感联系。机器人通过丰富的身体语言与面部表情，如同意、不同意、惊讶、兴趣、困惑及害羞等，引导儿童的注意力与互动行为，深化了学习体验。DragonBot 的成功研发，不仅为麻省理工学院 Personal Robots Group 的研发团队注入了新的设计灵感，也催生了另一款专为儿童设计的长期互动社交机器人—— Tega 的诞生。Tega 同样出自该团队之手，其外观同样采用毛绒材质，色彩鲜艳夺目，能够在与儿童的互动中展现出诸如兴奋、沮丧及大笑等多种生动的面部表情与动作，为儿童带来更加丰富多元的交互体验［图 6-39（b）］。

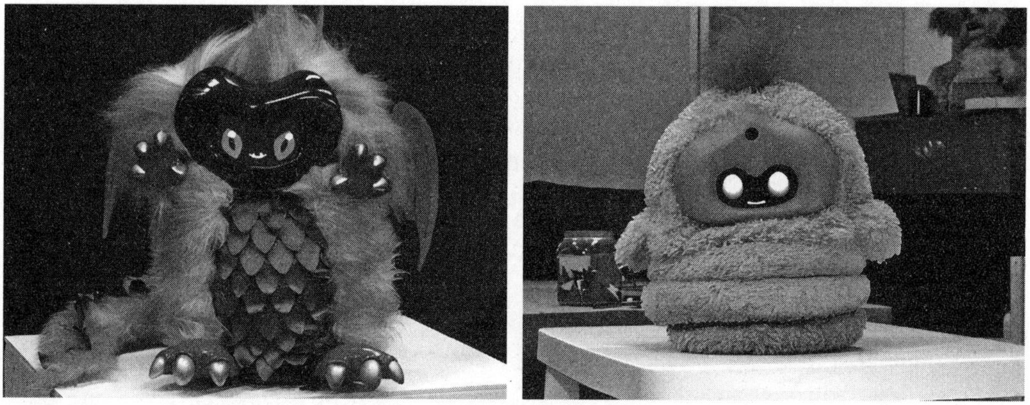

(a) (b)

图 6-39　类人机器人 DragonBot（a）与类人机器人 Tega（b）

综上所述，针对儿童的教育社交机器人普遍展现出显著的拟人化特性。尽管当前缺乏确凿数据直接证明在人机互动中，机器人的外观对儿童学习效率的直接影响，但现有研究指出，具备拟人化特征的机器人有助于促进学习者的社交行为，提升儿童参与人机交互的积极性，从而构建更为积极的学习体验。在针对儿童设计的机器人拟人化过程中，多数研究聚焦于机器人的造型或色彩设计，却鲜少关注材料选择这一重要环节。实际上，材料是儿童首次接触机器人时最为直观的物理感受来源，且在设计过程中占据不可或缺的地位。因此，面向学龄前儿童设计社交机器人时，深入探索并选用符合儿童期望与偏好的材料显得尤为必要。

6.4.2.3　面向学龄前儿童的社交机器人的外观材料选择

在 CRI 领域的研究中，儿童与社交机器人的互动占据核心地位，而具备执行物理交互能力的机器人常被选为研究的主要载体。在此之前，教育领域内已存在相对成熟的、可在电脑或手机端展现的系统或虚拟代理（virtual agent），专为儿童提供教育服务。这些平台或系统虽能实现与社交机器人相似的功能，却无需额外配置硬件、维护及安装过程。然而，相较于虚拟系统，实体形态的教育社交机器人在提供人机交互物理接触方面展现出显著优势。研究表明，儿童在接触物理试题系统时，能展现出更多促进学习的社交行为，并有效提升学习效率。针对儿童的社交机器人研究，其核心聚焦于探讨此类机器人如何影响儿童学习过程中的认知能力与情感发展。认知能力研究涵盖儿童在人机交互中对知识的接收、理解、应用、分析及评估过程；而情感相关研究则主要探索教育社交机器人对儿童注意力集中度、知识接受能力、反应速度、好奇心及反思深度等方面的潜在影响。此外，实体教育社交机器人的外观设计被视为影响学龄前儿童学习成效的关键因素之一。儿童对社交机器人的接受程度直接决定了他们与机器人之间的互动质量，而机器人的外观则在这一过程中扮演重要角色。鉴于当前材料市场的多样性与不断更新，深入探究儿童对社交机器人外观的偏好，有助于设计师创造出更符合儿童审美需求的机器人产品。在人机交互中，材料作为儿童与机器人接触的首要且直接的媒介，其选择对于提升儿童的整体交互体验至关重要。因此，选用合适的表面材料对于优化儿童与机器人之间的交互过程具有重要意义。

软物质（soft matter）由大分子或集体移动的分子组合而成，这一结构特点赋予了软物质极高的变形能力，使得软材料相较于刚性材料具备独特的柔软性，即便是极微弱的力量施加其上，也能迅速产生响应。软物质通常涵盖聚合物（polymers）、胶体（colloids）、液晶（liquid crystals）、表面活性剂（surfactant 或 surface-active agent，亦称 amphiphiles，即两亲分子或亲水脂分子）以及生物软材料（biological soft matter）等多个类别。在机器人领域，应用的软材料主要由流体、凝胶、功能聚合物及其他易变形物质构成。这些材料展现出与软生物物质相类似的弹性与流变特性，确保了机器人在经历拉伸、挤压等形变时仍能维持正常运行状态。在人类创造的“软材料”范畴中，聚合物以其典型的代表性地位脱颖而出，特别是那些性能优异的聚合物，已在社交机器人等领域广泛替代了传统的刚性材料。聚合物，高分子化合物的简称，亦被称为大分子，其分子量通常介于数千至数百万之间。这类化合物由称为单体（monomers）的化学单元以长串状形式连接而成。依据单体的化学结构特性，这些复合单体能够在承受较小应变力时保持形状稳定，而一旦遭遇较大的应变力，则能即时发生形变，展现出卓越的适应性与灵活性。

聚合物，作为与人类生产生活紧密相关的材料，其范围广泛，涵盖了从木材、丝绸等天然材料到塑料、纤维、凝胶、纺织品等人工合成材料。最早于 1905 年，第一种完全合成的聚合物——树胶（bakelite）被成功制造。随后，直至第二次世界大战后，随着聚乙烯和聚丙烯聚合方法的突破以及合成纤维的兴起，聚合物工业迎来了真正的蓬勃发展。当前，聚合物因其卓越的高强度与导电性能，已成为设计开发领域的焦点材料之一。值得注意的是，软材料在众多材料中独具特色，其材料结构极易受到热机械性能的影响，导致在不同温度条件下易呈现多样化的形态。在社交机器人外观设计材料的选择过程中，聚合物因其形态上能高度模拟人类真实肌肉而备受瞩目。基于热机械性能的考量，聚合物材料可大致划分为以下四类：热塑性弹性体（thermoplastic elastomers，TPEs）、橡胶（rubber）、凝胶（gel）以及纤维（fibber）。这些分类不仅有助于深入理解聚合物的特性，更为社交机器人外观设计的材料选择提供了科学依据。

（1）塑料

聚合物中，最为普遍的一类是热塑性塑料，即广为人知的塑料（plastic）。此类高分子化合物可通过注射成型、挤压成型等多种工艺手段，塑造出各类产品所需的形态。塑料相较于金属而言，具有加工便捷、色彩丰富、造型多变等优势，尽管其硬度略逊一筹，但成本相对较低，因此在机器人外观设计中得到了广泛应用。具体而言，日常生活中常见的塑料瓶多由聚对苯二甲酸乙二醇酯（polyethylene glycol terephthalate，PET）制成；而聚乙烯（polyethene，PE）与聚丙烯（polypropylene）则常被用于包装袋及机器部件的制造与生产。聚氨酯（polyurethane，PU）则展现出一种介于经典弹性体与黏性材料之间的独特性质，其特性与动物组织的天然黏弹性行为颇为相似。在儿童玩具领域，热塑性弹性体因其成本效益高而备受青睐。当前，热塑性材料中的聚氨酯及聚己内酯（polycaprolactone，PCL）已成为机器人外表面常用的软聚合物材料。为深入了解城乡儿童对机器人外观的偏好，研究人员采用了定性研究方法，通过焦点小组与绘画活动进行探索。研究结果显示，孩子们心目中的理想机器人应具备拟人化外观，并展现出强壮有力的特质。进一步对焦点小组对话内容的编码与分析揭示，儿童在机器人外观的材料、形态及颜色等方面均持有具体而多样的偏好。其中，多数儿童（47%）认为机器人应由金属打造，以体现其坚固耐用性；同时，也有 12% 的儿童将塑料与混凝土视为设计机器人的优选材料之一。

（2）橡胶

首批成功的聚合物物理理论源自针对橡胶的研究。尽管人工橡胶，如聚苯乙烯（polystyrene，ps）与聚丁二烯（polybutadiene）的共聚物，已被成功开发，但天然橡胶，其主要成分为聚异戊二烯（polyisoprene），因其卓越的弹性体性能和广泛的可用性，仍在产品制造领域占据主导地位。其出色的弹性与易获取性，使得天然橡胶在轮胎、服装、零部件以及食品和药品外包装等多个领域得到广泛应用。对于用于人造皮肤的聚合物材料，其性能要求极为严格。这些材料不仅需要具备与天然皮肤相似的延伸性、弹性和外观，还必须在阳光及其他常见环境条件下，能够长时间保持这些特性，以确保人造皮肤的功能性和耐用性。

（3）凝胶

聚合物由极长的丝状分子构成，这些分子在溶液中可相互缠绕或交联，最终形成凝胶（gel），作为软材料的典型代表，凝胶是一种亲水性的弹性体材料。水凝胶（hydrogel）则是以水为连续相成分的特殊凝胶材料，它在水环境中能因溶剂作用而显著膨胀，其含水量可轻易超过 90%。软材料的柔软性和安全性特质，极大地提升了人机交互的效率和体验水平。水凝胶由水与亲水聚合物链交织成的网络结构所构成，其结构与材料性能紧密依赖于分子间的相互作用。在物理化学刺激的作用下，如压力、温度、光照、盐梯度或 pH 值的变化，水凝胶能够发生体积的显著变化，即膨胀或收缩。这一特性赋予了水凝胶与生物组织相当的高机械顺应性，使其对各类分子具有高渗透性，同时展现出高离子导电性和优异的生物相容性。因此，水凝胶在软制动器、可穿戴技术、医疗设备以及类人机器人开发等领域中，均被视为至关重要的材料之一。水凝胶的独特性能为机器人设计领域的材料选择开辟了创新的路径。目前，水凝胶材料已成功应用于机器人的多个关键组件中，包括但不限于外表覆盖、制动器、传感器以及通信器等，展现了其广泛的应用潜力和价值。

硅基材料（silicon based materials），具体如硅胶（silica），又称硅酸凝胶，其主要成分为二氧化硅（silicon dioxide）的沉淀物。硅胶展现出卓越的生物相容性，对人体组织无刺激性、无毒副作用、无过敏反应，且机体的排异反应极为罕见。同时，硅胶还具备优异的理化特性，在与体液及组织接触时，能够维持其固有的弹性和柔软度，而不发生降解，是一种极为稳定的惰性材料。因此，硅胶不仅在医疗美容领域被用作人造器官或仿生材料，还常被选为类人机器人的外壳材料。鉴于硅胶材料的硬度、弹性等物理特性与人体皮肤高度相似，它常被用作类人机器人的人造皮肤。

介电弹性材料（dielectric elastomer，DE），作为电活性聚合物（electroactive polymer，EAP）的典型代表，凭借其高能量密度、低成本及大变形范围等优势，在智能皮肤与智能机器人领域得到了广泛应用，被誉为典型的“人造肌肉”材料。介电弹性体的研究主要聚焦于聚丙烯酸酯（polyacrylate）和硅胶（silicone）两种材料，它们被用作类人机器人的表面皮肤。在人机交互（HRI）中，类人机器人的面部表情扮演着重要角色，介电弹性体能够在外观、驱动应变、驱动密度及响应时间等方面模拟真实的人体肌肉，通过控制表面皮肤，展现出丰富的情绪表达，如喜、怒、哀、乐等。此外，介电弹性体以其响应迅速、变形显著、密度高及易于电压驱动的特性，被赋予了“人造肌肉”的美誉。更有研究人员利用介电弹性体模仿人类眼球的外直肌和内直肌，以模拟眼球在 ±20° 范围内的旋转运动。

（4）纤维

纤维，作为人类生产生活中广泛应用的聚合物类型之一，其在自然界中的存在形式多样，多种植物，诸如棉花、亚麻、羊毛及丝绸等，均富含天然纤维。相较于天然纤维，合成纤维则凭借其通过特定加工手段，如编织等，所展现出的卓越性能，如更高的拉伸强度、增强的柔韧性、优良的耐磨性，以及更为经济的成本，成为了工业领域的重要选择。其中，聚酰胺（polyamide）、聚酯（polyethylene terephthalate）及聚丙烯酸（polyacrylic acid）等是常见的合成纤维类型。具体而言，尼龙作为聚酰胺家族中的典型代表，被广泛应用；而涤纶，则以其聚酯合成材料的身份，常被选作衣物制造的原材料。此外，纺织面料因其独特的物理特性，如良好的弯曲性、高柔韧度及可扩展性，逐渐在机器人设计与开发领域展现出巨大的潜力。该领域的研究可追溯至 20 世纪中叶，纺织面料的应用不仅有效减轻了机器人在工作过程中的磨损，还显著降低了人机交互过程中对用户的潜在伤害。目前，纺织材料在医疗救援、外科手术、压力探测及情绪捕捉等多类机器人系统中均得到了广泛应用。以儿童社交机器人为例，如 Dragonbot、Keepon、Tofu 及 Zeno 等，其外观覆盖的软材料多选用硅胶或人造皮毛制成，这些材料通过视觉与触觉上的双重刺激，极大地丰富了机器人与儿童互动过程中的表现力，进而提升了用户体验及儿童对机器人的接受度。这一过程充分体现了纺织材料在提升 CRI（人机交互）过程中的重要作用。

此外，为提高儿童与社交机器人之间的交互体验，产品设计师需要挖掘儿童对社交机器人的外观期待，以构建更符合儿童审美偏好的机器人。材料作为塑造产品外观的基石，是儿童与机器人交互过程中最直接且最先接触的媒介之一。因此，准确选择满足学龄前儿童需求的社交机器人材料是提高人机交互体验的策略之一。机器人通常由合金、金属及磁铁等刚性材料和软聚合物、弹性体和流体等软材料共同组合而成 [194]。在机器人的设计过程中，金属等刚性材料除了能为机器人物理结构提供支撑外，还保证机器人可以快速和精确地进行运动和执行相关任务 [195]。同时，软材料除了能够减缓机器人各部件因机械摩擦造成的磨损 [196] 外，还保证了人机交互过程中的安全性、灵活性与舒适性 [197-198]。其中，社交机器人在执行大部分交互任务中需要与人类进行协作，这使得儿童与机器人表面材料的交互频率大幅提升。因此，软材料也逐渐成为社交机器人表面材料的主要材料应用类别之一。在社交机器人表面材料选择过程中，由于聚合物的形态近似人类真实肌肉组织而受到广泛关注。综合前文所述，热塑性塑料，即塑料，具有易于加工、颜色丰富、造型多变且成本相对较低等优势，被大量应用于儿童玩具 [199] 及机器人表面材料 [200] 之中。此外，儿童在探索游戏中会使用各种感觉器官对物体进行探索。Oros 等人在研究中发现：儿童更喜爱以平滑表面为材料特征的机器人[201]。还有研究人员从实证研究中总结：光滑的触感给儿童带来稳固及安全的感受[202]。由此可见，儿童社交机器人表面材料作为人机交互过程中重要的体验通道将直接影响学龄前儿童的交互体验及偏好，有必要对面向学龄前儿童的社交机器人表面材料进行有效且科学的筛选。

6.4.3 面向学龄前儿童的社交机器人设计研究

本节将以学龄前儿童社交机器人的表面材料筛选为例，对前文构建的基于材料知识映射模型的产品材料推介平台在提高设计师材料筛选效率的有效性展开论证。

首先，本书以学龄前 5～6 岁的儿童作为目标群体，主要是由于该时期是人类身心发展最为迅速的阶段之一，对于儿童未来的行为方式及情感表达都有着极大的影响[203]。此外，学龄前儿童社交机器人市场消费需求的高涨、材料研发及其应用转化的迫切需求，都要求产品设计师在筛选社交机器人表面材料时需要满足学龄前儿童的偏好和需求。因此，笔者以学龄前儿童社交机器人表面材料的筛选为产品设计实例，进一步验证基于材料知识映射模型的产品材料推介平台在提升产品筛选效率中的可行性。因此，笔者以产品材料筛选过程中受试产品设计师消耗的总时长、学龄前儿童对不同表面材料社交机器人的偏好程度及受试学龄前儿童家长的接受度三者作为评估标准，通过实证研究论证基于材料知识映射模型的产品材料推介平台对提高产品材料选择效率的有效性。需要强调的是：由于本书重点关注产品设计过程中设计师的材料筛选效率，为保证评估结果的科学性，笔者基于 Mahdi[204]、Ríos Rincón[205]、Oros 及 Woods[206] 等人针对学龄前儿童对社交机器人外观偏好的学术研究成果及儿童社交机器人的市场调研结果，并结合学龄前儿童的人机工学尺寸，在正式实验开始前设计了一款尺寸为 240mm × 120mm × 100mm 的面向学龄前儿童的社交机器人设计原型（图 6-40）。以尽量减少实验中因不同社交机器人外观及表面颜色对受试者造成的影响。

6.4.3.1 学龄前儿童社交机器人表面材料筛选消耗时长评估

本书将参与面向学龄前儿童社交机器人表面材料选择研究的产品设计师分为 A 组与 B 组。其中，A 组产品设计师利用基于材料知识映射模型的产品材料推介平台对面向学龄前儿童机器人表面材料进行筛选，而 B 组产品设计师仅按照个人的

图 6-40　面向学龄前儿童的社交机器人原型

产品材料选择习惯对机器人表面材料进行选择。本次研究共招募 20 名设计人员参与实验，且以上受试者均已接受系统的设计教育并拥有实际产品设计经验。为确保研究过程的有效性，笔者通过随机抽样法将 20 名受试设计人员平均分配至 A 与 B 两组中，并根据分配结果为受试者进行编号（即 A1～A10，B1～B10）。在实验正式开始前，笔者向 A 组受试设计师详细介绍了材料知识映射模型的相关内容，以及其产品材料推介平台的使用流程及方法。两组受试设计师被要求分别通过日志记录学龄前儿童社交机器人表面材料中从开始至确定一种材料的筛选中各步骤的对应内容及时长，并最终通过对比 A 与 B 两组受试设计师材料筛选的总时长证实基于材料知识映射模型的产品材料推介平台在提高产品设计师选材效率中的有效性及应用价值。A 组及 B 组受试设计师分别记录了学龄前儿童社交机器人表面材料筛选过程中的内容及时长。笔者对日志中记录数据进行了整理，以 A 组某一受试设计师的日志记录为例。该受试设计师先通过面向学龄前儿童的学术研究及市场调研提取出“光滑的”及“现代的”两项材料感知体验要素。其次，在产品材料推介平台上的材料感官体验及材料知觉体验模块中分别选择“粗糙程度”及“现代的”两项要素并通过滑块进行调整（图 6-41）。产品材料推介平台根据该名 A 组受试设计师的材料感知体验筛选条件，呈现了与其相对应的材料物理量量值阈限及推荐材料（图 6-42）。

图 6-41　材料搜索页面

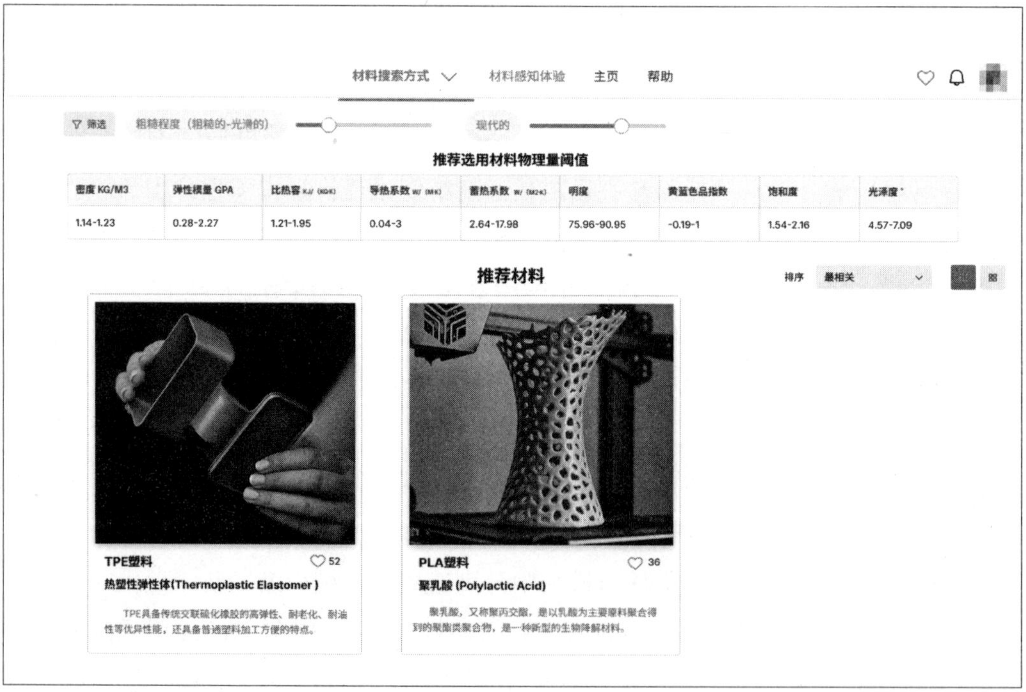

图 6-42　材料物理量量值阈限及材料推荐

笔者基于日志记录总时长分别计算出 A 与 B 两组受试设计师在针对学龄前儿童社交机器人表面材料筛选任务中的平均总时长（保留小数点后两位），如表 6-9 所示。此外，研究中使用样本 T 检验对 A 与 B 两组受试设计师所花费的总时长数据进行分析，其中：S-W 检验数值为 0.948，即该组数据满足正态分布；样本 T 检验结果显示 P=0.01（P＜0.05），Cohen's d=1.43，表明 A 与 B 两组数据呈显著差异。其中，A 组受试设计师所花费的平均总时长（A_{mean}=0.35）明显少于 B 组（B_{mean}=0.95）。以上数据结果表明：在为学龄前儿童社交机器人筛选表面材料的实验任务中，基于材料知识映射模型的产品材料推介平台能够显著降低受试产品设计师在产品设计材料筛选环节中的时间成本，提升产品设计师的产品材料筛选效率。

表 6-9　学龄前儿童社交机器人表面材料选择流程总时长

A 组	选材总时长 / 小时	筛选材料	B 组	选材总时长 / 小时	筛选材料
A1	0.44	TPE	B1	0.34	ABS
A2	0.24	PLA	B2	0.6	ABS
A3	0.42	TPE	B3	0.55	毛绒
A4	0.36	TPE	B4	0.84	PLA
A5	0.15	PLA	B5	1.42	毛绒
A6	0.27	TPE	B6	1.17	ABS
A7	0.56	PVA	B7	0.97	硅胶
A8	0.37	PLA	B8	1.05	棉布
A9	0.42	TPE	B9	1.32	TPU
A10	0.26	PLA	B10	1.25	TPU
A_{mean}	0.35		B_{mean}	0.95	

6.4.3.2　基于学龄前儿童偏好程度的社交机器人表面材料评估

本书以学龄前儿童为受试对象，通过学龄前儿童的视觉与肤觉体验获取针对学龄前儿童社交机器人表面材料的偏好数据，以进一步验证基于材料知识映射模型的产品材料推介平台在学龄前儿童社交机器人表面材料选择中的有效性。其中，在针对短时记忆的一项研究中发现：当前没有明确证据表明人类短时记忆的容量会随年龄的变化而变化；虽然年幼的儿童总是比成人或年长的孩子在连续记忆内容上犯更多的错误，但遗忘曲线斜率从五岁起的各年龄组间几乎相同[207]。这表明 5～6 岁学龄前儿童的短时记忆容量与成年人基本保持一致，即 5～9 项。因此，为保证学龄前儿童偏好程度评估数据的可用性与科学性，本节基于 6.3.1 小节中 A 与 B 两组受试设计师的表面材料筛选结果，从两组中共筛选出不超出短时记忆容量数量的相应被试材料，用于构建学龄前儿童社交机器人设计的表面材料。具体筛选原则如下：第一，同组中相同材料仅被视为一种并进行保留；第二，仅选择受试设计师重复筛选出的材料；第三，依照受试设计师对材料的选择频次，从高至低依次筛选被试材料；最终，基于以上被试材料的筛选原则，A 组中的 TPE 及 PLA，B 组中的 ABS、毛绒及 TPU 将用于面向学龄前儿童社交机器人设计的表面材料偏好评估中，其编号如表 6-10 所示。材料编号被用来避免材料具体名称对受试者产生先入为主的认知影响，降低实验中的评估误差。

表 6-10　5 种不同表面材料学龄前儿童社交机器人对应编号

名称	TPE	PLA	ABS	毛绒	TPU
编号	R1	R2	R3	R4	R5

此外，考虑到学龄前儿童在心理及认知上皆处于发展阶段，可能无法对社交机器人表面材料的偏好进行明确的自我评估。因此，为选择适配的研究方法，笔者对过往研究中面向学龄前儿童的社交机器人表面材料偏好的研究方法进行了调研，结果发现：研究人员主要通过焦点小组 [208-209]、卡片分类 [210] 与绘图画面分析 [211] 三类研究方法对学龄前儿童的偏好进行分析。此外，有研究证实：学龄前儿童更偏向于通过使用凝视及主动触摸的方式表达对机器人的喜恶 [212]。因此，本书将以“你最喜欢哪个机器人”为题，对观察和主动触摸 5 款社交机器人后的受试学龄前儿童展开焦点小组式访谈。同时，考虑到图片等视觉要素能够在一定程度上辅助学龄前儿童在个人偏好中做出更准确的判断，本书自制了一组表情卡片且分别对应 1～5 分（图 6-43），以更好量化受试学龄前儿童对 5 款不同表面材料社交机器人的偏好。

图 6-43　表情卡片组

本书通过线上线下的形式共招募到 40 名 5～6 岁的学龄前儿童参与实验（sample size=40，α err prob.=0.05，effect size=0.5，power=0.95）。在实验正式开始前，笔者将实验内容及目的对受试者及其同行监护人进行了详细的描述，并要求受试者监护人签署实验知情书。本研究在光线充足、无异味、相对安静且舒适的环境内完成。40 位参与实验的学龄前儿童在实验过程中需对 5 款不同表面材料的社交机器人以随机顺序进行自由观察及触摸，并在研究人员引导下利用表情卡片对不同材料表面的社交机器人进行评估，实验过程如图 6-44 所示。笔者将 40 位学龄前受试儿童针对 TPE、PLA、ABS、毛绒及 TPU 为表面材料的社交机器人设计偏好数据进行了整理。其中，5 款社交机器人评估的最大值、最小值、平均值及标准差四项具体数据如表 6-11 所示。由表中数据可以发现：第一，在社交机器人造型相同的条件下，40 位受试学龄前儿童更偏爱 A 组中的两类表面材料，且 TPE 得分最高；第二，B 组中毛绒材料得分最高，TPU 最低；第三，TPU 在实验中的偏好数据的最大值及最小值相差较大。另外，PLA、毛绒材料及 ABS 三者获取的用户偏好均值相差较小，这可能是由于以上材料已被广泛应用于儿童产品市场当中，受试群体对此类材料相对熟悉致使接受度相对较高。以上数据证实：由基于材料知识映射模型构建的产品材料推介平台筛选出的表面材料能够更好地满足 5～6 岁学龄前儿童对社交机器人的期待和偏好。因此，基于材料知识映射模型的产品材料推介平台能够有效辅助产品设计师筛选与目标用户偏好相一致的材料，提高设计师在产品材料筛选环节中的效率。

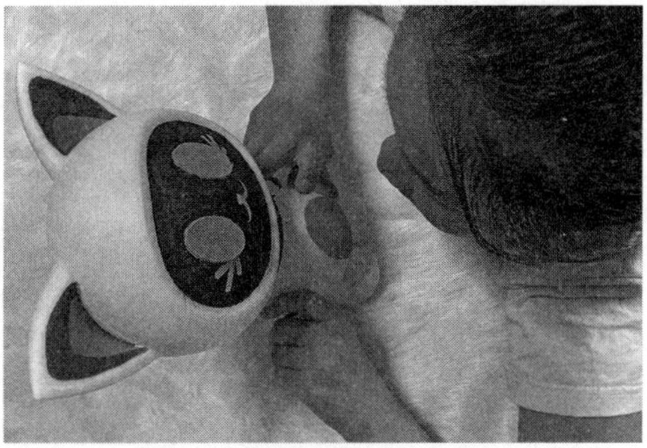

图 6-44　受试学龄前儿童实验过程

表 6-11　学龄前儿童社交机器人表面材料偏好量化数据

实验组别	材料名称	最大值	最小值	平均值	标准差
A 组	R1(TPE)	5	3	3.92	0.5
A 组	R2(PLA)	4	3	3.73	0.45
B 组	R4（毛绒材料）	4	2	3.53	0.6
B 组	R3(ABS)	4	3	3.48	0.51
B 组	R5(TPU)	5	1	1.55	0.85

6.4.3.3 基于家长接受度的学龄前儿童社交机器人表面材料评估

另外，根据社会学习理论（social learning theory）的内容：儿童通过观察社会模型（尤其是父母）来学习新的行为，且此类观察学习的过程同样适用于情绪反应、态度及价值观等内容的传递；这意味着父母对社交机器人所持有的态度将极大程度影响儿童对机器人的偏好，即便儿童认为机器人是非常吸引人的。同时，父母在儿童产品购买决策中还占据着主导地位。因此，本书还以学龄前儿童的父母中的一人为作为受试对象，通过观察与触摸的互动行为获取针对基于不同表面材料社交机器人的体验，并以接受度量化分数的高低证明基于材料知识映射模型的产品材料推介平台在提高设计师在产品设计中材料筛选效率的有用性。

因此，通过问卷调研法对 40 位受试学龄前儿童的父亲或母亲对 5 款基于不同表面材料的社交机器人的接受度进行了调研。该问卷基于 Heerink 等人针对社交机器人接受度的评价问卷[213]，并根据研究目标对问卷题项进行了调整（问卷见附录 A7）。该接受度问卷基于五分制 Likert 量表（1 为非常不认同，5 为非常认同）通过对态度（attitude）及使用意向（intention to use）两个模块的调研，获取家长对不同表面材料社交机器人的接受度评分，以进一步论证基于材料知识映射模型的产品材料推介平台在产品设计实践中对提高材料筛选效率的有效性。

40 位学龄前儿童受试者的父母依照随机抽签顺序参与实验，且实验步骤及流程与上节针对 40 位学龄前儿童实验均保持一致。笔者对获取到的相关数据进行了整理，各题项的评估结果如表 6-12 所示（Cronbach's α=0.83，KMO=0.68，P=0.00，P<0.05）。由表中各项平均值可知：第一，40 位受试家长对使用 A 组被试材料的面向学龄前儿童的社交机器人的接受度评分明显高于 B 组；第二，受试者对于以 TPE 为表面材料的社交机器人接受度在“态度”及“使用意向”上得分均为最高，而 TPU 均为最低；第三，以 PLA 及毛绒为表面材料的社交机器人，其评估分值均相差较小；第四，在针对社交机器人“使用意向”的评估中，受试者对 B 组以毛绒为表面材料的社交机器人的评分略高于 PLA 材料。总体而言，基于材料映射模型的产品材料推介平台所筛选出并应用于社交机器人的 A 组材料更能被受试学龄前儿童家长所接受。在实验研究中还发现：毛绒作为面向学龄前儿童的社交机器人的备选材料，在塑料被广泛应用的产品市场中具有相当的竞争力。因此，有必要不断丰富产品材料推介平台的材料类别和信息内容，以更好满足产品市场中不同用户群体的偏好和需求。

表6-12　学龄前儿童家长对社交机器人不同表面材料的接受度数据结果

题目类型	题目内容	A组		B组		
		R1 (TPE)	R2 (PLA)	R4（毛绒）	R3 (ABS)	R5 (TPU)
态度 attitude (ATT)	1. 我认为使用此款机器人是个好主意	4.25	3.6	3.38	3.56	3.13
	2. 此款机器人会让孩子的生活更有趣	3.75	3.75	3.48	3.35	2.53
	3. 孩子使用此款机器人感觉会很好	4.05	4.15	4.16	3.23	2.84
	ATT 各项均分	4.02	3.83	3.67	3.38	2.83
使用意向 intention to use (ITU)	1. 孩子将在接下来几天会继续使用此款机器人	4.1	4.03	4.02	3.13	3.08
	2. 孩子在未来几天一定会使用此款机器人	3.21	3.15	3.36	2.24	2.05
	3. 我计划让孩子在未来几天持续使用此款机器人	3.65	3.45	3.33	2.61	2.21
	ITU 各项均分	3.65	3.54	3.57	2.66	2.45
各项均分		3.84	3.69	3.62	3.02	2.64
各组接受度均分		3.77		3.09		

综上所述，本节以面向学龄前儿童的社交机器人的表面材料筛选为例，以材料筛选过程中受试设计师花费的总时长、学龄前儿童对不同表面材料社交机器人的偏好程度以及受试者家长对不同表面学龄前儿童社交机器人的接受程度三项作为评估标准，以论证本书研究中构建的基于材料知识映射模型的产品材料推介平台在实际产品设计中提高材料选材效率的有效性。综上所述，通过本节实证研究发现：第一，基于材料知识映射模型的产品材料推介平台除了能够一定程度上减少设计师在产品材料筛选过程中的时间成本，其构建的产品设计原型还能够有效迎合目标用户群体的偏好，提高利益相关者的接受程度；第二，尽管基于材料知识映射模型的产品材料推介平台在提高材料筛选效率及定位用户偏好上体现了较高的应用价值，但在实验中也发现产品材料推介平台中的材料信息多样性仍有待持续增加和丰富。因此，有必要不断增加并更新理论模型的相关内容，进一步提高产品设计材料选择过程中的准确性和有效性。

6.5 本章小结

本章通过相关性分析法揭示了产品设计中材料物理量与感知体验的具体关系，获取了解释两者具体关系的材料知识映射模型。此外，为深化模型的应用价值，笔者基于该理论模型内容构建了面向产品设计的材料推介平台。最后，还以面向学龄前儿童的社交机器人表面材料筛选为产品设计实例，通过社交机器人表面材料筛选过程中受试设计师选材消耗的总时长、学龄前儿童对不同表面材料社交机器人的用户偏好程度及受试学龄前儿童家长对不同表面材料社交机器人设计接受程度的评估，证实了基于材料知识映射模型的产品材料推介平台在实际产品设计实践中的可用性和有效性。

第7章

结语

材料是实现产品功能并激发个体感知体验的创造性载体，是满足产品不同目标群体体验的重要媒介，也是促进新材料研发与应用的重要内容。因此，探讨如何提高产品设计目标与备选材料间的匹配程度，并解决产品设计中选材效率偏低的问题刻不容缓。为此，本书对产品设计视角下与材料选择相关的国内外研究内容进行了总结，从而发现仍存在以下问题。首先，材料是实现产品既定功能目标的重要载体，但缺乏材料学科知识储备的设计人员，对于直接从材料物理量中筛选出适配材料充满挑战。其次，产品设计师在选择与目标感知体验需求相匹配的材料过程中过度依赖于主观知识，而此类知识结构具有极强的主观性和模糊性，通常难以被统一描述和量化。最后，现有产品设计中的材料选择方法相对单一，即仅能满足产品材料功能或感知体验的单方面需求，很少有研究考虑同时调用两种材料知识以对材料进行科学筛选。

本书认为影响产品设计选材效率的主要问题在于，材料物理量与感知体验两类知识间的具体关系不明，因而无法构建出一种可同时提取材料性能和感知体验的有效材料选择方法。因此，笔者以材料知识为媒介，探讨了产品设计中材料物理量与感知体验的关系，并将其划分为三个子研究问题：第一，探讨如何有效表征研究中被试产品材料样本的目标产品材料物理量量值；第二，探讨如何对材料感知体验进行量化分析；第三，探讨如何基于已经获取的产品材料物理量量值及感知体验量化数据对两者关系进行分析。本书综合现有研究基础，以心理物理学为研究思路，利用嵌入式混合研究方法基本实现了预期研究目标，探讨了产品设计中材料物理量与感知体验的关系，以提高产品设计选材环节的材料筛选效率。本书的主要研究结果如下。

第一，在对产品材料物理量量值进行表征之前，本书率先筛选出被试产品材料样本，具体包括PVA、PLA、TPE、花岗岩、大理石、棉布、涤纶、铁、铜、松木、枫木与硼硅酸盐玻璃共 12 项。本书通过科学仪器测量、材料知识数据库及材料物理量关系推导三种方式对产品中视觉与肤觉材料物理量量值进行了提取。具体而言，利用色差仪及光泽度计分别对色彩明度、饱和度、红绿色品指数、黄蓝色品指数、色调角及光泽度六项产品材料视觉物理量量值进行了提取。此外，还利用白光干涉仪、MatWeb 材料知识数据库与蓄热系数函数方程获取了被试产品材料样本在表面平均粗糙度、密度、弹性模量、蓄热系数、热导率及比热容中的具体量值。

第二，本书提出由材料感官体验、材料知觉体验及材料情感体验的材料感知体验三层级理论框架，并基于心理物理学的研究思路利用混合研究方法对符合 12 种被试产品材料样本的产品材料感知体验进行量化分析。本书提取出5项材料感官体验要素（易碎程度、软硬程度、粗糙程度、色彩丰富程度、亮度）、5项材料知觉体验要素（安心的、利落的、惬意的、经典的、现代的）及14项材料情感体验要素（高兴、钦佩、自豪、期待、满意、着迷、渴求、悲伤、害怕、羞耻、轻蔑、气愤、无聊、厌恶）。并综合问卷分析法及德尔菲专家法分别获取受试者在产品设计背景下，针对12种被试产品材料样本在材料感官体验、材料知觉体验及材料情感体验中的量化数据。另外，本书还利用单因素方差分析法对已获取的感知体验量化数据与材料物理量的关系进行了初步推断，结果显示：

① 材料感官体验与材料知觉体验可能均受弹性模量、热导率、蓄热系数、色调角及光泽度五项物理量的影响；

② 材料情感体验与材料物理量的相关性并不显著，这表明由材料所唤起的情感差异并不明显。

第三，本书通过相关性分析法对已获取的材料物理量量值及感知体验量化数据进行了相关性分析，并与第5章由方差分析生成的相关性推断进行了深入的比对和论证。另外，本书基于产品设计中材料物理量与感知体验的相关性系数构建了解释两者关系的材料知识映射模型。该模型证实了材料物理量与感知体验要素间存在“一对多”或“多对一”关系的推论。同时，该理论模型还明确了材料感知体验中材料感官体验、材料知觉体验、材料情感体验各要素与产品视觉与肤觉材料物理量之间的具体关系，为表征材料功能属性的材料物理量与表征材料体验属性的材料感知体验数据间提供了材料知识映射与转换的桥梁。产品设计中材料物理量与感知体验两者间的具体关联规律如下：

① 产品材料感知体验三层级中的材料感官体验与材料知觉体验主要与表征材料力学及热学性能的材料肤觉物理量及光学特性的材料视觉物理量相关，且与材料肤觉物理量的相关性更为紧密。具体表现在：个体对材料表面粗糙程度及亮度的感官体验均与密度、弹性模量、光泽度、比热容、热导率及蓄热系数相关；“安心的”与“惬意的”材料知觉体验除了与密度、弹性模量与光泽度有所关联，还各自分别与比热容、热导率及蓄热系数相关。

② 虽然材料情感体验的方差分析结果并不显著，但在相关性分析中可证实：材料情感体验与材料视觉物理量中的色彩明度关系最为紧密。具体表现在产品材料色彩明度与“自豪”“期待”“满意”“着迷”及“渴求”四项积极情绪呈明显正相关关系，而与“悲伤”“害怕”“羞耻”及“轻蔑”呈明显负相关关系。

③ 材料物理量与感知体验关联性结果虽然与部分过往研究结论保持一致，但在部分相关性研究结论上表现出明显差异。在以往研究中，材料表面平均粗糙度被指与个体对材料表面粗糙程度的感官体验密切相关，同时材料的弹性模量也应当与软硬程度的感官体验相关。但在本书中以上两组要素之间的相关性均不显著，而造成以上差异的原因目前尚不明确。

第四，本书基于材料知识映射模型中材料物理量与感知体验的关系构建了以材料感知体验为触点，并与外部材料知识数据库中材料物理量科学数据相连接的产品材料推介平台。此外，本书以面向学龄前儿童的社交机器人设计为产品案例，以社交机器人表面材料筛选过程中受试设计师选材消耗的总时长、学龄前儿童对不同表面材料社交机器人的用户偏好程度及受试学龄前儿童家长对不同表面材料社交机器人设计的接受程度为评估标准，证实了基于材料知识映射模型的产品材料推介平台在实际产品设计中对提高产品设计师在材料筛选效率方面的可行性和有效性。

同时，本书主要探讨了产品设计中材料物理量及感知体验的关系，其创新点主要集中在理论、方法及实践三个方面。

在理论创新中：

① 本书综合心理物理学、认知心理学及设计学等多学科理论知识，对材料感知体验的内部层级进行了更为系统的架构，即提出材料感知体验应由材料感官体验、材料知觉体验及材料情感体验三个层级共同组成。该理论架构对产品设计中涉及复杂心理学内容的材料感知体验内涵进行了解构，为后期产品设计中材料感知体验的具体研究提供了理论参考。

② 本书构建的材料知识映射模型揭示了产品设计中材料物理量与感知体验间的具体关系。该理论模型对于产品设计师而言，一方面使得在产品设计选材过程中易受主观因素影响的材料感知体验拥有科学数据支撑，另一方面使得仅通过量值描述的材料物理量能够映射为符合产品设计中材料知识表征习惯的感知体验信息。该模型帮助缺乏材料学科专业知识储备的设计人员能够对符合产品设计目标的备选材料进行高效且科学的筛选。同时，该理论模型使得材料科学研究中海量材料物理量数据能够被有效转化为与产品材料感知体验相关的信息，为未来新材料从科学研发到市场应用转化提供方向。

③ 本书发掘出材料知觉体验的生成规律。首先，个体更偏向于使用表达积极意向的形容词对材料知觉体验进行表征。同时，材料知觉体验的生成存在一定的线性逻辑，即通常会优先联想起与目标材料相关的感官体验或某些具体事物，再引申

出与之相匹配的材料知觉体验词汇。材料知觉体验的生成规律为复杂内部心理物理学研究提供了一定的参考。

④ 本书还探索出材料情感体验的活动特征和机制。其中，尽管已为材料设定了具体的产品设计背景，但由于材料所能够唤起的情感体验极其有限。只有在少数情况下，会引发强烈的材料情感体验，但原因目前尚不明确。此外，柔软及光滑的材料表面更容易激发个体的积极情感体验，而材料表面色彩饱和度过低或过高都更容易引发个体的负面情感体验。

在方法创新中，本书综合了多种定量及定性研究方法并展开嵌入式混合性研究，其创新性主要表现在以下两点。首先，通过材料知识数据库、科学仪器测量及基于材料物理量关系的量值推导共三种方式，获取了研究中所需的产品材料视觉及肤觉物理量量值，避免了单一提取方式可能造成的量值误差。其次，使用嵌入式混合研究方法基于 12 种被试产品材料样本的特征对材料感官体验、材料知觉体验及材料情感体验的要素分别进行了提取和量化，一定程度上降低了因材料感知体验要素过多，或要素与被试样本不匹配而产生的实验误差。同时，定性与定量相结合的研究方法，避免了以往同类研究中单一定性研究方法可能造成的主观片面性研究结论。

在实践创新中，基于当前大部分材料知识数据库均以材料物理量量值或公式等形式对材料知识进行表征的现状，本书基于材料知识映射模型构建了面向产品设计的材料推介平台，使产品设计人员能够基于两者相关性并通过材料感知体验筛选与之相匹配的产品材料，一定程度上提升了产品设计中材料筛选工作的科学性与高效性。此外，本书以面向学龄前儿童的社交机器人设计为产品案例，证实了基于材料知识映射模型的产品材料推介平台在实际产品设计中对提高产品设计师材料筛选效率的有效性。

本书探讨了产品设计视域下材料物理量与感知体验的具体关系，对提高产品材料筛选效率有一定的突破和创新。但回顾整个研究过程，本书仍需要在未来工作中通过对相关研究内容或研究方法进行调整，以弥补当前存在的研究缺陷。具体不足之处主要表现在以下方面。

第一，受制于产品类型、时间成本、材料购入成本、样本制作复杂程度、科学仪器测量极限等多种因素的影响，被试产品材料样本及目标产品材料物理量在种类和数量上均相对受限。因此，除了在后续研究中有必要对被试产品材料样本及材料物理量进行更为谨慎且全面的筛选外，仍需要在现有基础上增加被试产品材料样本以及目标产品材料物理量的数量，以进一步提升材料知识映射模型的拟合优度。同时，回归分析有利于捕捉材料物理量与感知体验间的数学关系，且当数据量达到一定规模后，两者间很可能满足心理物理学间的幂定律关系。因此，有必要将人工智能（artificial intelligence，AI）和机器学习等相关技术应用于模型数据优化和函数关系推导的研究工作之中。利用机器学习的计算优势，可通过导入大量数据并总结两者间的具体函数关系。在此过程中，研究人员需要对揭示材料物理量及感知体验关系的数据集进行标注，以此构建可供人工智能进行训练的专有数据集。人工智能通过海量数据集的学习，能够更为精准且快速地编织解释材料物理量与感知体验间关系的知识网络，进一步明确两者的具体函数关系，提升理论模型的精准程度。凭借当前先进的AI技术，产品设计师能够利用描述材料感知体验的关键词或图片等相关信息，精准获取与其相匹配的产品材料，进一步提高产品从设计到投入市场的效率。

第二，材料物理量量值受环境因素影响变化显著，但受实验环境的限制，本书仅考虑了单一情况下即常规环境中材料物理量的量值水平。例如，材料蓄热系数除了受密度、热导率及比热容等物理量的影响外，在不同地区（严寒地区、寒冷地区、夏热冬冷地区、夏热冬暖地区及温和地区）及不同时间（最冷月和最暖月）均存在差异。此外，新型智能材料极易因外界环境刺激而在表面形态及性能上产生变化。当此类具备与生物相似特征的新型智能材料应用于产品中时，产品外观或功能也将随材料变化而变化。因此，在本书研究基础上可在后期研究中考虑材料物理量量值在不同环境中的变化差异，并适当引入新型智能材料，弥补当前实验研究中的缺陷，构建更为准确的理论模型，以应对多样性的产品材料应用场景。

第三，由于本书需要实验受试者必须在现实场景中对被试产品材料样本进行直接体验，并完成相应的材料感知体验量化评估。但受制于研究周期及地区的限制，所招募的大部分受试者均来自同一地区，导致受试者研究背景相对单一。此外，本书在材料知觉体验要素筛选过程中尚未考虑不同地区个体间的知觉差异。因此，有必要在现有研究基础上招募更多不同地区的受试个体，并试图研究不同群体间的材料知觉体验差异，以丰富并优化产品设计中材料感知体验的量化数据结果，使得材料知识映射模型的内容更加完善。

第四，本书主要探讨产品设计中材料物理量与感知体验的关系研究，在收集被试产品材料样本的感知体验量化数据过程中也重点关注感知体验在不同材料样本中的变化差异。因此，本书对研究中可能涉及的年龄、性别及产品设计工作时长是否对感知体验量化结果产生影响暂未讨论。在后续工作中，有必要对年龄、性别及设计工作时长等人口变量与产品设计中材料感知体验的关系进行辨析，以进一步优化材料感知体验的量化结果。

第五，由材料知识映射模型所构建的面向产品设计的材料推介平台有待进一步完善。在后续研究中有必要对产品设计中材料物理量与感知体验的关系不断优化，细化在某一材料物理量量值阈限内感知体验强度的变化范畴，使得产品材料推介平台的推送材料更为精准。在未来研究之中，该平台除了根据材料知识映射模型对数据内容进行不断更新外，还有必要在实际应用和测试中对平台功能及界面设计进行持续性的修正与迭代。主要集中于平台材料信息需要再丰富、平台界面需要再设计及信息构架需要再调整三方面。

总而言之，人类在发现问题并试图解决问题的道路上永无止境。随着设计研究的不断推进，其研究方法及研究成果也总在持续地完善和优化。本书试图通过探究产品设计中材料物理量及感知体验的关系，提高产品设计中设计师的选材效率，以更好满足不同用户群体的感知体验需求，增加用户与产品间的黏性，最终扩大产品的市场占有率。希望本书的研究成果能为优化产品设计整体流程作出些许贡献。

参考文献

[1] 原材料工业司.《新材料产业发展指南》解读 [J]. 稀土信息，2017，395（2）：32-35.

[2] 赵继成 . 材料基因组计划简介 [J]. 自然杂志，2014，36（2）：89-104.

[3] 李津 . 产品设计材料与工艺 [M]. 北京：清华大学出版社，2018：1.

[4] 左恒峰 . Design C M F. Cmf：从哪里来，到哪里去？ [J]. 美术与设计，2020，01：97-105.

[5] 左恒峰 . 设计艺术 CMF 导论 [M]. 北京：中国电影出版社，2021：7.

[6] 李洋，徐伯初 . 面向用户需求的产品设计理论 [J]. 机械科学与技术，2011，30（11）：1895-1899.

[7] Barati B，Karana E，Jansen K，et al. Functional Demonstrators to Support Understanding of Smart Materials[C]. Proceedings of the TEI'16：Tenth International Conference on Tangible，Embedded，and Embodied Interaction. Eindhoven：Association for Computing Machinery，2016：386-391.

[8] 李叶 . 体验经济时代的设计 [J]. 设计，2020，33（5）：1.

[9] Elvin K，Nithikul N，Elisa G，et al. Alive. Active. Adaptive：Experiential knowledge and emerging materials[J]. International Journal of Designof Design，2019，13（2）：1-5.

[10] Parisi S，Spallazzo D，Ferraro V，et al. Mapping ICS Materials：Interactive，connected，and smart materials[C]. International Conference on Intelligent Human Systems Integration. Cham：Springer，2018：739-744.

[11] Lucibello S，Ferrara M，Langella C，et al. Bio-smart Materials：The binomial of the future[C]. International Conference on Intelligent Human Systems Integration. Cham：Springer，2018：745-750.

[12] Yuan X，Zhang M，Wu Y. MXene-Based Sensors for Detecting Human Physiological Information[J]. Sensors and Materials，2020，32（12）：4047-4065.

[13] 汪洪，向勇，项晓东，等 . 材料基因组——材料研发新模式 [J]. 科技导报，2015，33（10）：13-19.

[14] 高鸿，何端鹏，董礼 . "NASA 材料基因工程 2040 规划"研究与思考 [J]. 航天器环境工程，2019，36（3）：205-210.

[15] 刘芳宁，王越，孙瑞侠 . 材料数据库的现状与发展趋势 [J]. 科技创新导报，2018，15（34）：149-151.

[16] 胡俊 . 基于材料体验的产品创新设计方法研究 [J]. 包装工程，2019，40（22）：119-124.

[17] 屈新波 . 影响新材料在产品设计中的选择因素研究 [J]. 设计，2014（4）：11-12.

[18] 江湘芸 . 设计材料及加工工艺 [M]. 北京：北京理工大学出版社，2003：7-40.

[19] 安军，范劲松 . 形式追随材料——材料在产品设计中的应用 [J]. 包装工程，2005，26（5）：157-159.

[20] 龙圣杰 . 基于用户需求和产品层次的设计思路探讨 [J]. 机械设计，2013，30（6）：126-128.

[21] 李洋，徐伯初 . 面向用户需求的产品设计理论 [J]. 机械科学与技术，2011，30（11）：1895-1899.

[22] 周子玉，瓦伦蒂娜・罗格诺利 . 设计材料与材料设计师：DIY 材料研究组研究成果展示 [J]. 装饰，2020，321（01）：17-23.

[23] Taylor R H. Materials Selection and the Stages of Design：Challenging the convention[J]. Journal of Materials Education，2014，36（6）：139-144.

[24] 郑传明，吕桂琴 . 物理化学实验 [M]. 2 版 . 北京：北京理工大学出版社，2015：25.

[25] 张帆，郭益平，周伟敏 . 材料性能学 [M]. 2 版 . 上海：上海交通大学出版社，2014：1.

[26] 王卓，王礞，雍歧龙，等 . 材料信息学及其在材料研究中的应用 [J]. 中国材料进展，2017，36（2）：132-140.

[27] 王卓，杨小渝，郑宇飞，等 . 材料基因组框架下的材料集成设计及信息平台初探 [J]. 科学通报，2013，58（37）：3733-3742.

[28] 王岳 . 材料在产品设计中的创新应用研究 [J]. 包装工程，2015，36（8）：68-71.

[29] 尹建伟 . 材料设计研究的 3 个视角 [J]. 包装工程，2021，42（10）：14-18.

[30] 左恒峰 . 设计中的材料感知觉 [J]. 武汉理工大学学报，2010，32（1）：1-7.

[31] 吴国荣，孟永刚 . 产品设计中材料感觉特性地运用 [J]. 包装工程，2006，27（06）：310-312.

[32] Veelaert L，Du Bois E，Moons I，et al. Experiential Characterization of Materials in Product Design：A literature review[J]. Materials and Design，2020，190：1-16.

[33] 陈璐 . 材料・观念・艺术语言 [J]. 装饰，2005，148（8）：100-101.

[34] 陈橙，赵江洪，赵丹华 . 品牌调性下的手机材料品质感研究 [J]. 包装工程，2017，38（8）：142-146.

[35] Karana E. Meaning of Material[D]. Delft：Delft University of Technology，2009.

[36] Deng Y M，Edwards K L. The Role of Materials Identification and Selection in Engineering Design[J]. Materials and Design，2007，28（1）：131-139.

[37] Ashby M F，Bréchet Y J M，Cebon D，et al. Selection Strategies for Materials and Processes[J]. Materials and Design，2004，25（1）：51-67.

[38] Zindani D，Maity S R，Bhowmik S. Decision Making Tools for Optimal Material Selection：A review[J]. Journal of Central South University，2020，27（3）：629-673.

[39] Zavadskas E K，Turskis Z，Stevi E，et al. Modelling Procedure for the Selection of Steel Pipe Supplier by Applying the Fuzzy Ahp Method[J]. Operational Research in Engineering Sciences：Theory and Applications，2020，3（2）：39-53.

[40] 许芳婷，曹小琴 . 基于知情构造理论的产品材质选择方法 [J]. 工业设计，2021（4）：59-61.

[41] Wang Y，Teng H. A New "Intersection" Method for Multi-objective Optimizationin Material Selection[J]. Technical Journal，2021，15（4）：562-568.

[42] Ashby M F. Materials Selection in Mechanical Design[M]. 4th ed. Kidlington：Elsevier，2011：71.

[43] Rajan K. Materials Informatics[J]. Materials Today，2005，8（10）：38-45.

[44] Hodgson S N B，Harper J F. Effective Use of Materials in the Design Process：More than a selection problem[C]. 7th International Conference on Engineering and Product Design Education. Delft：The Design Society，2004：593-601.

[45] Van Kesteren I E H，Stappers P J，De Bruijn J C M. Materials in Products Selection：Tools for including user-interaction in materials selection[J]. International Journal of Design，2007，1（3）：41-55.

[46] Van Kesteren I E H. Product Designers'Information Needs in Materials Selection[J]. Materials and Design，2008，29（1）：133-145.

[47] Karana E，Hekkert P，Kandachar P. A Tool for Meaning Driven Materials Selection[J]. Materials and Design，2010，31（6）：2932-2941.

[48] Karana E，Barati B，Rognoli V，et al. Material Driven Design（MDD）：A method to design for material experiences[J]. International Journal of Design，2015，9（2）：36-54.

[49] Lecce C，Ferrara M. The Design-driven Material Innovation Methodology[C]. 6th International Forum of Design as a Process-IFDP16 Proceedings-Systems&Design：Beyond Processes and Thinking. Spain：Universitat Politècnica de València，2016：431-448.

[50] Rognoli V. A Broad Survey on Expressive-sensorial Characterization of Materials for Design Education[J]. METU Journal of the Faculty of Architecture，2010，27（2）：287-300.

[51] 李姿昕，张能，熊斌，等 . 材料科学数据库在材料研发中的应用与展望 [J]. 数据与计算发展前沿，2020，2（2）：78-90.

[52] 工业和信息化部，财政部 . 工业和信息化部财政部关于印发国家新材料产业资源共享平台建设方案的通知 [EB/OL][2022-04-03].

[53] Karana E，Hekkert P，Kandachar P. Material Considerations in Product Design：A survey on crucial material aspects used by product designers[J]. Materials and Design，2008，29（6）：1081-1089.

[54] 柳冠中 . 事理学论纲 [M]. 长沙：中南大学出版社，2006：21.

[55] Pedgley O F. Special File：Futures for materials and industrial design education[J]. METU Journal of the faculty of architecture，2010，2：265-269.

[56] 徐克明 . 墨家物理学成就述评（续）[J]. 物理，1976，5（04）：231-239，196.

[57] 戴震 . 考工记图 2 卷 [M]. 上海：商务印书馆，1955：15.

[58] 王玉清，任新成 . 物理量数量级估计的探讨 [J]. 大学物理，2004，23（12）：30-32，55.

[59] International Committee for Weights and Measures. The International System of Units（9th Edition of the SI Brochure[EB/OL]. [2021-11-05].

[60] Halliday D，Resnick R，Walker J. Fundamentals of Physics[M]. 10th ed. Hoboken：John Wiley&Sons，2021：2.

[61] 郑建启，刘杰成 . 设计材料工艺学 [M]. 北京：高等教育出版社，2007：10-11.

[62] Ly B C K，Dyer E B，Feig J L，et al. Research Techniques Made Simple：Cutaneous colorimetry：A reliable technique for objective skin color measurement[J]. Journal of Investigative Dermatology，2020，140（1）：3-12.

[63] Juuti M，Kalima V，Pakkanen T T，et al. A Novel Method to Measure and Analyse Delta Gloss by Diffractive Glossmeter[J]. Measurement Science and Technology，2007，18（5）：5-8.

[64] Jones L A. The Gloss Characteristics of Photographic Papers[J]. Journal of the Optical Society of America，1922，6（2）：140-161.

[65] Hunter R S. Methods of Determining Gloss[J]. Journal of Research of the National Bureau of Standards，1937，18（1）：19-39.

[66] 袁丽 . 白光干涉仪的可用性研究 [D]. 武汉：华中科技大学，2013.
[67] Tiest W M B，Kappers M L. A Tactile Perception of Thermal Diffusivity[J]. Attention，Perception，&Psychophysics，2009，71（3）：481-489.
[68] Birznieks I，Jenmalm P，Goodwin A W，et al. Encoding of Direction of Fingertip Forces by Human Tactile Afferents[J]. Journal of Neuroscience，2001，21（20）：8222-8237.
[69] Smith A M，Scott S H. Subjective Scaling of Smooth Surface Friction[J]. Journal of Neurophysiology，1996，75（5）：1957-1962.
[70] 袁文峰，王家政，张静华，等 . 物理量测量 [M]. 北京：科学出版社，2019：5.
[71] 李斌，刘民昌，银董红，等 . 卷烟燃吸过程中温度分布检测系统的开发与应用 [J]. 烟草科技，2013，2：24-26，56.
[72] 李宏光，吴宝宁，施浣芳，等 . 几种颜色测量方法的比较 [J]. 应用光学，2005，26（3）：60-63.
[73] 刘怡轩 . 在线式分光测色仪研究 [D]. 北京：中国科学院大学，2015.
[74] Ghione G，Goano M，Madonna G，et al. Microwave Modeling and Characterization of Thick Coplanar Waveguides on Oxide-coated Lithium Niobate Substrates for Electro-Optical Applications[J]. IEEE MTT-S International Microwave Symposium Digest，1999，3：1007-1010.
[75] 张洪非，姜兴益，庞永强，等 . 两种抽吸模式下加热不燃烧卷烟主流烟气释放物分析 [J]. 烟草科技，2018，51（9）：40-48.
[76] 于海鹏，刘一星，刘镇波，等 . 基于改进的视觉物理量预测木材的环境学品质 [J]. 东北林业大学学报，2004，32（6）：39-41.
[77] 刘一星，李坚，王矛棣 . 木材表面视觉环境学特性分析 I. 木材表面视觉物理量与视觉心理量的关系 [J]. 木材工业，1995，9（2）：14-17，30.
[78] 武恒，汪佑宏，张令峰，等 . 不同颜色实木地板表面视觉物理量与色彩心理特性相关性分析 [J]. 安徽农业大学学报，2011，38（4）：504-510.
[79] Rognoli V. A Broad Survey on Expressive-sensorial Characterization of Materials for Design Education[J]. Metu Journal of the Faculty of Architecture，2010，27（2）：287-300.
[80] 夏阳 . 镜向光泽度计和光泽度板示值误差测量不确定度评定 [J]. 计量与测试技术，2015，42（3）：88-89.
[81] Silvennoinen R，Peiponen K，Muller K. Specular Gloss[M]. Amsterdam：Elsevier，2008：94.
[82] Rhopoint Instruments Ltd. How is gloss measured?[EB/OL]. [2021-05-08].
[83] 吴兆杰，方建华，彭宏业，等 . 原子力显微镜在摩擦学研究中的应用 [J]. 合成润滑材料，2020，47（2）：41-45.
[84] 靳巧玲，李国禄，王海斗，等 . 纳米压痕技术在材料力学测试中的应用 [J]. 表面技术，2015，44（12）：127-136.
[85] 郭志峰，郭昭华，王永旺，等 . 原子力显微镜和白光干涉仪在表面材料测试中的应用研究 [J]. 表面技术，2018，47（1）：254-259.
[86] Yoshizawa T. Handbook of Optical Metrology：Principles and Applications[M]. Boca Raton：CRC Press，2008：191.
[87] 王素娟，成思源，周春强 . 精密测量仪器在超精密加工实验室中的作用 [J]. 实验技术与管理，2017，34（7）：222-227.

[88] 梁航．白光扫描干涉测量的自动对焦方法与三维重构系统开发 [D]. 广州：广东工业大学，2019.

[89] 冯辉，韦博鑫，刘鲁生，等．白光干涉仪在金属材料表面测试中的应用研究 [J]. 光学与光电技术，2020，18（6）：80-85.

[90] Datta B C. Emotive Materials ：Towards a shared language of the meaning of material[D]. Cambridge：Massachusetts Institute of Technology，2016.

[91] Chen X，Shao F，Barnes C，et al. Exploring Relationships between Touch Perception and Surface Physical Properties[J]. International Journal of Design，2009，3（2）：67-76.

[92] Wongsriruksa S，Howes P，Conreen M，et al. The Use of Physical Property Data to Predict the Touch Perception of Materials[J]. Materials and Design，2012，42：238-244.

[93] Pedgley O F. Special File：Futures for materials and industrial design education[J]. Journal of the faculty of architecture，2010，2：265-269.

[94] Piselli A，Baxter W，Simonato M，et al. Development and Evaluation of a Methodology to Integrate Technical and Sensorial Properties in Materials Selection[J]. Materials&Design，2018，153：259-272.

[95] Doordan D P. On Materials[J]. Design Issues，2003，19（4）：3-8.

[96] Karana E，Hekkert P，Kandachar P. Materials Experience：Descriptive categories in material appraisals[C]. 7th International Symposium on Tools and Methods of Competitive Engineering-TMCE. Izmir：Taylor and Francis，2008：1-15.

[97] Giaccardi E，Karana E. Foundations of Materials Experience：An approach for HCI[C]. Proceedings of the 33rd Annual ACM Conference on Human Factors in Computing Systems. Seoul：Association for Computing Machinery，2015：2447-2456.

[98] Holliins M，Faldowski R，Rao S，et al. Perceptual Dimensions of Tactile Surface Texture：A multidimensional scaling analysis[J]. Perception&Psychophysics，1993，54（6）：697-705.

[99] Johnson K W，Lenau T，Ashby M F. The Aesthetic and Perceived Attributes of Products[C]. The 14th International Conference on Engineering Design（ICED 03）. Stockholm：Design Society，2003：1-11.

[100] Karana E，Hekkert P，Kandachar P. Sensorial Properties of Materials for Creating Expressive Meanings[C]. 1st Kansei Engineering and Emotion Research Conference. Sapporo：Springer，2007：1-14.

[101] Karana E，Barati B，Rognoli V，et al. Material Driven Design（MDD）：A method to design for material experiences[J]. International Journal of Design，2015，9（2）：35-54.

[102] 左恒峰，严扬．论 CMF 的主观体验：材质 [J]. 装饰，2017，292（08）：118-121.

[103] Zuo H，Hope T，Castle P，et al. An Investigation into the Sensory Properties of Materials[C]. Proceedings of the International Conference on Affective Human Factors Design. Singapore：ASEAN Academic Press，2001：500-507.

[104] Fujisaki W，Tokita M，Kariya K. Perception of the Material Properties of Wood Based on Vision，Audition，and Touch[J]. Vision Research，2015，109：185-200.

[105] 向威．材料的知觉特性及其评价系统的教学实践 [J]. 装饰，2009（3）：127-128.

[106] 哈维·理查德·施夫曼．感觉与知觉 [M]. 李光山，译．5 版．西安：西安交通大学出版社，2013：3.

[107] Mather G. Foundations of Sensation and Perception[M]. 3rd ed. Abingdon：Routledge，2016：3.
[108] Zuo H. The Selection of Material to Match Human Sensory Adaptation and Aesthetic Expectation in Industrial Design[J]. Metu Journal of the Faculty of Architecture，2010，27（2）：301-319.
[109] Slepian M L，Masicampo E J，Toosi N R，et al. The Physical Burdens of Secrecy[J]. Journal of Experimental Psychology：General，2012，141（4）：619-624.
[110] Krippendorff K. Product Semantics：Exploring the symbolic qualities of form product semantics：exploring the symbolic qualities of form[J]. Innovation，1984，3（2）：4-9.
[111] Krippendorff K. On the Essential Contexts of Artifacts or on the Proposition That "Design Is Making Sense（Of Things）"[J]. Design Issue，1989，5（2）：9-39.
[112] Wang C，Zhu R J，Handy T C. Experiencing Haptic Roughness Promotes Empathy[J]. Journal of Consumer Psychology，2016，26（3）：350-362.
[113] Krippendorff K. The Semantic Turn a New Foundation for Design[M]. Boca Raton：CRC Press，2006：156.
[114] Hekkert P. Design Aesthetics：Principles of pleasure in design[J]. Psychology Science，2006，48：157-172.
[115] Pieter D，Paul H，Desmet P，et al. Framework of Product Experience[J]. International Journal of Design，2007，1（1）：57-66.
[116] 付华，张光磊．材料性能学 [M]. 2 版．北京：北京大学出版社，2017：303.
[117] 曹子建．产品材料质感意象与用户偏好定量关系研究 [D]. 哈尔滨：哈尔滨工业大学，2015.
[118] Hertenstein M J，Holmes R，McCullough M，et al. The Communication of Emotion via Touch[J]. Emotion，2009，9（4）：566-573.
[119] 吴国荣，孟永刚．产品设计中材料感觉特性的运用 [J]. 包装工程，2006，27（06）：310-312.
[120] Pinel J P J，Barnes S J. Ecobiopsychology[M]. 10th ed. New York：Pearson，2017：179.
[121] Anthony L，Brown Q，Tate B，et al. Designing Smarter Touch-based Interfaces for Educational Contexts[J]. Personal and Ubiquitous Computing，2014，18（6）：1471-1483.
[122] Bolanowski S J，Verrillo R T，McGlone F. Passive，Active and Intra-Active（Self）Touch[J]. Behavioural Brain Research，2004，148（1-2）：41-45.
[123] Lederman S J，Klatzky R L. Hand Movements：A window into haptic object recognition[J]. Cognitive Psychology，1987，19（3）：342-368.
[124] Hiroyuki A，Tsutomu S，Atsushi K. Study on Correspondence between Sensory and Physical Properties of Materials：Influence of surface pattern on tactual thermal character[J]. Japanese Society for the Science of Design，1985（53）：37-42.
[125] Hollins M，Faldowski R，Rao S，et al. Perceptual Dimensions of Tactile Surface Texture：A multidimensional scaling analysis[J]. Perception&Psychophysics，1993，54（6）：697-705.
[126] 郑子云．基于材料感知体验的产品设计创新方法研究 [J]. 包装工程，2017，38（2）：197-200.
[127] 陈红娟．基于造型材料的产品创意方法的研究 [J]. 包装工程，2010，31（8）：50-53.
[128] Goldstein E B，Brockmole J R. Sensation and Perception[M]. 10th ed. Boston：Cengage Learning，2017：63.
[129] Govers P. Product Personality[D]. Delft：Delft University of Technology，2004.

[130] Davou B. Interaction of Emotion and Cognition in the Processing of Textual Material[J]. Meta, 2007, 52（1）: 37-47.

[131] Arnold M B. Feelings and Emotions: The Loyola symposium[M]. New York: Academic Press, 1970: 143.

[132] Datta B C. Emotive Materials: Towards a shared language of the meaning of material[D]. Cambridge: Massachusetts Institute of Technology, 2016.

[133] Ortony A, Turner T J. What's Basic About Basic Emotions?[J]. Psychological Review, 1990, 97（3）: 315-331.

[134] Ekman P. An Argument for Basic Emotions[J]. Cognition and Emotion, 1992, 6（3-4）: 169-200.

[135] Tomkins S S. Affect Theory[J]. Approaches to Emotion, 1984: 163-195.

[136] Matsumoto D, Keltner D, Shiota M N, et al. Facial expressions of emotion[J]. Handbook of emotions, 2008（3）: 211-234.

[137] Russell J A. A Circumplex Model of Affect[J]. Journal of Personality and Social Psychology, 1980, 39（6）: 1161-1178.

[138] Russell J A, Mehrabian A. Evidence for a Three-factor Theory of Emotions[J]. Journal of Research in Personality, 1977, 11（3）: 273-294.

[139] Klöcker A, Arnould C, Penta M, et al. Rasch-built Measure of Pleasant Touch through Active Fingertip Explorations[J]. Frontiers in Neurorobotics, 2012: 1-9.

[140] Sato D, Sasagawa M, Niijima A. Affective Toucah Robots with Changing Textures and Movements[C]. 2020 29th IEEE International Conference on Robot and Human Interactive Communication（RO-MAN）. Naples: IEEE, 2020: 1-6.

[141] Sakamoto M, Watanabe J. Exploring Tactile Perceptual Dimensions Using Materials Associated with Sensory Vocabulary[J]. Frontiers in Psychology, 2017, 8: 1-10.

[142] Crippa G, Rognoli V, Levi M. Materials and Emotions: A study on the relations between materials and emotions in industrial products[C]. 8th International Conference on Design and Emotion: Out of Control. London: H-Index, 2012: 1-9.

[143] Zuo H, Hope T, Castle P, et al. Sensory Interaction with Materials[C]. Design and Emotion. London: Taylor&Francis, 2004: 223-227.

[144] Karana E, Hekkert P, Kandachar P. Meanings of Materials through Sensorial Properties and Manufacturing Processes[J]. Materials and Design, 2009, 30（7）: 2778-2784.

[145] Alhaddad A Y, Cabibihan J J, Hayek A, et al. Safety Experiments for Small Robots Investigating the Potential of Soft Materials in Mitigating the Harm to the Head Due to Impacts[J]. SN Applied Sciences, 2019, 1（5）: 1-15.

[146] 董淑雯，廖宁放，吕航，等. 不同光泽度色样仪器测量色度变化的研究 [J]. 激光与光电子学进展，2015，52（6）：063301.

[147] Okamoto S, Nagano H, Yamada Y. Psychophysical Dimensions of Tactile Perception of Textures[J]. IEEE Transactions on Haptics, 2013, 6（1）: 504-510.

[148] Bergmann Tiest W M. Tactual Perception of Liquid Material Properties[J]. Vision Research, 2015, 109（PB）: 178-184.

[149] Polygerinos P, Correll N, Morin S A, et al. Soft Robotics: Review of fluid-driven intrinsically soft devices;manufacturing, sensing, control, and applications in human-robot interaction[J]. Advanced Engineering Materials, 2017, 19（12）: 1-22.

[150] Yoshioka T, Bensmaïa S J, Craig J C, et al. Texture Perception through Direct and Indirect Touch: An Analysis of Perceptual Space for Tactile Textures in Two Modes of Exploration[J]. Somatosensory and Motor Research, 2007, 24（1-2）: 53-70.

[151] Hiroyuki A, Tsutomu S, Yoshiyuki M. Study on Correspondence between Sensory and Physical Properties of Materials: Comparison of natural and substitute leather for hand[J]. Japanese Society for the Science of Design, 1985（53）: 43-48.

[152] Shirado H, Maeno T. Modeling of Human Texture Perception for Tactile Displays and Sensors[C]. First Joint Eurohaptics Conference and Symposium on Haptic Interfaces for Virtual Environment and Teleoperator Systems. Pisa: IEEE Computer Society, 2005: 629-630.

[153] 李坚，刘一星，方桂珍．木材表面视觉环境学特性分析Ⅱ．木材表面视觉物理量与视觉心理量的关系 [J]. 木材工业，1995，9（3）：20-23.

[154] Barnes C J, Childs T H C, Henson B, et al. Surface Finish and Touch-A case study in a new human factors Tribology[J]. Wear, 2004, 257（7-8）: 740-750.

[155] Essick G K, McGlone F, Dancer C, et al. Quantitative Assessment of Pleasant Touch[J]. Neuroscience and Biobehavioral Reviews, 2010, 34（2）: 193.

[156] Ackerley R, Saar K, McGlone F, et al. Quantifying the Sensory and Emotional Perception of Touch: Differences between glamorous and hairy skin[J]. Frontiers in Behavioral Neuroscience, 2014, 8: 1-12.

[157] Klöcker A, Wiertlewski M, Théate V, et al. Physical Factors Influencing Pleasant Touch during Tactile Exploration[J]. PLoS ONE, 2013, 8（11）: 1-8.

[158] Hollins M, Bensmaïa S, Karlof K, et al. Individual Differences in Perceptual Space for Tactile Textures: Evidence from multidimensional scaling[J]. Perception and Psychophysics, 2000, 62（8）: 1534-1544.

[159] Gomes A. Kant, the Philosophy of Mind, and Twentieth Century Analytic Philosophy[M]. Oxford: Oxford University Press, 2017: 13.

[160] Fechner G T. 心理物理学纲要 [M]. 李晶，译．北京：中国人民大学出版社，2015：56.

[161] Stevens S S. On the theory of scales of measurement[J]. Science. 1946, 103（3）: 677-680.

[162] Jick T D. Mixing Qualitative and Quantitative Methods: Triangulation in action[J]. Qualitative Methodology, 1979, 24（4）: 602-611.

[163] Creswell J W, Clark V L P. Designing and Conducting Mixed Methods Research[M]. 2nd ed. Thousands Oaks: SAGE Publications, 2011: 77.

[164] 埃莉诺·J·吉布森．知觉学习和发展的原理 [M]. 李维，李季平，译．杭州：浙江教育出版社，2003：2.

[165] Kringelbach M L, The Human Orbitofrontal Cortex: Linking reward to hedonic experience[J]. Nature, 2005, 6: 691-702.

[166] Fleming R W. Material Perception[J]. Annual Review of Vision Science, 2017, 3: 365-388.

[167] Georgiev G V, Nagai Y. A Conceptual Network Analysis of User Impressions and Meanings of Product Materials in Design[J]. Materials and Design, 2011, 32（8-9）: 4230-4240.

[168] Miller G A. The Magical Number Seven，Plus or Minus Two：Some limits on our capacity for processing information[J]. Psychological Review，1994，101（2）：343-352.

[169] Berntson G，Cacioppo J T，Berntson G G. Relationship between Attitudes and Evaluative Space：A critical review，with emphasis on the separability of positive and negative substrates[J]. Psychological Bulletin，2015，115（3）：401-423.

[170] Fontaine J R J，Scherer K R，Roesch E B，et al. The World of Emotions Is Not Two-dimensional[J]. Psychological Science，2007，18（12）：1050-1057.

[171] Meiselman H L. Emotion Measurements[M]. Duxford：Elsevier，2016：180.

[172] Toscano R，Bertheaux C，Borg C，et al. Integration of Perception and Emotions in a New Sensory Design Process[J]. International Journal of Design Engineering，2018，8（1）：73-97.

[173] Piqueras-Fiszman B，Jaeger S R. The Impact of the Means of Context Evocation on Consumers'Emotion Associations towards Eating Occasions[J]. Food Quality and Preference，2014，37：61-70.

[174] Guest S，Dessirier J M，Mehrabyan A，et al. The Development and Validation of Sensory and Emotional Scales of Touch Perception[J]. Attention，Perception，and Psychophysics，2011，73（2）：531-550.

[175] Norman D A. Designing Emotions Pieter Desmet[J]. The Design Journal，2003，6（2）：60-62.

[176] 郭梅英，阎克乐，尚志恩 . 放松训练和腹式呼吸对应激的影响 [J]. 心理学报，2002，34（4）：426-430.

[177] Christensen L B，Johnson R B，Turner L A. Research Methods，Design，and Analysis[M]. 12th ed. New York：Pearson，2015：413.

[178] Pedgley O F. Invigorating industrial design materials and manufacturing education[J]. METU Journal of the faculty of architecture，2010，27（2）：339-360.

[179] White M A. Physical Properties of Materials[M]. 3rd ed. Boca Raton：CRC Press，2019：4.

[180] Linda S. Hirst. Fundamentals of Soft Matter Science[M]. Boca Raton：CRC Press，2020：1.

[181] Bergmann Tiest W M. Tactual Perception of Material Properties[J]. Vision Research，2010，50（24）：2775-2782.

[182] Schreiner S，Rechberger M，Bertling J. Haptic Perception of Friction-correlating Friction Measurements of Skin against Polymer Surfaces with Subjective Evaluations of the Surfaces'Grip[J]. Tribology International，2013，63：21-28.

[183] 赵林杰 . 磨削表面粗糙度白光干涉测量误差及修正方法 [D]. 大连：大连理工大学，2020.

[184] Shrotriya A K. Resistor Model for Heat Storage Coefficient[J]. Defect and Diffusion Forum，2013，336：65-72.

[185] 张在喜 . 墙体蓄放热特性及其对建筑能耗影响的研究 [D]. 重庆：重庆大学，2014.

[186] 中华人民共和国住房和城乡建设部 . 民用建筑热工设计规范：GB 50176—2016[S]. 北京：中国建筑工业出版社，2016.

[187] Karana E，Hekkert P，Kandachar P. Meanings of Materials through Sensorial Properties and Manufacturing Processes[J]. Materials&Design，2009，30（7）：2778-2784.

[188] Gorman A M. Recognition Memory for Nouns as A Function of Abstractness and Frequency[J]. Journal of Experimental Psychology，1961，61（1）：23-29.

[189] Billinghurst M，Clark A，Lee G. A Survey of Augmented Reality[J]. Foundations and Trends in Human-Computer Interaction，2014，8（2-3）：73-272.

[190] Causo A，Win P Z，Guo P S，et al. Deploying Social Robots as Teaching Aid in Pre-school K2 Classes：A proof-of-concept study[C]. Proceedings-IEEE International Conference on Robotics and Automation. Singapore：IEEE，2017：4264-4269.

[191] Wang X，Yin N，Zhang Z. Smart Design Of Intelligent Companion Toys for Preschool Children[J]. Artificial Intelligence for Engineering Design，Analysis and Manufacturing：AIEDAM，2021，35（2）：151-164.

[192] Van Straten C L，Peter J，Kühne R，et al. Child-robot Relationship Formation：A narrative review of empirical research[J]. International Journal of Social Robotics，Springer Netherlands，2020，12（2）：325-344.

[193] Ioannou A，Andreou E，Christofi M. Pre-schoolers'Interest and Caring Behaviour Around A Humanoid Robot[J]. TechTrends，2015，59（2）：23-26.

[194] Ding M，Jing L，Yang H，et al. Multifunctional Soft Machines Based On Stimuli-Responsive Hydrogels：From freestanding hydrogels to smart integrated systems[J]. Materials Today Advances，2020，8：1-19.

[195] Bauer S，Bauer-Gogonea S，Graz I，et al. 25th Anniversary Article：A soft future：From robots and sensor skin to energy harvesters[J]. Advanced Materials，2014，26（1）：149-162.

[196] Stano G，Percoco G. Additive Manufacturing Aimed to Soft Robots Fabrication：A review[J]. Extreme Mechanics Letters，2021，42：101079.

[197] Jing L，Li K，Yang H，et al. Recent Advances in Integration of 2D Materials with Soft Matter for Multifunctional Robotic Materials[J]. Materials Horizons，2020，7（1）：54-70.

[198] 苏笑宇，潘泉，王宏伟，等. 主动变形材料机器人技术研究进展 [J]. 机器人，2021，43（1）：112-128.

[199] David H. Humanizing Interfaces：An Integrative Analysis of The Aethetics of Humanlike Robots[D]. Dalls：The University of Texas，2007.

[200] 刘雪艳. 机器人造型设计的材质美研究 [D]. 长春：吉林大学，2020.

[201] Oros M，NikolićM，Borovac B，et al. Children's Preference of Appearance and Parents'Attitudes towards Assistive Robots[C]. 2014 IEEE-RAS International Conference on Humanoid Robots. Madrid：IEEE，2014：360-365.

[202] 代欣. 儿童陪伴机器人人机交互界面可用性设计研究 [D]. 天津：天津工业大学，2019.

[203] 陈帼眉，冯晓霞，庞丽娟. 学前儿童发展心理学 [M]. 北京：北京师范大学出版社，2017：16.

[204] Mahdi H，Akgun S A，Saleh S，et al. A Survey on the Design and Evolution of Social Robots—Past，present and future[J]. Robotics and Autonomous Systems，2022：1-48.

[205] Ríos Rincón A M，Rodríguez-Dueñas W R，Quiroga Torres D A，et al. Children's Imaginaries of Robots for Playing With[J]. International Journal of Social Robotics，2022，14（2）：463-477.

[206] Woods S. Exploring the Design Space of Robots：Children's perspectives[J]. Interacting with Computers，2006，18（6）：1390-1418.

[207] Chi M T H. Short-term Memory Limitations in Children：Capacity or processing deficits?[J]. Memory & Cognition，1976，4（5）：559-572.

[208] Tung F W. Child Perception of Humanoid Robot Appearance and Behavior[J]. International Journal of Human-Computer Interaction，2016，32（6）：493-502.

[209] Charisi V，Davison D P，Wijnen F M，et al. Measuring Children's Perceptions of Robots'Social Competence：Design and validation[C]. Social Robotics：9th International Conference. Tsukuba：Springer International Publishing，2017：676-686.

[210] Cheng C C，Huang K H，Huang S M. Exploring Young Children's Images on Robots[J]. Advances in Mechanical Engineering，2017，9（4）：1-7.

[211] Benítez Sandoval E，Penaloza C. Children's Knowledge and Expectations about Robots：A survey for future user-centered design of social robots[C]. Proceedings of the seventh annual ACM/IEEE international conference on Human-Robot Interaction. Boston：ACM，2012：107-108.

[212] Robins B，Dautenhahn K，Te Boerkhorst R，et al. Robots as Assistive Technology-Does appearance matter?[C]. 13th IEEE International Workshop on Robot and Human Interactive Communication. Kurashiki：IEEE，2004：277-282.

[213] Heerink M，Krose B，Evers V，et al. Measuring Acceptance of An Assistive Social Robot：A suggested toolkit[C]. The 18th IEEE International Symposium on Robot and Human Interactive Communication. Toyama：IEEE，2009：528-533.

附录A

研究中使用的调查问卷

A1 产品设计与材料使用情况调查问卷

尊敬的女士 / 先生，

您好，非常感谢您参与本次的调查问卷。本次调研结果仅作为学术研究使用并绝不对外公开。此次问卷调查采用无记名方式，对您填写的所有信息将严格保密。请您按照实际情况，点选合适选项。衷心感谢您的配合与支持！

1. 您的年龄 [单选题]

○ 25 岁以下

○ 26～35 岁

○ 36～45 岁

○ 46 岁以上

2. 您从事产品设计专业的时长 [单选题]

○ 2 年以内

○ 3～5 年

○ 6～10 年

○ 11 年以上

3. 您在设计过程中对材料的重视程度是 [单选题]

○非常重视

○比较重视

○一般不重视

○比较不重视

○不重视

4. 您在设计过程中是否会遇到材料无法匹配设计需求的情况 [单选题]

○是

○否

5. 您通过什么渠道获取材料相关信息？ [多选题]

□询问老师或同学

□阅读相关书籍

□通过网络搜寻相关资料

□使用专业的材料数据库

□从材料厂家、供应商获取信息

□其他

6. 您是否使用过材料知识数据库 [单选题]

○是（请跳至第 9 题）

○否（请跳至第 10 题）

7. 请列举几个您常用的材料数据库 [填空题]

____

8. 您认为阻碍材料知识数据库推广的主要原因是 [多选题]

□界面友好程度

□数据专业程度

□可用性与易用性

□知名度

□成本

9. 在设计的过程中，您更专注哪方面的材料信息 [排序题]

[ ] 材料类型（传统材料：金属、木材等；智能材料：光导纤维、形状记忆合金、压电与电流变体和电磁致伸缩材料等）

[ ] 功能特性（密度、光学特性、导电性、耐腐蚀性、抗老化性、耐火性等）

[ ] 感知特性（光泽度、色彩、温度、肌理等）

[ ] 制作工艺

[ ] 应用场景

[ ] 绿色环保可持续性

[ ] 材料供应商

[ ] 材料开发成熟度

[ ] 材料使用成本

[ ] 材料是否容易获得

10. 您认为以下哪些是阻碍在设计中筛选合适材料的主要原因 [多选题]

□对材料功能属性不熟悉

□材料在产品设计中并不常用

□材料对人体和环境易造成危害

□材料制作过程过于复杂

□材料成本

□其他

A2 产品设计中材料感官体验要素重要性分析

尊敬的女士 / 先生，

您好，非常感谢您参加本次的调查问卷。材料的感官体验是用户与产品互动过程中最明显的主观感受。本问卷希望了解设计师在为产品选择表面材料过程中对不同材料感官体验要素的重视程度，请您根据实际情况，点选合适选项。本次调研结果仅作为学术研究使用并绝不对外公开。此次问卷调查采用无记名方式，对您填写的所有信息将严格保密。衷心感谢您的配合与支持！

1. 您的年龄 [填空题]

____

2. 您从事产品设计工作已有多长时间 [单选题]

○ 1～4 年

○ 5～7 年

○ 8～11 年

○ 12 年以上

3. 在为产品选择表面材料时，您认为以下感官体验要素的重要程度是？ [矩阵量表题]

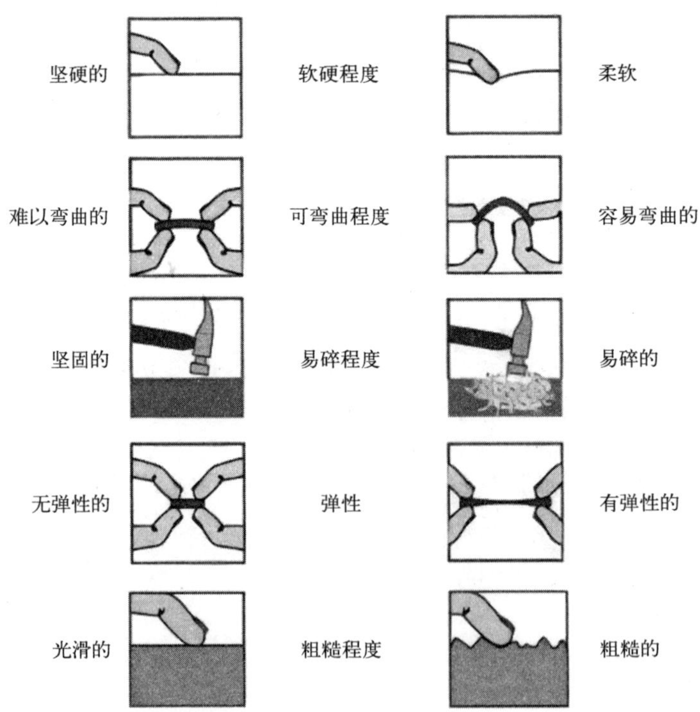

冰冷的		冷暖程度	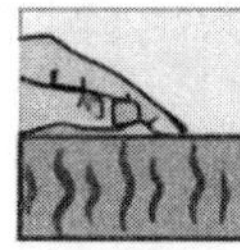	温暖的
无反射的		光反射程度		有反射的
哑光的		亮度		有光泽的
不透明的		透明度		透明的
颜色单一的	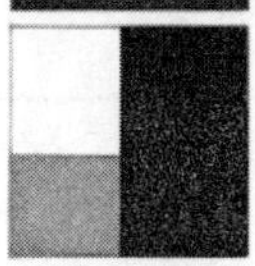	色彩丰富程度		颜色丰富的
饱和度低的		色彩饱和度		饱和度高的

	非常不重要（1）	比较不重要（2）	一般（3）	比较重要（4）	非常重要（5）
软硬程度	○	○	○	○	○
可弯曲程度	○	○	○	○	○
易碎程度	○	○	○	○	○
弹性	○	○	○	○	○
粗糙程度	○	○	○	○	○
冷暖程度	○	○	○	○	○
光反射程度	○	○	○	○	○
亮度	○	○	○	○	○
透明度	○	○	○	○	○
色彩丰富程度	○	○	○	○	○
色彩饱和度	○	○	○	○	○

A3 产品设计中材料感官体验要素量化分析

1. 您的年龄 [填空题]

____

2. 您从事产品设计工作已有多长时间 [单选题]

○ 1～4 年

○ 5～7 年

○ 8～11 年

○ 12 年以上

3. 您认为材料 M1（M2/M3/M4/M5/M6/M7/M8/M9/M10/M11/M12）的表面感官体验特征是？ [矩阵文本题][输入 1 到 5 的数字]（受试者将根据以下量表内容对 12 种被试产品材料样本进行逐一评价，此处不再赘述）

		1	2	3	4	5	
易碎程度	坚固的						易碎的
软硬程度	坚硬的						柔软的
粗糙程度	粗糙的						光滑的
色彩丰富程度	色彩单一的						色彩丰富的
亮度	哑光的						强光的

A4 产品设计中材料知觉体验要素筛选

1. 材料 M1（M2/M3/M4/M5/M6/M7/M8/M9/M10/M11/M12）是否符合以下知觉体验描述？ [矩阵量表题]（受试者将根据以下量表内容对 12 种被试产品材料样本进行逐一评价，此处不再赘述）

	非常不符合（1）	比较不符合（2）	一般（3）	比较符合（4）	非常符合（5）
现代的	○	○	○	○	○
刺激的	○	○	○	○	○
舒适的	○	○	○	○	○
优雅的	○	○	○	○	○
时尚的	○	○	○	○	○

（续表）

	非常不符合（1）	比较不符合（2）	一般（3）	比较符合（4）	非常符合（5）
未来的	○	○	○	○	○
温暖的	○	○	○	○	○
活泼的	○	○	○	○	○
干净的	○	○	○	○	○
肮脏的	○	○	○	○	○
昂贵的	○	○	○	○	○
性感的	○	○	○	○	○
优美的	○	○	○	○	○
沉闷的	○	○	○	○	○
传统的	○	○	○	○	○
安全的	○	○	○	○	○
便宜的	○	○	○	○	○
普通的	○	○	○	○	○
女性的	○	○	○	○	○
阳刚的	○	○	○	○	○
手工的	○	○	○	○	○
怀旧的	○	○	○	○	○
成熟的	○	○	○	○	○
年轻的	○	○	○	○	○
开朗的	○	○	○	○	○
自然的	○	○	○	○	○
有趣的	○	○	○	○	○
冷漠的	○	○	○	○	○
浪漫的	○	○	○	○	○
可爱的	○	○	○	○	○
冷静的	○	○	○	○	○
明快的	○	○	○	○	○
上乘的	○	○	○	○	○
豪华的	○	○	○	○	○
大方的	○	○	○	○	○

（续表）

	非常不符合（1）	比较不符合（2）	一般（3）	比较符合（4）	非常符合（5）
丑陋的	○	○	○	○	○
无聊的	○	○	○	○	○
被动的	○	○	○	○	○
廉价的	○	○	○	○	○
经典的	○	○	○	○	○
精致的	○	○	○	○	○
友好的	○	○	○	○	○
严肃的	○	○	○	○	○

A5 产品设计中材料知觉体验要素量化分析

1. 您的年龄 [填空题]

____

2. 您从事产品设计工作已有多长时间 [单选题]

○ 1～4 年

○ 5～7 年

○ 8～11 年

○ 12 年以上

3. 您认为以下材料知觉体验要素是否符合您当下对 M1（M2/M3/M4/M5/M6/M7/M8/M9/M10/M11/M12）的知觉体验？ [矩阵量表题]（受试者将根据以下量表内容对 12 种被试产品材料样本进行逐一评价，此处不再赘述）

	非常不符合（1）	比较不符合（2）	一般（3）	比较符合（4）	非常符合（5）
惬意的	○	○	○	○	○
利落的	○	○	○	○	○
安心的	○	○	○	○	○
经典的	○	○	○	○	○
现代的	○	○	○	○	○

A6 产品设计中材料情感体验要素量化分析

1. 您的年龄 [填空题]

____

2. 您从事产品设计工作已有多长时间？ [单选题]

○ 1～4 年

○ 5～7 年

○ 8～11 年

○ 12 年以上

3. 您认为以下材料情感体验要素是否符合您当下对 M1（M2/M3/M4/M5/M6/M7/M8/M9/M10/M11/M12）的情感体验？ [矩阵量表题]（受试者将根据以下量表内容对 12 项被试产品材料样本进行逐一评价，此处不再赘述）

	非常不符合（1）	比较不符合（2）	一般（3）	比较符合（4）	非常符合（5）
高兴	○	○	○	○	○
钦佩	○	○	○	○	○
自豪	○	○	○	○	○
期待	○	○	○	○	○
满意	○	○	○	○	○
着迷	○	○	○	○	○

（续表）

	非常不符合（1）	比较不符合（2）	一般（3）	比较符合（4）	非常符合（5）
渴求	○	○	○	○	○
悲伤	○	○	○	○	○
害怕	○	○	○	○	○
羞耻	○	○	○	○	○
轻蔑	○	○	○	○	○
气愤	○	○	○	○	○
无聊	○	○	○	○	○
厌恶	○	○	○	○	○

A7 学龄前儿童社交机器人表面材料评估

尊敬的女士 / 先生，

您好，非常感谢您参加本次的调查问卷。本量表用于对 5 种不同表面材料的学龄前儿童社交机器人的接受度进行评价。请您根据具体情况分别对 R1/R2/R3/R4/R5 为表面材料的设计原型分别进行评估。感谢您的反馈！

1. 我认为使用此款机器人是个好主意 [单选题]

非常不认同　○ 1　○ 2　○ 3　○ 4　○ 5　非常认同

2. 此款机器人会让孩子的生活更有趣 [单选题]

非常不认同　○ 1　○ 2　○ 3　○ 4　○ 5　非常认同

3. 孩子使用此款机器人感觉会很好 [单选题]

非常不认同　○ 1　○ 2　○ 3　○ 4　○ 5　非常认同

4. 孩子将在接下来几天会继续使用此款机器人 [单选题]

非常不认同　○ 1　○ 2　○ 3　○ 4　○ 5　非常认同

5. 孩子在未来几天一定会使用此款机器人 [单选题]

非常不认同　○ 1　○ 2　○ 3　○ 4　○ 5　非常认同

6. 我计划让孩子在未来几天持续使用此款机器人 [单选题]

非常不认同　○ 1　○ 2　○ 3　○ 4　○ 5　非常认同